住房和城乡建设领域"十四五"热点培训教材

GONGCHENG ZAOJIA ZHIBIAO ZHISHU
ANLI FENXI

工程造价改革系列丛书

工程造价指标指数

案例分析

● 广东省工程造价协会 | 主编

中国建筑工业出版社

图书在版编目（CIP）数据

工程造价指标指数案例分析 / 广东省工程造价协会
主编. — 北京：中国建筑工业出版社，2023. 3
（工程造价改革系列丛书）
住房和城乡建设领域"十四五"热点培训教材
ISBN 978-7-112-28400-9

Ⅰ.①工… Ⅱ.①广… Ⅲ.①建筑造价管理-指标-
中国-教材 Ⅳ.①TU723.3

中国国家版本馆 CIP 数据核字（2023）第 033282 号

责任编辑：周娟华
责任校对：李辰馨

住房和城乡建设领域"十四五"热点培训教材
工程造价改革系列丛书
工程造价指标指数案例分析
广东省工程造价协会　主编
*
中国建筑工业出版社出版、发行（北京海淀三里河路9号）
各地新华书店、建筑书店经销
北京科地亚盟排版公司制版
北京圣夫亚美印刷有限公司印刷
*
开本：787毫米×1092毫米　横1/16　印张：20¾　字数：502千字
2023年5月第一版　　2023年5月第一次印刷
定价：**99.00**元
ISBN 978-7-112-28400-9
（40776）

版权所有　翻印必究
如有印装质量问题，可寄本社图书出版中心退换
（邮政编码 100037）

内 容 提 要

　　本书作为工程造价改革系列丛书之一，系组织粤港澳大湾区部分造价咨询企业，在总览表、指标表、用量指标表组成的估算指标的统一模板，统一指标科目、价格范围和统一计算规则的基础上，提炼出住宅、学校和医院等类型项目指标指数，希望能为工程造价改革带来一定的启发，也能为造价学术界提供相关研究的参考素材，同时也能够为工程造价改革的政策制定提供一定的实践依据。本书包括四部分，即住宅项目案例、学校项目案例、医院项目案例及其他项目案例。本书可供工程造价人员、建设单位决策者和执行人，以及造价行业协会和主管部门借鉴参考。

《工程造价指标指数案例分析》
编 委 会

主　　审：卢立明　许锡雁

主　　编：孙　权　关丽芬

副 主 编：范　佳　赵文靖

编 制 人：（按章节顺序）

肖娟丽	黄根聘	李国永	赖越群	曾　政	谷定佳	王　芳	黄　文
胡绮颖	田翠玲	胡健琨	张素华	陈志强	郭召强	钟绮丽	邓培春
刘　练	许爱斌	赖汝岳	王东霞	李绪泽	李慧萍	刘永霞	王　浩
林瑞刚	胡桂英	曹绿章	江志潮	何洁彦	李　巍	朱鹏扬	钟庆华
于　淼							

审 核 人：（排名不分先后）

查世伟	高　峰	苏惠宁	彭　明	顾伟传	王　军	杨　玲	丘　文
黄凯文	张艳平	陈曼文	黎华权	陈金海	章拥军	王　巍	黄华英
吴慧博	马九红	张思中					

参编单位：（排名不分先后）

广东拓腾工程造价咨询有限公司

广联达科技股份有限公司

广州市南沙区建设中心

广东省国际工程咨询有限公司

立齐工程咨询（广东）有限公司

艾奕康造价咨询（深圳）有限公司

华联世纪工程咨询股份有限公司

建成工程咨询股份有限公司

罗富国（广州）咨询有限公司

广东省建筑设计研究院有限公司

广州市国际工程咨询有限公司

新誉时代工程咨询有限公司

中国能源建设集团广东省电力设计研究院有限公司

前　言

习近平总书记在党的二十大报告中强调，"高质量发展是全面建设社会主义现代化国家的首要任务"。广东率先吹响工程造价改革试点冲锋号角，以工程造价改革为抓手，促进建筑业高质量发展。

广东从"引导试点项目创新计价方式、改进工程计量和计价规则、创新工程计价依据发布机制、强化建设单位造价管控责任、严格施工合同履约管理、探索工程造价纠纷的市场化解决途径和完善协同监管机制"七大重点工作任务为落脚点，积极鼓励行业主动参与开展工程造价改革工作的创新型信息化服务，实现工程造价管理的系统性、有效性及可操作性，引导市场各方综合运用工程造价指标指数有效控制设计限额、建造标准、合同价格。

《工程造价指标指数案例分析》作为工程造价改革系列丛书之一，系组织粤港澳大湾区部分造价咨询企业，在总览表、指标表、用量指标表组成的估算指标的统一模板、统一指标科目、价格范围和统一计算规则的基础上，提炼出住宅、学校和医院等类型项目指标指数。希望能为工程造价改革带来一定的启发，也能为造价学术界提供相关研究的参考素材，同时还能够为工程造价改革的政策制定提供一定的实践依据。广东坚持以推动粤港澳三地规则衔接和机制对接为方向，探索价格指数测算规则、指数应用规则、询价规则、价格走势分析等制度，将逐步推广与国际接轨的市场定价规则。

由于工程造价市场化改革牵一发而动全身，涉及方方面面，编者水平和时间有限，书中难免有不当之处，敬请读者批评指正。

目 录

第一章　住宅项目案例

案例一 广州×××开发建设项目（首期）安置区

（广东省国际工程咨询有限公司提供）

广东省房屋建筑工程投资估算指标总览表

表 1-1-1

项目信息	项目名称	广州×××开发建设项目（首期）安置区		项目阶段	施工图预算
	建设类型	一类高层	建设地点	广清高速附近	价格取定时间	2019 年 12 月
	计价方式	清单计价	建设单位名称	××××交通运输局	开工时间	2018 年 7 月
	发承包方式	PPP	设计单位名称	×××勘察设计院集团有限公司	竣工时间	2022 年 5 月
	资金来源	融资	施工单位名称	×××局集团有限公司	总造价（万元）	57255
	地质情况	一、二类土	工程范围	包含软基处理、基坑支护、桩基础工程、土建工程、装饰工程、给排水工程、消防工程、电气工程、通风空调工程、智能化工程、人防工程、电梯工程、燃气工程、园建工程、道路、围墙、标识等		
	红线内面积（m²）		总建筑面积（m²）	87402.60	容积率（%）	45.8	绿化率（%）	

科目名称 ＼ 项目特征值	G3 号住宅	G9 号办公楼	地下室	备注
栋数	1	1	1	
层数	32	5	2	
层高（m）	3.60	4.00	3.80/5.70	
建筑高度（m）	98.50	21.60	9.60	
户数/床位数/……	124			
人防面积（m²）				
塔楼基底面积（m²）	610.10	1098	7903.10	
外立面面积（m²）	24565.48	6801.67		
绿色建筑标准	一星级	一星级	一星级	
建筑面积（m²）	18563.00	5327.40	63512.20	

概况简述

科目名称	项目特征值	G3 号住宅	G9 号办公楼	地下室	备注
结构简述	抗震烈度	6 度	6 度	6 度	
	结构形式	剪力墙结构	框架结构	剪力墙结构	
	装配式建筑面积/装配率				
	基础形式及桩长	冲孔灌注桩基础	冲孔灌注桩基础	冲孔灌注桩基础	
土石方、护坡、地下连续墙及地基处理	土石方工程	首层降板回填砂、回填土	首层降板回填土	基坑开挖土石方及基础土石方	
	基坑支护、边坡			采用冲孔灌注桩、三轴水泥搅拌空桩、双管高压旋喷桩	
	地下连续墙				
	地基处理			地基注浆、袖阀管、单浆液	
	其他				
基础	筏形基础			垫层、筏板、电梯基坑、集水坑、地梁混凝土	
	其他基础			桩承台、独立基础、条形基础混凝土	
	桩基础			泥浆护壁成孔灌注桩	
	其他				
主体结构	钢筋混凝土工程	基础以上钢筋混凝土主体结构（钢筋、混凝土）			
	钢板				
	钢结构	钢筋连接	钢筋连接	排水沟盖板、钢爬梯等	
	砌筑工程	A5.0 蒸压加气混凝土砌块			
	防火门窗	甲、乙、丙级防火门			
	防火卷帘			特级甲级防火卷帘	
	防水工程	卫生间、厨房采用聚合物水泥防水涂料两遍，送（排）风机房、强弱电井、水井、风井、电梯机房（屋面层和机房层）、风机房采用防水砂浆		地下室底板采用 1.5mm 厚高分子自粘胶膜防水卷材，地下室地面采用 2mm 聚合物水泥基防水涂料两遍，侧壁采用 4mm 厚 SBS 改性沥青耐根穿刺防水卷材＋2mm 厚非固化橡胶沥青防水涂料	

科目名称	项目特征值	G3 号住宅	G9 号办公楼	地下室	备注
主体结构	保温工程	B_2 级挤塑聚苯乙烯泡沫板 40mm			
	屋面工程	屋面防水采用交叉膜自粘防水卷材 1.5mm＋非固化橡胶沥青防水涂料 2mm＋防水混凝土找坡		地下室顶板采用 4mm 厚 SBS 改性沥青耐根穿刺防水卷材＋2mm 厚非固化橡胶沥青防水涂料＋细石混凝土找坡	
	人防门				
	其他				
外立面工程	门窗工程	铝合金平开门、铝合金推拉门、复合门（卧室门）、防盗门（入户门）、地弹门（首层大堂），铝合金窗：6mm 钢化白玻＋12A＋6mm 钢化白玻	全玻地弹门：6mm（Low-E）＋12A＋6mm 双钢化中空玻璃，铝合金门窗：6mm 透明钢化玻璃＋12A＋6mm 透明钢化玻璃	金属百叶窗＋挡鼠板	
	幕墙				
	外墙涂料				
	外墙块料	外墙砂浆找平 20mm＋彩釉外墙砖 45mm×45mm＋面砖墙面分格缝	外墙砂浆找平 20mm＋彩釉外墙砖 45mm×45mm		
	天窗/天幕				
	雨篷	20mm 砂浆防水	20mm 砂浆防水		
	其他				
装修工程	停车场装修			金刚砂细石混凝土楼面、涂料（防霉变）内墙面、腻子顶棚	
	公共区域装修	地面：800mm×800mm 抛光砖，墙面砖：400mm×800mm 抛光砖，吊顶：石膏板吊顶＋无机涂料			
	户内装修	地面抛光砖 800mm×800mm/600mm×600mm、墙面抹灰＋两遍腻子＋乳胶漆一底两面、天棚两遍腻子＋乳胶漆一底两面			

科目名称	项目特征值	G3 号住宅	G9 号办公楼	地下室	备注
装修工程	厨房、卫生间装修	地面：300mm×300mm 防滑砖，墙面砖：300mm×600mm，吊顶：0.8mm 厚铝合金方板 300mm×300mm			
	功能用房装修	地面为水泥砂浆整体面层、墙面一般抹灰、天棚耐水腻子		电梯厅抛光砖楼面、设备房阻燃地坪漆、水泵房防滑地砖、涂料内墙面、发电机房吸声吊顶、电气设备房、水泵房涂料（防霉变）面天棚，其余房间为腻子天棚	
	其他			不锈钢扶手、栏杆	
固定件及内置家具	标识	不锈钢标识牌＋亚克力标识牌		热熔型涂料、优质橡胶车轮定位器、反光镜、减速垄	
	金属构件	钢板止水带、镀锌电焊钢丝网 φ1×20×20、楼梯不锈钢靠墙扶手、坡道不锈钢扶手、不锈钢护窗栏杆、屋面栏杆、阳台不锈钢栏杆、成品烟道	镀锌电焊钢丝网 φ1×20×20、屋面栏杆、坡道栏杆、楼梯间靠墙扶手		
	家具	信报箱	服务台		
	布幕和窗帘				
	其他				
机电工程	通风工程	住宅防排烟系统	防排烟系统及厕所排风扇	车库防排烟系统，地下室风管刷防火涂料	
	空调工程		分体空调		
	给排水工程	给水管材质：涂塑钢塑复合管，PPR 给水管；排水管材质：UPVC；洁具不安装洗手盆及淋浴器；主材均为国产中等档次	给水管材质：涂塑钢塑复合管，PPR 给水管；排水管材质：UPVC；卫生间不装洁具	给水管材质：涂塑钢塑复合管；排水管材质：UPVC；压力排水管材质：内外涂塑钢管；含潜水泵、集水井盖板	

科目名称	项目特征值	G3 号住宅	G9 号办公楼	地下室	备注
机电工程	消防水工程	住宅消火栓系统	消火栓系统、喷淋系统	消火栓系统、喷淋系统、配电房管网式气体灭火系统、无管网气体灭火装置	
	消防报警及联动工程	含消控中心主机设备；主材均为国产中等档次	主材均为国产中等档次	主材均为国产中等档次	
	电气工程	含住宅户内电气；主材均为国产中等档次	主材均为国产中等档次	主材均为国产中等档次	
	弱电工程	有线电视系统、楼宇对讲系统、光纤入户系统；含户内弱电	综合布线系统	视频监控系统、停车场管理系统	
	电梯工程	34 层 34 站，速度 1.75m/s	7 层 7 站，速度 1.5m/s		
	变配电工程			含一户一表工程	
	燃气工程	燃气到户			
	外墙灯具/外墙照明工程				
	LED 大屏工程				
	机电抗震支架工程	风、水专业抗震支架	电、水专业抗震支架	电、风、水专业抗震支架	
	其他				
室外工程	地基处理				
	道路工程	级配碎石垫层＋混凝土基层＋（透水砖、花岗石、改性沥青混凝土）面层			
	燃气工程				
	给水工程				
	室外雨污水系统				
	电气工程				
	弱电工程				
	园建工程				

科目名称	项目特征值	G3 号住宅	G9 号办公楼	地下室	备注
室外工程	绿化工程	喷灌设施安装、栽植花卉、铺种草皮、嵌草砖（格）铺装、种植土回填 30cm			
	园林灯具及喷灌系统				
	围墙工程				
	大门工程				
	室外游乐设施				
	其他				
辅助工程	配套用房建筑工程				
	外电接入工程				
	柴油发电机			主材均为国产中等档次	
	冷源工程				
	污水处理站				
	生活水泵房			主材均为国产中等档次	
	消防水泵房			主材均为国产中等档次	
	充电桩			预留用电至总箱	
	运动场地				
	其他工程				
专项工程	擦窗机工程				
	厨房设备				
	舞台设备及视听设备工程				
	溶洞工程				
	医疗专项				

科目名称	项目特征值	G3 号住宅	G9 号办公楼	地下室	备注
措施项目费	土建工程措施项目费				
	其中：模板				
	脚手架				
	机电工程措施项目费				
其他					

序号	科目名称	功能用房或单项工程计算基数	单项工程±0.00以下			单项工程±0.00以上（G9）			单项工程±0.00以上（G3）			备注
			造价（元）	单位造价（元/单位）	造价占比（%）	造价（元）	单位造价（元/单位）	造价占比（%）	造价（元）	单位造价（元/单位）	造价占比（%）	
1	土石方、护坡、地下连续墙及地基处理	建筑面积										
1.1	土石方工程	土石方体积	12582109.75	50.49	3.28	8952.70	15.05	0.06	682.51	30.69		可研阶段实方量＝地下室面积×挖深×系数（预估）
1.2	基坑支护、边坡	垂直投影面积	50895581.29	7106.73	13.25							基坑支护周长根据地下室边线预估，垂直投影面积＝基坑支护周长×地下室深度
1.3	地下连续墙	垂直投影面积										
1.4	地基处理	地基处理面积	35307867.42	1111.92	9.19							此处仅指各单项工程基底面积范围内的地基处理，室外地基处理计入8.1，大型溶洞地基处理计入10
1.5	其他											
2	基础	建筑面积										
2.1	筏形基础	建筑面积										
2.2	其他基础	建筑面积	9397921.22	147.97	2.45							
2.3	桩基础	建筑面积	46033663.64	724.80	11.99							
2.4	其他											
3	主体结构	建筑面积										
3.1	钢筋混凝土工程	建筑面积	95571607.23	1504.78	24.88	4461662.20	837.49	27.61	12006097.05	646.78	21.22	
3.2	钢板	建筑面积										

序号	科目名称	功能用房或单项工程计算基数	单项工程±0.00以下			单项工程±0.00以上（G9）			单项工程±0.00以上（G3）			备注
			造价（元）	单位造价（元/单位）	造价占比（%）	造价（元）	单位造价（元/单位）	造价占比（%）	造价（元）	单位造价（元/单位）	造价占比（%）	
3.3	钢结构	建筑面积	39600.17	0.62	0.01	151760.20	28.49	0.94	447979.52	24.13	0.79	
3.4	砌筑工程	建筑面积	1950607.50	30.71	0.51	591988.36	111.12	3.66	1240414.72	66.82	2.19	
3.5	防火门窗	建筑面积	564131.32	8.88	0.15	52062.87	9.77	0.32	642113.02	34.59	1.14	
3.6	防火卷帘	建筑面积	783513.99	12.34	0.20							
3.7	防水工程	建筑面积	6555828.24	103.22	1.71	38769.42	7.28	0.24	570336.89	30.72	1.01	
3.8	保温工程	建筑面积				46576.79	8.74	0.29	28934.00	1.56	0.05	
3.9	屋面工程	屋面面积	5810662.36	236.77	1.51	251851.19	258.83	1.56	246009.62	416.28	0.43	
3.10	人防门	建筑面积										
3.11	其他											
4	外立面工程	建筑面积										
4.1	门窗工程	门窗面积	7483.85	636.38		1595163.22	576.16	9.87	3641536.38	538.37	6.44	外窗面积根据窗墙比经验值预估，外门面积根据平面图预估
4.2	幕墙	垂直投影面积										垂直投影面积根据平面图、立面图、效果图结合外门窗面积匡算
4.3	外墙涂料	垂直投影面积										
4.4	外墙块料	垂直投影面积				899087.43	201.08	5.56	4888402.46	274.00	8.64	
4.5	天窗/天幕	天窗/天幕面积										根据平面图预估面积
4.6	雨篷	雨篷面积										
4.7	其他											
5	装修工程	建筑面积										装修标准相近的区域可合并
5.1	停车场装修	停车场面积	20971544.87	411.08	5.46							
5.2	公共区域装修	装修面积										含入户门
5.3	户内装修	装修面积				2186064.11	410.34	13.53	10090428.82	543.58	17.84	含户内门

序号	科目名称	功能用房或单项工程计算基数	单项工程±0.00以下			单项工程±0.00以上（G9）			单项工程±0.00以上（G3）			备注
			造价（元）	单位造价（元/单位）	造价占比（%）	造价（元）	单位造价（元/单位）	造价占比（%）	造价（元）	单位造价（元/单位）	造价占比（%）	
5.4	厨房、卫生间装修	装修面积										含厨房、卫生间门
5.5	功能用房装修	装修面积	5111716.42	409.06	1.33							
5.6	其他		61526.05	0.97	0.02							
6	固定件及内置家具	建筑面积										可研估算阶段根据历史数据预估
6.1	标识	建筑面积	711163.11	11.20	0.19				19333.00	1.04	0.03	
6.2	金属构件	建筑面积				46552.01	8.74	0.29	2480858.35	133.65	4.39	
6.3	家具	建筑面积				15611.68	2.93	0.10	22600.00	1.22	0.04	
6.4	布幕和窗帘	建筑面积										
6.5	其他											
7	机电工程	建筑面积										
7.1	通风工程	建筑面积	5167843.27	81.37	1.35	54019.70	10.14	0.33	289762.46	15.61	0.51	
7.2	空调工程	建筑面积				12816.28	2.41	0.08				
7.3	给排水工程	建筑面积	1558318.10	24.54	0.41	41124.72	7.72	0.25	1298004.85	69.92	2.29	
7.4	消防水工程	建筑面积	5245263.76	82.59	1.37	325750.68	61.15	2.02	202061.16	10.89	0.36	
7.5	消防报警及联动工程	建筑面积	2931674.45	46.16	0.76	201731.46	37.87	1.25	555104.68	29.90	0.98	
7.6	电气工程	建筑面积	14155429.24	222.89	3.69	962678.31	180.70	5.96	2259330.94	121.71	3.99	
7.7	弱电工程	建筑面积	1507080.96	23.73	0.39	150336.40	28.22	0.93	523837.99	28.22	0.93	
7.8	电梯工程	按数量	155894.41	155894.41	0.04	757401.12	189350.28	4.69	968404.94	484202.47	1.71	
7.9	变配电工程	变压器容量（kVA）	16082257.13	992.73	4.19							
7.10	燃气工程	建筑面积/用气户数							213328.06	1720.39	0.38	
7.11	外墙灯具/外墙照明工程	建筑面积										

序号	科目名称	功能用房或单项工程计算基数	单项工程±0.00以下			单项工程±0.00以上（G9）			单项工程±0.00以上（G3）			备注
			造价（元）	单位造价（元/单位）	造价占比（%）	造价（元）	单位造价（元/单位）	造价占比（%）	造价（元）	单位造价（元/单位）	造价占比（%）	
7.12	LED大屏工程	建筑面积										
7.13	机电抗震支架工程	建筑面积	4961832.95	78.13	1.29	146233.74	27.45	0.91	124174.97	6.69	0.22	
7.14	其他											
8	室外工程	总建筑面积										
8.1	地基处理											
8.2	道路工程	道路面积				8931218.06	618.63					需根据填报指引区别于8.8中的园路
8.3	燃气工程	建筑面积/接入长度				525790.85	2.75					
8.4	给水工程	室外占地面积				354139.99	12.56					用地面积-建筑物基底面积
8.5	室外雨污水系统	室外占地面积				2922198.85	103.65					用地面积-建筑物基底面积
8.6	电气工程	室外占地面积				433637.09	15.38					用地面积-建筑物基底面积
8.7	弱电工程	室外占地面积										用地面积-建筑物基底面积
8.8	园建工程	园建面积										园建总面积在可研阶段可根据总占地面积、道路面积、塔楼基底面积和绿化率推导求出，其他阶段按实计算
8.9	绿化工程	绿化面积				2171909.49	157.89					可研阶段可根据绿化率推导求出，其他阶段按实计算

序号	科目名称	功能用房或单项工程计算基数	单项工程±0.00以下			单项工程±0.00以上（G9）			单项工程±0.00以上（G3）			备注
			造价（元）	单位造价（元/单位）	造价占比（%）	造价（元）	单位造价（元/单位）	造价占比（%）	造价（元）	单位造价（元/单位）	造价占比（%）	
8.10	园林灯具及喷灌系统	园建绿化面积										
8.11	围墙工程	围墙长度（m）				682056.09	1797.25					
8.12	大门工程	项										
8.13	室外游乐设施	园建面积										
8.14	其他					660568.91	3.46					
9	辅助工程	建筑面积										
9.1	配套用房建筑工程	建筑面积										仅指独立的配套用房，非独立的含在各业态中
9.2	外电接入工程	接入线路的路径长度										接入长度为从红线外市政变电站接入红线内线路的路径长度
9.3	柴油发电机	kW	1687141.02	1687.14	0.44							发电机功率
9.4	冷源工程	冷吨										
9.5	污水处理站	m³/d										日处理污水量
9.6	生活水泵房	建筑面积	3113190.45	49.02	0.81							
9.7	消防水泵房	建筑面积	510084.50	8.03	0.13							
9.8	充电桩	按数量	1338503.62	47803.70	0.35							
9.9	运动场地	水平投影面积										
9.10	其他工程											
10	专项工程	建筑面积										各类专项工程内容
10.1	擦窗机工程											
10.2	厨房设备											
10.3	舞台设备及视听设备工程											

序号	科目名称	功能用房或单项工程计算基数	单项工程±0.00以下			单项工程±0.00以上（G9）			单项工程±0.00以上（G3）			备注
			造价（元）	单位造价（元/单位）	造价占比（%）	造价（元）	单位造价（元/单位）	造价占比（%）	造价（元）	单位造价（元/单位）	造价占比（%）	
10.4	溶洞工程											
10.5	医疗专项											
11	措施项目费	建筑面积										
11.1	土建工程措施项目费	建筑面积	16769126.41	264.03	4.37	2018101.36	378.812	12.49	8901198.05	479.51	15.73	
	其中：模板	建筑面积	14782190.88	232.75	3.85	1640574.53	307.95	10.15	6426959.68	346.22	11.36	
	脚手架	建筑面积	1986935.52	31.28	0.52	377526.83	70.83	2.34	2474238.37	133.29	4.37	
11.2	机电工程措施项目费	建筑面积	4104968.01	64.64	1.07	256321.79	48.11	1.59	833214.03	39.72	1.47	
	其他（安全文明施工费、扬尘防治、用工实名管理、绿色施工安全防护措施、垂直运输、混凝土泵送、大型机械进出场）		11190303.76	176.19	2.91	793416.64	148.93	4.91	3752579.34	202.15	6.63	
12	其他	建筑面积	1255426.01	19.77	0.33	91558.68	17.19	0.57	321300.72	17.31	0.57	
13	合计		384090866.48	6047.51	100.00	161557593.07	3032.92	100.00	56568028.54	3047.35	100.00	

序号	科目名称	工程量	单位	用量指标	单位	备注
A	结构材料用量指标					
1	筏形基础					
1.1	混凝土	22186.68	m³	0.90	m³/m²	混凝土工程量/筏形基础底板面积
1.2	模板	1520.29	m²	0.06	m²/m²	模板工程量/筏形基础底板面积
1.3	钢筋	2362642.00	kg	106.49	kg/m³	钢筋工程量/筏形基础底板混凝土量
1.4	钢材	2362642.00	kg	95.85	kg/m²	钢筋工程量/筏形基础底板面积
2	地下室（不含外墙、不含筏形基础）					
2.1	混凝土	34128.64	m³	0.54	m³/m²	混凝土工程量/地下室建筑面积
2.2	模板	107652.47	m²	1.69	m²/m²	模板工程量/地下室建筑面积
2.3	钢筋	5003378.00	kg	146.60	kg/m³	钢筋工程量/地下室混凝土量
2.4	钢筋	5003378.00	kg	78.78	kg/m²	钢筋工程量/地下室建筑面积
2.5	钢材		kg		kg/m²	钢结构工程量/地下室建筑面积
3	地下室（含外墙、不含筏形基础）					
3.1	混凝土	35866.04	m³	0.56	m³/m²	混凝土工程量/地下室建筑面积
3.2	模板	119593.68	m²	1.88	m²/m²	模板工程量/地下室建筑面积
3.3	钢筋	5373782.00	kg	149.83	kg/m³	钢筋工程量/地下室（含外墙）混凝土量
3.4	钢筋	5373782.00	kg	84.61	kg/m²	钢筋工程量/地下室建筑面积
3.5	钢材		kg		kg/m²	钢结构工程量/地下室建筑面积
4	裙楼					
4.1	混凝土		m³		m³/m²	混凝土工程量/裙楼建筑面积
4.2	模板		m²		m²/m²	模板工程量/裙楼建筑面积
4.3	钢筋		kg		kg/m³	钢筋工程量/裙楼混凝土量
4.4	钢筋		kg		kg/m²	钢筋工程量/裙楼建筑面积
4.5	钢材		kg		kg/m²	钢筋工程量/裙楼建筑面积
5	塔楼（G9）					

序号	科目名称	工程量	单位	用量指标	单位	备注
5.1	混凝土	2447.56	m³	0.46	m³/m²	混凝土工程量/塔楼建筑面积
5.2	模板	20065.91	m²	3.77	m²/m²	模板工程量/塔楼建筑面积
5.3	钢筋	363598.00	kg	148.56	kg/m³	钢筋工程量/塔楼混凝土量
5.4	钢筋	363598.00	kg	68.25	kg/m²	钢筋工程量/塔楼建筑面积
5.5	钢材					钢筋工程量/塔楼建筑面积
6	塔楼（G3）					
6.1	混凝土	6887.55	m³	0.37	m³/m²	混凝土工程量/塔楼建筑面积
6.2	模板	90471.94	m²	4.87	m²/m²	模板工程量/塔楼建筑面积
6.3	钢筋	870960.00	kg	126.45	kg/m³	钢筋工程量/塔楼混凝土量
6.4	钢筋	870960.00	kg	46.92	kg/m²	钢筋工程量/塔楼建筑面积
6.5	钢材		kg		kg/m²	钢筋工程量/塔楼建筑面积
B	外墙装饰材料用量指标					
1	裙楼					
1.1	玻璃幕墙面积		m²		%	幕墙面积/裙楼外墙面积
1.2	石材幕墙面积		m²		%	石材面积/裙楼外墙面积
1.3	铝板幕墙面积		m²		%	铝板面积/裙楼外墙面积
1.4	铝窗面积		m²		%	铝窗面积/裙楼外墙面积
1.5	百叶面积		m²		%	百叶面积/裙楼外墙面积
1.6	面砖面积		m²		%	面砖面积/裙楼外墙面积
1.7	涂料面积		m²		%	涂料面积/裙楼外墙面积
1.8	外墙面积（1.1+1.2+…+1.7）		m²		m²/m²	裙楼外墙面积/裙楼建筑面积
2	塔楼（G9）					
2.1	玻璃幕墙面积		m²		%	幕墙面积/塔楼外墙面积
2.2	石材幕墙面积		m²		%	石材面积/塔楼外墙面积
2.3	铝板幕墙面积		m²		%	铝板面积/塔楼外墙面积
2.4	铝窗面积	1833.07	m²	0.27	%	铝窗面积/塔楼外墙面积
2.5	百叶面积	99.32	m²	0.01	%	百叶面积/塔楼外墙面积

序号	科目名称	工程量	单位	用量指标	单位	备注
2.6	面砖面积	4869.28	m²	0.72	％	面砖面积/塔楼外墙面积
2.7	涂料面积		m²		％	涂料面积/塔楼外墙面积
2.8	外墙面积（2.1＋2.2＋…＋2.7）	6801.67	m²	1.28	m²/m²	塔楼外墙面积/塔楼建筑面积
3	塔楼（G3）					
3.1	玻璃幕墙面积		m²		％	幕墙面积/塔楼外墙面积
3.2	石材幕墙面积		m²		％	石材面积/塔楼外墙面积
3.3	铝板幕墙面积		m²		％	铝板面积/塔楼外墙面积
3.4	铝窗面积	571.02	m²	0.02	％	铝窗面积/塔楼外墙面积
3.5	百叶面积	1468.72	m²	0.06	％	百叶面积/塔楼外墙面积
3.6	面砖面积	22525.74	m²	0.92	％	面砖面积/塔楼外墙面积
3.7	涂料面积		m²		％	涂料面积/塔楼外墙面积
3.8	外墙面积（3.1＋3.2＋…＋3.7）	24565.48	m²	1.32	m²/m²	塔楼外墙面积/塔楼建筑面积
4	外墙总面积（1.8＋2.8＋3.8）	31367.15	m²	1.31	m²/m²	外墙总面积/地上建筑面积

案例二 广州市×××住宅项目
［立齐工程咨询（广东）有限公司提供］

广东省房屋建筑工程投资估算指标总览表

表 1-2-1

项目信息	项目名称	广州市×××住宅项目			项目阶段	已完工
	建设类型	住宅	建设地点	广州	价格取定时间	2018 年 6 月
	计价方式	综合体	建设单位名称		开工时间	2018 年 12 月
	发承包方式	综合清单	设计单位名称		竣工时间	2022 年
	资金来源	总价包干	施工单位名称		总造价（万元）	85593
	地质情况		工程范围	土建、综合机电		
	红线内面积（m²）	58456	总建筑面积（m²）	153924	容积率（%）	绿化率（%）

科目名称　　　　　　项目特征值	住宅	备注
概况简述	栋数	9	
	层数	22～28	
	层高（m）	3	
	建筑高度（m）	90	
	户数/床位数/……	993	
	人防面积（m²）	8003	
	塔楼基底面积（m²）	4780	
	外立面面积（m²）	176291	
	绿色建筑标准		
	建筑面积（m²）	153924	

科目名称	项目特征值	住宅	备注
结构简述	抗震烈度	7度	
	结构形式	框架—剪力墙结构	
	装配式建筑面积/装配率		
	基础形式及桩长	静压桩20m	
土石方、护坡、地下连续墙及地基处理	土石方工程	土石方开挖、外运及回填	
	基坑支护、边坡	搅拌桩＋锚杆	
	地下连续墙		
	地基处理		
	其他		
基础	筏形基础	筏板	
	其他基础		
	桩基础	静压桩	
	其他		
主体结构	钢筋混凝土工程	除基础外混凝土、模板及钢筋	
	钢板		
	钢结构		
	砌筑工程	砌体、砂浆、构造柱、圈梁	
	防火门窗	甲、乙级防火门	
	防火卷帘		
	防水工程	防水砂浆、防水材料	
	保温工程		
	屋面工程	找平砂浆、防水材料、保温板	
	人防门		
	其他		

科目名称	项目特征值	住宅	备注
外立面工程	门窗工程	6mm＋6mm 中空玻璃、铝料	
	幕墙		
	外墙涂料		
	外墙块料	石材、外墙砖	
	天窗/天幕		
	雨篷	8mm＋8mm 夹胶玻璃雨篷	
	其他		
装修工程	停车场装修	砂浆找平、金刚砂、乳胶漆	
	公共区域装修	砂浆，地面瓷砖/木地板，墙面乳胶漆，天棚吊顶	
	户内装修	地面石材，墙面瓷砖，天棚吊顶，卫生洁具	
	厨房、卫生间装修	地面瓷砖，墙面及天棚乳胶漆	
	功能用房装修	地面瓷砖，墙面及天棚乳胶漆	
	其他		
固定件及内置家具	标识		
	金属构件	不锈钢/玻璃栏杆	
	家具		
	布幕和窗帘		
	其他		
机电工程	通风工程		
	空调工程		
	给排水工程	给水系统、雨污废水系统	
	消防水工程	消火栓系统、喷淋系统、气体灭火系统	
	消防报警及联动工程	火灾报警系统、防火门监控系统、消防电源监控系统、电气火灾监控系统、防火卷帘	

科目名称	项目特征值	住宅	备注
机电工程	电气工程	照明工程、动力工程、防雷接地系统	
	弱电工程	综合布线系统（宽带、电话）、视频监控系统、可视对讲系统、电梯五方通话系统、门禁系统、光纤入户系统、停车场系统	
	电梯工程	电梯	
	变配电工程	配电站变配电工程、低压配电工程	
	燃气工程	庭院管道、室内管道	
	外墙灯具/外墙照明工程		
	LED大屏工程		
	机电抗震支架工程		
	其他		
室外工程	地基处理		
	道路工程	土石方、基层及面层	
	燃气工程	管道、阀门设备、各类井、调压设备	
	给水工程	管道、阀门设备、各类井、消火栓	
	室外雨污水系统	污水管、雨水管及管井	
	电气工程	电缆、电缆沟	
	弱电工程		
	园建工程	景墙、景观池、亭台、景观路、坐凳、台阶、花架、游乐设施	
	绿化工程	乔木、灌木及地被	
	园林灯具及喷灌系统	园林灯具、灌溉系统	
	围墙工程	混凝土基层及栏杆	
	大门工程		

科目名称	项目特征值	住宅	备注
室外工程	室外游乐设施	滑梯、健身器材	
	其他		
辅助工程	配套用房建筑工程		
	外电接入工程		
	柴油发电机		
	冷源工程		
	污水处理站		
	生活水泵房		
	消防水泵房		
	充电桩	充电桩及电缆	
	运动场地		
	其他工程		
专项工程	擦窗机工程		
	厨房设备		
	舞台设备及视听设备工程		
	溶洞工程		
	医疗专项		
措施项目费	土建工程措施项目费		
	其中：模板		
	脚手架		
	机电工程措施项目费		
	其他		

广东省房屋建筑工程投资估算指标表

表 1-2-2

序号	科目名称	功能用房或单项工程计算基数	单项工程±0.00以下			单项工程±0.00以上			合计			备注
			造价（元）	单位造价（元/单位）	造价占比（%）	造价（元）	单位造价（元/单位）	造价占比（%）	造价（元）	单位造价（元/单位）	造价占比（%）	
1	土石方、护坡、地下连续墙及地基处理	建筑面积										
1.1	土石方工程	实方量	33158575.00	111.33	3.87				33158575.00	111.33	3.87	可研阶段实方量＝地下室面积×挖深×系数（预估）
1.2	基坑支护、边坡	垂直投影面积	10666600.00	1066.66	1.25				10666600.00	1066.66	1.25	基坑支护周长根据地下室边线预估，垂直投影面积＝基坑支护周长×地下室深度
1.3	地下连续墙	垂直投影面积										
1.4	地基处理	地基处理面积										此处仅指各单项工程基底面积范围内的地基处理，室外地基处理计入8.1，大型溶洞地基处理计入10
1.5	其他											
2	基础	建筑面积										
2.1	筏形基础	建筑面积	47917000.00	898.50	5.60				47917000.00	311.30	5.60	
2.2	其他基础											
2.3	桩基础	建筑面积	21760780.00	408.04	2.54				21760780.00	141.37	2.54	
2.4	其他											
3	主体结构	建筑面积										
3.1	钢筋混凝土工程	建筑面积	59629940.00	1118.13	6.97	97978336.00	974.00	11.45	157608276.00	1023.94	18.42	
3.2	钢板	建筑面积										

— 23 —

序号	科目名称	功能用房或单项工程计算基数	单项工程±0.00以下			单项工程±0.00以上			合计			备注
			造价(元)	单位造价(元/单位)	造价占比(%)	造价(元)	单位造价(元/单位)	造价占比(%)	造价(元)	单位造价(元/单位)	造价占比(%)	
3.3	钢结构	建筑面积										
3.4	砌筑工程	建筑面积	8666450.00	162.51	1.01	4410900.00	43.85	0.52	13077350.00	84.96	1.53	
3.5	防火门窗	建筑面积	1866900.00	35.01	0.22	2112600.00	21.00	0.25	3979500.00	25.85	0.47	
3.6	防火卷帘	建筑面积	含于消防工程									
3.7	防水工程	建筑面积	31999800.00	600.03	3.74	8281000.00	82.32	0.97	40280800.00	261.69	4.71	
3.8	保温工程	建筑面积				13077220.00	130.00	1.53	13077220.00	84.96	1.53	
3.9	屋面工程	屋面面积				1810800.00	360.00	0.21	1810800.00	360.00	0.21	
3.10	人防门	建筑面积	5602100.00	105.05	0.65				5602100.00	700.00	0.65	
3.11	其他	建筑面积	2399850.00	45.00	0.28	4526730.00	45.00	0.53	6926580.00	45.00	0.81	
4	外立面工程	建筑面积										
4.1	门窗工程	门窗面积				18889500.00	750.00	2.21	18889500.00	750.00	2.21	外窗面积根据窗墙比经验值预估，外门面积根据平面图预估
4.2	幕墙	垂直投影面积										垂直投影面积根据平面图、立面图、效果图结合外门窗面积匡算
4.3	外墙涂料	垂直投影面积										
4.4	外墙块料	垂直投影面积				20737320.00	145.00	2.42	20737320.00	145.00	2.42	
4.5	天窗/天幕	天窗/天幕面积										根据平面图预估面积
4.6	雨篷	雨篷面积				1500000.00	1500.00	0.18	1500000.00	1500.00	0.18	
4.7	其他											
5	装修工程	建筑面积										装修标准相近的区域可合并
5.1	停车场装修	停车场面积	17732225.00	350.00	2.07				17732225.00	350.00	2.07	
5.2	公共区域装修	装修面积				18562500.00	2750.00	2.17	18562500.00	2750.00	2.17	含入户门

序号	科目名称	功能用房或单项工程计算基数	单项工程±0.00以下			单项工程±0.00以上			合计			备注
			造价(元)	单位造价(元/单位)	造价占比(%)	造价(元)	单位造价(元/单位)	造价占比(%)	造价(元)	单位造价(元/单位)	造价占比(%)	
5.3	户内装修	装修面积				105624400.00	1400.00	12.34	105624400.00	1400.00	12.34	含户内门
5.4	厨房、卫生间装修	装修面积				含于5.3项			含于5.3项			含厨房、卫生间门
5.5	功能用房装修	装修面积	959940.00	450.00	0.11				959940.00	450.00	0.11	
5.6	其他											
6	固定件及内置家具	建筑面积										可研估算阶段根据历史数据预估
6.1	标识	建筑面积		20.00		2308860.00	22.95	0.27	2308860.00	15.00	0.27	
6.2	金属构件	建筑面积	7531500.00	141.22	0.88	3248100.00	32.29	0.38	10779600.00	70.03	1.26	
6.3	家具	建筑面积										
6.4	布幕和窗帘	建筑面积										
6.5	其他	建筑面积										
7	机电工程	建筑面积										
7.1	通风工程	建筑面积	4533050.00	85.00	0.53	503225.00	5.00	0.06	5036275.00	32.72	0.59	
7.2	空调工程	建筑面积										
7.3	给排水工程	建筑面积	5333000.00	100.00	0.62	10059400.00	100.00	1.18	15392400.00	100.00	1.80	
7.4	消防水工程	建筑面积							含于7.5项	含于7.5项		
7.5	消防报警及联动工程	建筑面积	11465950.00	215.00	1.34	2515495.00	25.01	0.29	13981445.00	90.83	1.63	
7.6	电气工程	建筑面积	12265900.00	230.00	1.43	23136620.00	230.00	2.70	35402520.00	230.00	4.14	
7.7	弱电工程	建筑面积	1066600.00	20.00	0.12	6629600.00	65.90	0.77	7696200.00	50.00	0.90	
7.8	电梯工程	按数量				9000000.00	500000.00	1.05	9000000.00	500000.00	1.05	
7.9	变配电工程	按变压器容量										
7.10	燃气工程	建筑面积/用气户数				6454500.00	6500.00	0.75	6454500.00	6500.00	0.75	

序号	科目名称	功能用房或单项工程计算基数	单项工程±0.00以下			单项工程±0.00以上			合计			备注
			造价（元）	单位造价（元/单位）	造价占比（%）	造价（元）	单位造价（元/单位）	造价占比（%）	造价（元）	单位造价（元/单位）	造价占比（%）	
7.11	外墙灯具/外墙照明工程	建筑面积				1500000.00	9.75	0.18	1500000.00	9.75	0.18	
7.12	LED大屏工程	建筑面积										
7.13	机电抗震支架工程	建筑面积										
7.14	其他											
8	室外工程	总建筑面积										
8.1	地基处理											
8.2	道路工程	道路面积							含于8.8项			需根据填报指引区别于8.8中的园路
8.3	燃气工程	建筑面积/接入长度				5958000.00	38.71	0.70	5958000.00	38.71	0.70	
8.4	给水工程	室外占地面积				9000000.00	153.96	1.05	9000000.00	153.96	1.05	用地面积－建筑物基底面积
8.5	室外雨污水系统	室外占地面积				7307000.00	125.00	0.85	7307000.00	125.00	0.85	用地面积－建筑物基底面积
8.6	电气工程	室外占地面积				35402520.00	230.00	4.14	35402520.00	230.00	4.14	用地面积－建筑物基底面积
8.7	弱电工程	室外占地面积							含于7.7项			用地面积－建筑物基底面积
8.8	园建工程	园建面积				32205600.00	600.00	3.76	32205600.00	600.00	3.76	园建总面积在可研阶段可根据总占地面积、道路面积、塔楼基底面积和绿化率推导求出，其他阶段按实计算

序号	科目名称	功能用房或单项工程计算基数	单项工程±0.00以下			单项工程±0.00以上			合计			备注
			造价（元）	单位造价（元/单位）	造价占比（%）	造价（元）	单位造价（元/单位）	造价占比（%）	造价（元）	单位造价（元/单位）	造价占比（%）	
8.9	绿化工程	绿化面积				含于8.8项			含于8.8项			
8.10	园林灯具及喷灌系统	园建绿化面积				含于8.8项			含于8.8项			可研阶段可根据绿化率推导求出，其他阶段按实计算
8.11	围墙工程	围墙长度（m）				3190000.00	2200.00	0.37	3190000.00	2200.00		
8.12	大门工程	项										
8.13	室外游乐设施					200000.00	3.73	0.02	200000.00	1.30		
8.14	其他											
9	辅助工程	建筑面积										
9.1	配套用房建筑工程	建筑面积										
9.2	外电接入工程	接入线路的路径长度				33000000.00	2357.14	3.86	33000000.00	2357.14	3.86	仅指独立的配套用房，非独立的含在各业态中
9.3	柴油发电机	kW										接入长度为从红线外市政变电站接入红线内线路的路径长度
9.4	冷源工程	冷吨										发电机功率
9.5	污水处理站	m³/d										
9.6	生活水泵房	建筑面积										日处理污水量
9.7	消防水泵房	建筑面积										
9.8	充电桩	按数量				46075000.00		5.38	46075000.00	25000.00	5.38	
9.9	运动场地	水平投影面积										
9.10	其他工程											
10	专项工程	建筑面积										

序号	科目名称	功能用房或单项工程计算基数	单项工程±0.00以下			单项工程±0.00以上			合计			备注
			造价（元）	单位造价（元/单位）	造价占比（%）	造价（元）	单位造价（元/单位）	造价占比（%）	造价（元）	单位造价（元/单位）	造价占比（%）	
10.1	擦窗机工程											各类专项工程内容
10.2	厨房设备	建筑面积										
10.3	舞台设备及视听设备工程	建筑面积										
10.4	溶洞工程	建筑面积										
10.5	医疗专项	建筑面积										
11	措施项目费	建筑面积	14132450.00	265.00	1.65	22039690.00	265.00	2.57	36172140.00	235.00	4.23	
11.1	土建工程措施项目费	建筑面积										
	其中：模板	建筑面积										
	脚手架	建筑面积										
11.2	机电工程措施项目费	建筑面积										
12	其他	建筑面积										
13	合计		298688610.00	5600.76	34.90	557244916.00	5539.54	65.10	855933526.00	5560.75	100.00	

序号	科目名称	工程量	单位	用量指标	单位	备注
A	结构材料用量指标					
1	筏形基础					
1.1	混凝土	22665	m³	0.85	m³/m²	混凝土工程量/筏形基础底板面积
1.2	模板	21332	m²	0.80	m²/m²	模板工程量/筏形基础底板面积
1.3	钢筋	4399725	kg	194.12	kg/m³	钢筋工程量/筏形基础底板混凝土量
1.4	钢筋	4399725	kg	165.00	kg/m²	钢筋工程量/筏形基础底板面积
2	地下室（不含外墙、不含筏形基础）					
2.1	混凝土	27732	m³	0.52	m³/m²	混凝土工程量/地下室建筑面积
2.2	模板	125326	m²	2.35	m²/m²	模板工程量/地下室建筑面积
2.3	钢筋	3199800	kg	115.38	kg/m³	钢筋工程量/地下室混凝土量
2.4	钢筋	3199800	kg	60.00	kg/m²	钢筋工程量/地下室建筑面积
2.5	钢材		kg		kg/m²	钢结构工程量/地下室建筑面积
3	地下室（含外墙、不含筏形基础）					
3.1	混凝土	32232	m³	0.68	m³/m²	混凝土工程量/地下室建筑面积
3.2	模板	134326	m²	2.52	m²/m²	模板工程量/地下室建筑面积
3.3	钢筋	3852300	kg	119.52	kg/m³	钢筋工程量/地下室（含外墙）混凝土量
3.4	钢筋	3852300	kg	72.24	kg/m²	钢筋工程量/地下室建筑面积
3.5	钢材		kg		kg/m²	钢结构工程量/地下室建筑面积
4	裙楼					
4.1	混凝土		m³		m³/m²	混凝土工程量/裙楼建筑面积
4.2	模板		m²		m²/m²	模板工程量/裙楼建筑面积
4.3	钢筋		kg		kg/m³	钢筋工程量/裙楼混凝土量
4.4	钢筋		kg		kg/m²	钢筋工程量/裙楼建筑面积
4.5	钢材		kg		kg/m²	钢筋工程量/裙楼建筑面积
5	塔楼					

序号	科目名称	工程量	单位	用量指标	单位	备注
5.1	混凝土	45267	m^3	0.45	m^3/m^2	混凝土工程量/塔楼建筑面积
5.2	模板	382257	m^2	3.80	m^2/m^2	模板工程量/塔楼建筑面积
5.3	钢筋	5230888	kg	115.56	kg/m^3	钢筋工程量/塔楼混凝土量
5.4	钢筋	5230888	kg	52.00	kg/m^2	钢筋工程量/塔楼建筑面积
5.5	钢材		kg		kg/m^2	钢筋工程量/塔楼建筑面积
B	外墙装饰材料用量指标					
1	裙楼					
1.1	玻璃幕墙面积		m^2		％	幕墙面积/裙楼外墙面积
1.2	石材幕墙面积		m^2		％	石材面积/裙楼外墙面积
1.3	铝板幕墙面积		m^2		％	铝板面积/裙楼外墙面积
1.4	铝窗面积		m^2		％	铝窗面积/裙楼外墙面积
1.5	百叶面积		m^2		％	百叶面积/裙楼外墙面积
1.6	面砖面积		m^2		％	面砖面积/裙楼外墙面积
1.7	涂料面积		m^2		％	涂料面积/裙楼外墙面积
1.8	外墙面积（1.1+1.2+…+1.7）		m^2		m^2/m^2	裙楼外墙面积/裙楼建筑面积
2	塔楼					
2.1	玻璃幕墙面积		m^2		％	幕墙面积/塔楼外墙面积
2.2	石材幕墙面积	2053	m^2	1.16	％	石材面积/塔楼外墙面积
2.3	铝板幕墙面积		m^2		％	铝板面积/塔楼外墙面积
2.4	铝窗面积	25186	m^2	14.29	％	铝窗面积/塔楼外墙面积
2.5	百叶面积	6036	m^2	3.42	％	百叶面积/塔楼外墙面积
2.6	面砖面积	143016	m^2	81.12	％	面砖面积/塔楼外墙面积
2.7	涂料面积		m^2		％	涂料面积/塔楼外墙面积
2.8	外墙面积（2.1+2.2+…+2.7）	176291	m^2	1.75	m^2/m^2	塔楼外墙面积/塔楼建筑面积
3	外墙总面积（1.8+2.8）	176291	m^2	1.75	m^2/m^2	外墙总面积/地上建筑面积

案例三　佛山×××住宅项目

[艾奕康造价咨询（深圳）有限公司提供]

广东省房屋建筑工程投资估算指标总览表

表 1-3-1

<table>
<tr><td rowspan="8">项目信息</td><td>项目名称</td><td colspan="4">佛山×××住宅项目</td><td>项目阶段</td><td>竣工</td></tr>
<tr><td>建设类型</td><td>住宅</td><td>建设地点</td><td colspan="2">佛山市</td><td>价格取定时间</td><td>2019 年</td></tr>
<tr><td>计价方式</td><td>港式清单计价</td><td>建设单位名称</td><td colspan="2">×××××有限公司</td><td>开工时间</td><td>2019 年</td></tr>
<tr><td>发承包方式</td><td>总价包干</td><td>设计单位名称</td><td colspan="2">×××××有限公司</td><td>竣工时间</td><td>2022 年</td></tr>
<tr><td>资金来源</td><td>自有资金</td><td>施工单位名称</td><td colspan="2">×××××有限公司</td><td>总造价（万元）</td><td>63200</td></tr>
<tr><td>地质情况</td><td>一、二类土</td><td>工程范围</td><td colspan="4">基础工程、主体结构工程、建筑工程、人防工程、机电工程</td></tr>
<tr><td>红线内面积（m²）</td><td>30000</td><td>总建筑面积（m²）</td><td>271259</td><td>容积率（%）</td><td>1</td><td>绿化率（%）</td><td>33</td></tr>
<tr><td colspan="2" rowspan="2">科目名称　项目特征值</td><td colspan="5">住宅</td><td>备注</td></tr>
</table>

<table>
<tr><td rowspan="12">概况简述</td><td>栋数</td><td>12</td><td></td></tr>
<tr><td>层数</td><td>32～42</td><td></td></tr>
<tr><td>层高（m）</td><td>3.50</td><td></td></tr>
<tr><td>建筑高度（m）</td><td>96.00～143.50</td><td></td></tr>
<tr><td>户数/床位数/……</td><td>1377</td><td></td></tr>
<tr><td>人防面积（m²）</td><td>7936.10</td><td></td></tr>
<tr><td>塔楼基底面积（m²）</td><td>7800</td><td></td></tr>
<tr><td>外立面面积（m²）</td><td></td><td></td></tr>
<tr><td>绿色建筑标准</td><td></td><td></td></tr>
<tr><td>建筑面积（m²）</td><td>271259.04</td><td></td></tr>
</table>

科目名称 \ 项目特征值		住宅	备注
结构简述	抗震烈度	7度	
	结构形式	钢筋混凝土框架－核心筒结构	
	装配式建筑面积/装配率		
	基础形式及桩长	桩承台＋筏形基础，桩长23m	
土石方、护坡、地下连续墙及地基处理	土石方工程	土石方开挖、回填、场内外运输	
	基坑支护、边坡	土方放坡＋锚杆及喷射混凝土护坡	
	地下连续墙		
	地基处理		
	其他		
基础	筏形基础	C40、P10混凝土	
	其他基础	桩承台	
	桩基础	ϕ1.8m人工挖孔灌注桩，C30混凝土	
	其他		
主体结构	钢筋混凝土工程	C30～C70混凝土	
	钢板	1.0mm厚镀锌钢板桁架楼承板	
	钢结构		
	砌筑工程	蒸压加气混凝土砌块强度A7.0	
	防火门窗		
	防火卷帘		
	防水工程	4mm耐根穿刺防水卷材	
	保温工程	50mm厚B_2级挤塑聚苯乙烯泡沫塑料板	
	屋面工程	细石混凝土屋面、防滑砖屋面	
	其他		

科目名称	项目特征值	住宅	备注
外立面工程	门窗工程		
	幕墙		
	外墙涂料	外墙真石漆、外墙大理石	
	外墙块料		
	天窗/天幕		
	雨篷		
	其他		
装修工程	停车场装修		
	公共区域装修	粗装修＋精装修	
	户内装修	粗装修	
	厨房、卫生间装修		
	功能用房装修		
	其他		
固定件及内置家具	标识		
	金属构件		
	家具		
	布幕和窗帘		
	其他		
机电工程	通风工程		
	空调工程		
	给排水工程		
	消防水工程		
	消防报警及联动工程		

科目名称	项目特征值	住宅	备注
机电工程	电气工程		
	弱电工程		
	电梯工程	共 32 台垂直电梯	
	变配电工程	1 个 1000kVA 变压器，含远程抄表	
	燃气工程	共 1377 户	
	外墙灯具/外墙照明工程		
	LED 大屏工程		
	机电抗震支架工程		
	其他		
室外工程	地基处理		
	道路工程		
	燃气工程		
	给水工程	含远传抄表	
	室外雨污水系统		
	电气工程		
	弱电工程		
	园建工程		
	绿化工程		
	园林灯具及喷灌系统		
	围墙工程		
	大门工程		
	室外游乐设施		
	其他		

科目名称	项目特征值	住宅	备注
辅助工程	配套用房建筑工程		
	外电接入工程	450m	
	柴油发电机		
	冷源工程		
	污水处理站		
	生活水泵房		
	消防水泵房		
	充电桩	5套直流桩，28套交流桩	
	运动场地		
	其他工程		
专项工程	擦窗机工程		
	厨房设备		
	舞台设备及视听设备工程		
	溶洞工程		
	医疗专项		
措施项目费	土建工程措施项目费		
	其中：模板		
	脚手架		
	机电工程措施项目费		
	其他		

序号	科目名称	功能用房或单项工程计算基数	单项工程±0.00 以下			单项工程±0.00 以上			合计			备注
			造价（元）	单位造价（元/单位）	造价占比（%）	造价（元）	单位造价（元/单位）	造价占比（%）	造价（元）	单位造价（元/单位）	造价占比（%）	
1	土石方、护坡、地下连续墙及地基处理	建筑面积	18507000	288					18507000	68		
1.1	土石方工程	建筑面积	13816000	215	75				13816000	51		可研阶段实方量=地下室面积×挖深×系数（预估）
1.2	基坑支护、边坡	建筑面积	4691000	73	25				4691000	17		基坑支护周长根据地下室边线预估，垂直投影面积=基坑支护周长×地下室深度
1.3	地下连续墙	建筑面积										
1.4	地基处理	建筑面积										此处仅指各单项工程基底面积范围内的地基处理，室外地基处理计入 8.1，大型溶洞地基处理计入 10
1.5	其他											围墙、临水接驳、开办费
2	基础	建筑面积	33367000	519					33367000	123		
2.1	筏形基础	建筑面积										
2.2	其他基础											抗拔锚杆
2.3	桩基础	建筑面积	33367000	519	100				33367000	123		人工挖孔桩
2.4	其他											
3	主体结构	建筑面积	128506000	1999		142499000	689		271005000	999		
3.1	钢筋混凝土工程	建筑面积	109248000	1699	84.99	142499000	689	100	251747000	928		

序号	科目名称	功能用房或单项工程计算基数	单项工程±0.00以下			单项工程±0.00以上			合计			备注
			造价（元）	单位造价（元/单位）	造价占比（%）	造价（元）	单位造价（元/单位）	造价占比（%）	造价（元）	单位造价（元/单位）	造价占比（%）	
3.2	钢板	建筑面积										
3.3	钢结构	建筑面积										
3.4	砌筑工程	建筑面积	1665000	26	1.30				1665000	6		
3.5	防火门窗	建筑面积	444000	7	0.35				444000	2		
3.6	防火卷帘	建筑面积	454000	7	0.35				454000	2		
3.7	防水工程	建筑面积	16420000	255	12.76				16420000	61		
3.8	保温工程	建筑面积										
3.9	屋面工程	建筑面积										
3.10	其他	建筑面积	275000	4	0.20				275000	1		
4	外立面工程	建筑面积				36457000	176		36457000	134		
4.1	门窗工程	门窗面积				36457000	414		36457000	414		
4.2	幕墙	建筑面积										
4.3	外墙涂料	外墙涂料面积					78			78		
4.4	外墙块料	外墙块料面积										
4.5	天窗/天幕	建筑面积										
4.6	雨篷	建筑面积										
4.7	其他											
5	装修工程	建筑面积	21649000	337		32095000	155		53744000	198		装修标准相近的区域可合并
5.1	停车场装修	停车场面积	21649000	337	100				21649000	80		
5.2	公共区域装修	装修面积				32095000	155	100	32095000	118		
5.3	户内装修	装修面积										
5.4	厨房、卫生间装修	装修面积										
5.5	功能用房装修	装修面积										露台屋面
5.6	其他											墙面砖、地面砖等甲供材

序号	科目名称	功能用房或单项工程计算基数	单项工程±0.00以下			单项工程±0.00以上			合计			备注
			造价（元）	单位造价（元/单位）	造价占比（%）	造价（元）	单位造价（元/单位）	造价占比（%）	造价（元）	单位造价（元/单位）	造价占比（%）	
6	固定件及内置家具	建筑面积	1279000	20					1279000	5		可研估算阶段根据历史数据预估
6.1	标识	建筑面积	1279000	20	100				1279000	5		车库画线、标识
6.2	金属构件	建筑面积										
6.3	家具	建筑面积										
6.4	布幕和窗帘	建筑面积										
6.5	其他											
7	机电工程	建筑面积	32693000	509		86309000	417		119002000	439		
7.1	通风工程	建筑面积	3260000	51	10				3260000	12	3	
7.2	空调工程	建筑面积										
7.3	给排水工程	建筑面积	7483000	116	23	22449000	108	26	29932000	110	25	
7.4	消防水工程	建筑面积	2055000	32	6	6165000	30	7	8220000	30	7	
7.5	消防报警及联动工程	建筑面积	1913000	30	6	5738000	28	7	7651000	28	6	
7.6	电气工程	建筑面积	5128000	80	16	7692000	37	9	12820000	47	11	
7.7	弱电工程	建筑面积	1628000	25	5	4883000	24	6	6511000	24	5	
7.8	电梯工程	按数量	4486000	140188		13459000	420594		17945000	66	15	
7.9	变配电工程	变压器容量（kVA）	6740000	6740		20220000	20220		26960000	99	23	
7.10	燃气工程	建筑面积/用气户数				2983000	2166		2983000	11	3	
7.11	外墙灯具/外墙照明工程	建筑面积				2720000	13		2720000	10	2	
7.12	LED大屏工程	建筑面积										
7.13	机电抗震支架工程	建筑面积										

序号	科目名称	功能用房或单项工程计算基数	单项工程±0.00以下			单项工程±0.00以上			合计			备注
			造价（元）	单位造价（元/单位）	造价占比（%）	造价（元）	单位造价（元/单位）	造价占比（%）	造价（元）	单位造价（元/单位）	造价占比（%）	
7.14	其他											
8	室外工程	建筑面积				28293000	104		28293000	104		
8.1	地基处理											
8.2	道路工程	建筑面积										需根据填报指引区别于8.8中的园路
8.3	燃气工程	建筑面积				291000	1		291000	1		
8.4	给水工程	建筑面积				2270000	8		2270000	8		用地面积－建筑物基底面积
8.5	室外雨污水系统	建筑面积				2571000	9		2571000	9		用地面积－建筑物基底面积
8.6	电气工程	建筑面积										用地面积－建筑物基底面积
8.7	弱电工程	建筑面积				1765000	7		1765000	7		用地面积－建筑物基底面积
8.8	园建工程	园建面积				13188000	320	46.61	13188000	320		园建总面积在可研阶段可根据总占地面积、道路面积、塔楼基底面积和绿化率推导求出，其他阶段按实计算
8.9	绿化工程	绿化面积				6594000	301	23.31	6594000	301		可研阶段可根据绿化率推导求出，其他阶段按实计算
8.10	园林灯具及喷灌系统	园建面积				1614000	39	5.70	1614000	39		

序号	科目名称	功能用房或单项工程计算基数	单项工程±0.00以下			单项工程±0.00以上			合计			备注
			造价（元）	单位造价（元/单位）	造价占比（%）	造价（元）	单位造价（元/单位）	造价占比（%）	造价（元）	单位造价（元/单位）	造价占比（%）	
8.11	围墙工程	围墙长度（m）										
8.12	大门工程	项										
8.13	室外游乐设施	建筑面积										
8.14	其他											
9	辅助工程	建筑面积	420000	7		3268000	16		3688000	14		
9.1	配套用房建筑工程	建筑面积										仅指独立的配套用房，非独立的含在各业态中
9.2	外电接入工程	接入线路的路径长度				3268000	7781		3268000	12		接入长度为从红线外市政变电站接入红线内线路的路径长度
9.3	柴油发电机	kW										发电机功率
9.4	冷源工程	冷吨										
9.5	污水处理站	m³/d										日处理污水量
9.6	生活水泵房	建筑面积										
9.7	消防水泵房	建筑面积										
9.8	充电桩	按数量	420000	12727					420000	2		
9.9	运动场地	水平投影面积										
9.10	其他工程											人防密闭门及人防机电
10	专项工程	建筑面积										各类专项工程内容
10.1	擦窗机工程											
10.2	厨房设备											

序号	科目名称	功能用房或单项工程计算基数	单项工程±0.00以下			单项工程±0.00以上			合计			备注
			造价（元）	单位造价（元/单位）	造价占比（%）	造价（元）	单位造价（元/单位）	造价占比（%）	造价（元）	单位造价（元/单位）	造价占比（%）	
10.3	舞台设备及视听设备工程											
10.4	溶洞工程											
10.5	医疗专项											
11	措施项目费	建筑面积				66496000	321		66496000	245		
11.1	土建工程措施项目费	建筑面积										
	其中：模板	建筑面积										
	脚手架	建筑面积										
11.2	机电工程措施项目费	建筑面积										
12	其他	建筑面积										
13	合计		236421000	3677		395417000	1911		631838000	2329		

序号	科目名称	工程量	单位	用量指标	单位	备注
A	结构材料用量指标					
1	筏形基础					
1.1	混凝土		m³		m³/m²	混凝土工程量/筏形基础底板面积
1.2	模板		m²		m²/m²	模板工程量/筏形基础底板面积
1.3	钢筋		kg		kg/m³	钢筋工程量/筏形基础底板混凝土量
1.4	钢筋		kg		kg/m²	钢筋工程量/筏形基础底板面积
2	地下室（不含外墙、不含筏形基础）					
2.1	混凝土		m³		m³/m²	混凝土工程量/地下室建筑面积
2.2	模板		m²		m²/m²	模板工程量/地下室建筑面积
2.3	钢筋		kg		kg/m³	钢筋工程量/地下室混凝土量
2.4	钢筋		kg		kg/m²	钢筋工程量/地下室建筑面积
2.5	钢材		kg		kg/m²	钢结构工程量/地下室建筑面积
3	地下（无法拆分，序号1、2含于序号3内）	64289.40				
3.1	混凝土	70564.00	m³	1.10	m³/m²	混凝土工程量/地下室建筑面积
3.2	模板		m²		m²/m²	模板工程量/地下室建筑面积
3.3	钢筋	8929357.00	kg	126.54	kg/m³	钢筋工程量/地下室（含外墙）混凝土量
3.4	钢筋	8929357.00	kg	138.89	kg/m²	钢筋工程量/地下室建筑面积
3.5	钢材		kg		kg/m²	钢结构工程量/地下室建筑面积
4	裙楼					
4.1	混凝土		m³		m³/m²	混凝土工程量/裙楼建筑面积
4.2	模板		m²		m²/m²	模板工程量/裙楼建筑面积
4.3	钢筋		kg		kg/m³	钢筋工程量/裙楼混凝土量
4.4	钢筋		kg		kg/m²	钢筋工程量/裙楼建筑面积
4.5	钢材		kg		kg/m²	钢筋工程量/裙楼建筑面积
5	塔楼	206969.64				

序号	科目名称	工程量	单位	用量指标	单位	备注
5.1	混凝土	90475.00	m³	0.44	m³/m²	混凝土工程量/塔楼建筑面积
5.2	模板		m²		m²/m²	模板工程量/塔楼建筑面积
5.3	钢筋	12396290.00	kg	137.01	kg/m³	钢筋工程量/塔楼混凝土量
5.4	钢筋	12396290.00	kg	59.89	kg/m²	钢筋工程量/塔楼建筑面积
5.5	钢材		kg		kg/m²	钢筋工程量/塔楼建筑面积
B	外墙装饰材料用量指标					
1	裙楼					
1.1	玻璃幕墙面积		m²		%	幕墙面积/裙楼外墙面积
1.2	石材幕墙面积		m²		%	石材面积/裙楼外墙面积
1.3	铝板幕墙面积		m²		%	铝板面积/裙楼外墙面积
1.4	铝窗面积		m²		%	铝窗面积/裙楼外墙面积
1.5	百叶面积		m²		%	百叶面积/裙楼外墙面积
1.6	面砖面积		m²		%	面砖面积/裙楼外墙面积
1.7	涂料面积		m²		%	涂料面积/裙楼外墙面积
1.8	外墙面积（1.1＋1.2＋…＋1.7）		m²		m²/m²	裙楼外墙面积/裙楼建筑面积
2	塔楼					
2.1	玻璃幕墙面积		m²		%	幕墙面积/塔楼外墙面积
2.2	石材幕墙面积		m²		%	石材面积/塔楼外墙面积
2.3	铝板幕墙面积		m²		%	铝板面积/塔楼外墙面积
2.4	铝窗面积	24669.96	m²	0.10	%	铝窗面积/塔楼外墙面积
2.5	百叶面积		m²		%	百叶面积/塔楼外墙面积
2.6	面砖面积	203585.40	m²	0.81	%	面砖面积/塔楼外墙面积
2.7	涂料面积	22620.60	m²	0.09	%	涂料面积/塔楼外墙面积
2.8	外墙面积（2.1＋2.2＋…＋2.7）	250875.96	m²	1.21	m²/m²	塔楼外墙面积/塔楼建筑面积
3	外墙总面积（1.8＋2.8）	250875.96	m²	1.21	m²/m²	外墙总面积/地上建筑面积

案例四 ×××住宅建设工程

（华联世纪工程咨询股份有限公司提供）

广东省房屋建筑工程投资估算指标总览表　　　　　　　　　表 1-4-1

<table>
<tr><td rowspan="8">项目信息</td><td colspan="2">项目名称</td><td colspan="3">×××住宅建设工程</td><td>项目阶段</td><td>预算阶段</td></tr>
<tr><td colspan="2">建设类型</td><td>居住建筑</td><td>建设地点</td><td>佛山市禅城区</td><td>价格取定时间</td><td>2020 年 11 月</td></tr>
<tr><td colspan="2">计价方式</td><td>清单计价</td><td>建设单位名称</td><td>×××公司</td><td>开工时间</td><td></td></tr>
<tr><td colspan="2">发承包方式</td><td></td><td>设计单位名称</td><td>×××设计有限公司</td><td>竣工时间</td><td></td></tr>
<tr><td colspan="2">资金来源</td><td>财政资金</td><td>施工单位名称</td><td></td><td>总造价（万元）</td><td>9324.21</td></tr>
<tr><td colspan="2">地质情况</td><td>一般</td><td>工程范围</td><td colspan="3">包括基坑支护工程、建筑装饰工程、给排水工程、消防水工程、电气照明工程、智能化工程、电梯工程、通风工程、消防报警工程、室外配套工程（包括园建铺装）</td></tr>
<tr><td colspan="2">红线内面积（m²）</td><td>10287.58</td><td>总建筑面积（m²）</td><td>31728.00</td><td>容积率（%）　200.77</td><td>绿化率（%）　42.11</td></tr>
<tr><td colspan="2" rowspan="1">科目名称 ＼ 项目特征值</td><td colspan="2">单项工程±0.00 以下</td><td colspan="2">单项工程±0.00 以上</td><td>备注</td></tr>
<tr><td rowspan="11">概况简述</td><td colspan="2">栋数</td><td colspan="4">7</td><td></td></tr>
<tr><td colspan="2">层数</td><td colspan="2">地下 2 层</td><td colspan="2">7 栋地上各 8 层</td><td></td></tr>
<tr><td colspan="2">层高（m）</td><td colspan="2">地下一层 4.60m，地下二层 4.65m</td><td colspan="2">标准层 2.95m</td><td></td></tr>
<tr><td colspan="2">建筑高度（m）</td><td colspan="4">23.60</td><td></td></tr>
<tr><td colspan="2">户数/床位数/……</td><td colspan="4"></td><td></td></tr>
<tr><td colspan="2">人防面积（m²）</td><td colspan="4">3210</td><td></td></tr>
<tr><td colspan="2">塔楼基底面积（m²）</td><td colspan="4">3058.75</td><td></td></tr>
<tr><td colspan="2">外立面面积（m²）</td><td colspan="4">31498.66</td><td></td></tr>
<tr><td colspan="2">绿色建筑标准</td><td colspan="4"></td><td></td></tr>
<tr><td colspan="2">建筑面积（m²）</td><td colspan="2">11074</td><td colspan="2">20654</td><td></td></tr>
</table>

科目名称	项目特征值	单项工程±0.00以下	单项工程±0.00以上	备注
结构简述	抗震烈度	7度		
	结构形式	框架结构		
	装配式建筑面积/装配率			
	基础形式及桩长	ϕ500m、ϕ600m、ϕ800m预制钢筋混凝土管桩，11m		
土石方、护坡、地下连续墙及地基处理	土石方工程	土壤类别：综合考虑；运距：15km		
	基坑支护、边坡	ϕ600m单轴搅拌桩；喷射混凝土		
	地下连续墙			
	地基处理			
	其他			
基础	筏形基础			
	其他基础	C30混凝土		
	桩基础	ϕ500m、ϕ600m、ϕ800m预制钢筋混凝土管桩，11m		
	其他			
主体结构	钢筋混凝土工程	框架结构：C35混凝土、C30混凝土		
	钢板			
	钢结构			
	砌筑工程	蒸压加气混凝土砌块、标准砖		
	防火门窗	钢质防火门	钢质防火门、金属防火窗	
	防火卷帘	特级无机布防火卷帘门		
	防水工程	聚苯乙烯泡沫板保护层		
	保温工程			
	屋面工程	排水板	细石混凝土保护层、挤塑聚苯乙烯泡沫塑料板、瓦屋面、种植屋面	

科目名称	项目特征值	单项工程±0.00以下	单项工程±0.00以上	备注
主体结构	人防门	人防门		
	其他			
外立面工程	门窗工程		铝合金门、铝合金窗	
	幕墙			
	外墙涂料		抹灰面油漆	
	外墙块料		外墙砖	
	天窗/天幕			
	雨篷			
	其他			
装修工程	停车场装修	顶棚：抹灰、铝合金吊顶； 内墙面：墙面一般抹灰、抛光砖、瓷砖； 楼地面：细石混凝土找坡、防滑面砖		
	公共区域装修	顶棚：双层石膏板； 内墙面：干挂墙面砖、墙面装饰板； 楼地面：块料楼地面	顶棚：双层石膏板、抹灰面油漆； 内墙面：块料墙面、干挂墙面砖、墙面装饰板； 楼地面：块料楼地面	
	户内装修		顶棚：石膏板吊顶； 内墙面：抹灰面油漆； 楼地面：块料楼地面	
	厨房、卫生间装修		顶棚：铝扣板吊顶； 内墙面：无机涂料、釉面砖； 楼地面：耐磨砖	
	功能用房装修			
	其他			

科目名称	项目特征值	单项工程±0.00以下	单项工程±0.00以上	备注
固定件及内置家具	标识	标识板	标识板、不锈钢板造型盒、不锈钢造型立体背发光字、亚克力造型烤漆、不锈钢造型电镀雅金色文字及图形内容丝印	
	金属构件	不锈钢管扶手	不锈钢管扶手、玻璃栏杆、钢梯、铁艺栏杆	
	家具		厨房吊柜、厨房低柜、洗漱台、消毒柜、油烟机、炉具、信报箱	
	布幕和窗帘			
	其他			
机电工程	通风工程	镀锌钢板δ＝0.5～1.2mm、碳钢阀门、碳钢风口、消声器、静压箱、百叶、排风口、送风口通风机、风扇	碳钢阀门、碳钢风口、百叶、排风口、风扇	
	空调工程			
	给排水工程	衬塑内外壁热镀锌钢管DN20～DN150、UPVC管DN100～DN150、水泵、螺纹阀门、水表、蹲式大便器、坐式大便器、挂式小便器、洗手盆、地面扫除口、水龙头、套管	水箱、衬塑内外壁热镀锌钢管DN20～DN150、PPR管DN15～DN50、UPVC管DN100～DN150、螺纹阀门、减压阀、Y型过滤器、倒流防止器、电磁阀、消声止回阀、可调式减压阀、水表、蹲式大便器、坐式大便器、挂式小便器、洗手盆、淋浴器、地面扫除口、水龙头、套管、热水系统	
	消防水工程	消火栓钢管DN65～DN100、焊接法兰阀门、信号阀、水流指示器、室内消火栓、套管	消火栓钢管DN65～DN100、焊接法兰阀门、倒流防止器、室内消火栓、自动排气阀、水箱、液位计、流量开关、套管	

科目名称	项目特征值	单项工程±0.00以下	单项工程±0.00以上	备注
机电工程	消防报警及联动工程		报警系统主机、消防联动控制器、消防广播控制盘、消防专用电话总机、报警信号总线 WDZN-RYJS-2×1.5mm²、电源线 ZN-RVV-2×2.5mm²、电线管 SC20、声光报警器、可燃气体探测器、电气火灾监控模块、消防电源监控模块、防火门监控模块、智能式感烟探测器、智能式感温探测器、消火栓按钮、报警按钮、电话插孔、声光报警器、报警电话分机、输入输出模块	
	电气工程	配电箱、电缆桥架、镀锌电线管 DN20～DN100、电线、电力电缆、电缆头、开关、灯具	配电箱、电缆桥架、电表、镀锌电线管 DN20～DN100、电线、电力电缆、电缆头、插座、开关、灯具	
	弱电工程			
	电梯工程		载重量：1300kg；额定速度：0.75m/s；10层/10站/10门	
	变配电工程		高、低压开关柜、10kV 电力电缆、电力电缆头	
	燃气工程			
	外墙灯具/外墙照明工程			
	LED大屏工程			
	机电抗震支架工程	侧向抗震支架、纵向抗震支架		
	其他	接地防雷：接闪杆 ϕ12 镀锌圆钢、避雷网 ϕ12 镀锌圆钢、接地引线热镀锌扁钢—40mm×4mm、总等电位联结端子箱、局部等电位联结端子板		

科目名称 \ 项目特征值		单项工程±0.00以下	单项工程±0.00以上	备注
室外工程	地基处理			
	道路工程			
	燃气工程		热镀锌钢管 DN40～DN65、螺纹阀门	
	给水工程		球墨铸铁管 DN150、内外壁热浸镀锌钢管 DN100～DN150、PE给水管 DN50～DN100、室外消火栓、法兰阀门、水泵接合器	
	室外雨污水系统		PVC-U双壁波纹管 DN300、钢筋混凝土管Ⅱ级 DN500～DN800、预制装配式检查井、雨水口、钢筋混凝土化粪池	
	电气工程			
	弱电工程		门禁系统、监控系统、停车场管理系统	
	园建工程		透水砖、橡胶地面、沥青路面、植草格砖、景观墙、风雨连廊、汀步、排水沟	
	绿化工程		栽植乔木：凤凰木、双杆香、栽植玉蕊、丛生黄皮、黄花鸡蛋花等；栽植地被：细叶棕竹、银边山菅兰、米仔兰、马尼拉草等	
	园林灯具及喷灌系统		3.5m庭院灯、射灯、地灯、LED线性灯配电箱、电力电缆、配管、PPR管 DN20～DN65、电磁阀、旋转喷头、土壤湿度感应器	
	围墙工程		干挂白麻花岗石、围墙栏杆	
	大门工程		铁艺大门	
	室外游乐设施		儿童滑梯、平梯、台式双人漫步机、肩关节康复器等	
	其他			

科目名称	项目特征值	单项工程±0.00以下	单项工程±0.00以上	备注
辅助工程	配套用房建筑工程			
	外电接入工程			
	柴油发电机			
	冷源工程			
	污水处理站			
	生活水泵房			
	消防水泵房			
	充电桩		交流充电桩	
	运动场地			
	其他工程			
专项工程	擦窗机工程			
	厨房设备			
	舞台设备及视听设备工程			
	溶洞工程			
	医疗专项			
措施项目费	土建工程措施项目费	绿色施工安全防护措施费、模板、脚手架、垂直运输		
	其中：模板	模板、模板支撑		
	脚手架	综合钢脚手架、满堂脚手架、里脚手架		
	机电工程措施项目费	绿色施工安全防护措施费、脚手架搭拆费		
	其他			

表 1-4-2

序号	科目名称	功能用房或单项工程计算基数	单项工程±0.00以下			单项工程±0.00以上			合计			备注
			造价（元）	单位造价（元/单位）	造价占比（%）	造价（元）	单位造价（元/单位）	造价占比（%）	造价（元）	单位造价（元/单位）	造价占比（%）	
1	土石方、护坡、地下连续墙及地基处理	建筑面积	4641737.56	146.30	3.95				4641737.56	146.30	3.95	
1.1	土石方工程	土石方体积	1979945.29	44.53	1.69				1979945.29	44.53	1.69	可研阶段实方量=地下室面积×挖深×系数（预估）
1.2	基坑支护、边坡	垂直投影面积	2661792.27	749.10	2.27				2661792.27	749.10	2.27	基坑支护周长根据地下室边线预估，垂直投影面积=基坑支护周长×地下室深度
1.3	地下连续墙	垂直投影面积										
1.4	地基处理	地基处理面积										此处仅指各单项工程基底面积范围内的地基处理，室外地基处理计入8.1，大型溶洞地基处理计入10
1.5	其他											
2	基础	建筑面积	6902199.46	623.28	5.88				6902199.46	217.54	5.88	
2.1	筏形基础	建筑面积										
2.2	其他基础	建筑面积	3258548.56	294.25	2.78				3258548.56	102.70	2.78	
2.3	桩基础	建筑面积	3643650.90	329.03	3.10				3643650.90	114.84	3.10	
2.4	其他											
3	主体结构	建筑面积	16350140.82	1476.44	13.93	16881061.65	817.33	14.38	33231202.47	1047.38	28.31	
3.1	钢筋混凝土工程	建筑面积	13035961.14	1177.17	11.10	13034040.96	631.07	11.10	26070002.10	821.67	22.21	
3.2	钢板	建筑面积										
3.3	钢结构	建筑面积										
3.4	砌筑工程	建筑面积	514108.29	46.42	0.44	2666010.45	129.08	2.27	3180118.74	100.23	2.71	

序号	科目名称	功能用房或单项工程计算基数	单项工程±0.00以下			单项工程±0.00以上			合计			备注
			造价（元）	单位造价（元/单位）	造价占比（%）	造价（元）	单位造价（元/单位）	造价占比（%）	造价（元）	单位造价（元/单位）	造价占比（%）	
3.5	防火门窗	建筑面积	110986.98	10.02	0.09	250246.27	12.12	0.21	361233.25	11.39	0.31	
3.6	防火卷帘	建筑面积	170024.60	15.35	0.14				170024.60	5.36	0.14	
3.7	防水工程	建筑面积	808511.16	73.01	0.69				808511.16	25.48	0.69	
3.8	保温工程	建筑面积										
3.9	屋面工程	屋面面积	1038090.83	291.14	0.88	930763.97	310.87	0.79	1968854.80	300.15	1.68	
3.10	人防门	建筑面积	672457.82	60.72	0.57				672457.82	21.19	0.57	
3.11	其他											
4	外立面工程	建筑面积				5711598.06	276.54	4.87	5711598.06	180.02	4.87	
4.1	门窗工程	门窗面积				2154982.49	389.63	1.84	2154982.49	389.63	1.84	外窗面积根据窗墙比经验值预估，外门面积根据平面图预估
4.2	幕墙	垂直投影面积										垂直投影面积根据平面图、立面图、效果图结合外门窗面积匡算
4.3	外墙涂料	垂直投影面积				294810.03	80.93	0.25	294810.03	80.93	0.25	
4.4	外墙块料	垂直投影面积				3261805.54	154.06	2.78	3261805.54	154.06	2.78	
4.5	天窗/天幕	天窗/天幕面积										根据平面图预估面积
4.6	雨篷	雨篷面积										
4.7	其他											
5	装修工程	建筑面积	5619651.95	507.46	4.79	12743615.05	617.00	10.86	18363267.00	578.77	15.64	装修标准相近的区域可合并
5.1	停车场装修	停车场面积	5213958.30	470.48	4.44				5213958.30	470.48	4.44	
5.2	公共区域装修	装修面积	405693.65	244.25	0.35	1877329.88	169.85	1.60	2283023.53	179.57	1.94	含入户门
5.3	户内装修	装修面积				7881517.07	116.17	6.71	7881517.07	116.17	6.71	含户内门
5.4	厨房、卫生间装修	装修面积				2984768.10	207.42	2.54	2984768.10	207.42	2.54	含厨房、卫生间门
5.5	功能用房装修	装修面积										

序号	科目名称	功能用房或单项工程计算基数	单项工程±0.00以下			单项工程±0.00以上			合计			备注
			造价（元）	单位造价（元/单位）	造价占比（%）	造价（元）	单位造价（元/单位）	造价占比（%）	造价（元）	单位造价（元/单位）	造价占比（%）	
5.6	其他											
6	固定件及内置家具	建筑面积	142410.92	12.86	0.12	5059341.33	244.96	4.31	5201752.25	163.95	4.43	可研估算阶段根据历史数据预估
6.1	标识	建筑面积	141953.99	12.82	0.12	114622.79	5.55	0.10	256576.78	8.09	0.22	
6.2	金属构件	建筑面积	456.93	0.04		2228526.70	107.90	1.90	2228983.63	70.25	1.90	
6.3	家具	建筑面积				2716191.84	131.51	2.31	2716191.84	85.61	2.31	
6.4	布幕和窗帘	建筑面积										
6.5	其他											
7	机电工程	建筑面积	4929530.17	445.14	4.20	14846289.50	718.81	12.65	19775819.67	623.29	16.85	
7.1	通风工程	建筑面积	1552604.67	140.20	1.32	45250.91	2.19	0.04	1597855.58	50.36	1.36	
7.2	空调工程	建筑面积										
7.3	给排水工程	建筑面积	612077.43	55.27	0.52	3839604.56	185.90	3.27	4451681.99	140.31	3.79	
7.4	消防水工程	建筑面积	1480750.37	133.71	1.26	294883.05	14.28	0.25	1775633.42	55.96	1.51	
7.5	消防报警及联动工程	建筑面积				343630.99	16.64	0.29	343630.99	10.83	0.29	
7.6	电气工程	建筑面积	1284097.70	115.96	1.09	3734917.41	180.83	3.18	5019015.11	158.19	4.28	
7.7	弱电工程	建筑面积				1530327.78	74.09	1.30	1530327.78	48.23	1.30	
7.8	电梯工程	按数量				2025755.38	289393.63	1.73	2025755.38	289393.63	1.73	
7.9	变配电工程	变压器容量（kVA）				1925040.86	7700.16	1.64	1925040.86	7700.16	1.64	
7.10	燃气工程	建筑面积/用气户数										
7.11	外墙灯具/外墙照明工程	建筑面积										
7.12	LED大屏工程	建筑面积										

序号	科目名称	功能用房或单项工程计算基数	单项工程±0.00以下			单项工程±0.00以上			合计			备注
			造价（元）	单位造价（元/单位）	造价占比（%）	造价（元）	单位造价（元/单位）	造价占比（%）	造价（元）	单位造价（元/单位）	造价占比（%）	
7.13	机电抗震支架工程	建筑面积				1042253.86	50.46	0.89	1042253.86	32.85	0.89	
7.14	其他	建筑面积				64624.70	3.13	0.06	64624.70	2.04	0.06	
8	室外工程	建筑面积				5266593.49	165.99	4.49	5266593.49	165.99	4.49	
8.1	地基处理											
8.2	道路工程	道路面积										需根据填报指引区别于8.8中的园路
8.3	燃气工程	建筑面积/接入长度				629648.57	19.85	0.54	629648.57	19.85	0.54	
8.4	给水工程	室外占地面积				76502.38	10.58	0.07	76502.38	10.58	0.07	用地面积－建筑物基底面积
8.5	室外雨污水系统	室外占地面积				2070647.32	286.44	1.76	2070647.32	286.44	1.76	用地面积－建筑物基底面积
8.6	电气工程	室外占地面积										用地面积－建筑物基底面积
8.7	弱电工程	室外占地面积										用地面积－建筑物基底面积
8.8	园建工程	园建面积				1491487.31	514.87	1.27	1491487.31	514.87	1.27	园建总面积在可研阶段可根据总占地面积、道路面积、塔楼基底面积和绿化率推导求出，其他阶段按实计算
8.9	绿化工程	绿化面积				684599.16	158.03	0.58	684599.16	158.03	0.58	可研阶段可根据绿化率推导求出，其他阶段按实计算

序号	科目名称	功能用房或单项工程计算基数	单项工程±0.00以下			单项工程±0.00以上			合计			备注
			造价（元）	单位造价（元/单位）	造价占比（%）	造价（元）	单位造价（元/单位）	造价占比（%）	造价（元）	单位造价（元/单位）	造价占比（%）	
8.10	园林灯具及喷灌系统	园建绿化面积				244150.09	33.77	0.21	244150.09	33.77	0.21	
8.11	围墙工程	围墙长度（m）				18584.22	490.63	0.02	18584.22	490.63	0.02	
8.12	大门工程	项				9183.84	9183.84	0.01	9183.84	9183.84	0.01	
8.13	室外游乐设施	园建面积				41790.60	14.43	0.04	41790.60	14.43	0.04	
8.14	其他											
9	辅助工程	总建筑面积				155870.00	4.91	0.13	155870.00	4.91	0.13	
9.1	配套用房建筑工程	建筑面积										仅指独立的配套用房，非独立的含在各业态中
9.2	外电接入工程	接入线路的路径长度										接入长度为从红线外市政变电站接入红线内线路的路径长度
9.3	柴油发电机	kW										发电机功率
9.4	冷源工程	冷吨										
9.5	污水处理站	m³/d										日处理污水量
9.6	生活水泵房	建筑面积										
9.7	消防水泵房	建筑面积										
9.8	充电桩	按数量				155870.00	2398.00	0.13	155870.00	2398.00	0.13	
9.9	运动场地	水平投影面积										
9.10	其他工程											
10	专项工程	建筑面积										各类专项工程内容
10.1	擦窗机工程											
10.2	厨房设备											

序号	科目名称	功能用房或单项工程计算基数	单项工程±0.00以下			单项工程±0.00以上			合计			备注
			造价（元）	单位造价（元/单位）	造价占比（%）	造价（元）	单位造价（元/单位）	造价占比（%）	造价（元）	单位造价（元/单位）	造价占比（%）	
10.3	舞台设备及视听设备工程											
10.4	溶洞工程											
10.5	医疗专项											
11	措施项目费	建筑面积	6132733.61	553.80	5.22	12005969.85	581.29	10.23	18138703.46	571.69	15.45	
11.1	土建工程措施项目费	建筑面积	5687364.00	513.58	4.84	10600649.90	513.25	9.03	16288013.90	513.36	13.88	
	其中：模板	建筑面积	2675444.32	241.60	2.28	5383735.68	260.66	4.59	8059180.00	254.01	6.87	
	脚手架	建筑面积	688385.99	62.16	0.59	2121112.74	102.70	1.81	2809498.73	88.55	2.39	
11.2	机电工程措施项目费	建筑面积	445369.61	40.22	0.38	1405319.95	68.04	1.20	1850689.56	58.33	1.58	
12	其他	建筑面积										
13	合计		44718404.49	1409.43	38.09	72670338.93	2290.42	61.91	117388743.42	3699.85	100.00	

序号	科目名称	工程量	单位	用量指标	单位	备注
A	结构材料用量指标					
1	筏形基础					
1.1	混凝土		m^3		m^3/m^2	混凝土工程量/筏形基础底板面积
1.2	模板		m^2		m^2/m^2	模板工程量/筏形基础底板面积
1.3	钢筋		kg		kg/m^3	钢筋工程量/筏形基础底板混凝土量
1.4	钢筋		kg		kg/m^2	钢筋工程量/筏形基础底板面积
2	地下室（不含外墙、不含筏形基础）					
2.1	混凝土	4896.76	m^3	0.44	m^3/m^2	混凝土工程量/地下室建筑面积
2.2	模板	21959.21	m^2	1.98	m^2/m^2	模板工程量/地下室建筑面积
2.3	钢筋	1099736.60	kg	224.58	kg/m^3	钢筋工程量/地下室混凝土量
2.4	钢筋	1099736.60	kg	99.31	kg/m^2	钢筋工程量/地下室建筑面积
2.5	钢材		kg		kg/m^2	钢结构工程量/地下室建筑面积
3	地下室（含外墙、不含筏形基础）					
3.1	混凝土	6513.09	m^3	0.59	m^3/m^2	混凝土工程量/地下室建筑面积
3.2	模板	37322.24	m^2	3.37	m^2/m^2	模板工程量/地下室建筑面积
3.3	钢筋	1390676.00	kg	213.52	kg/m^3	钢筋工程量/地下室（含外墙）混凝土量
3.4	钢筋	1390676.00	kg	125.58	kg/m^2	钢筋工程量/地下室建筑面积
3.5	钢材		kg		kg/m^2	钢结构工程量/地下室建筑面积
4	裙楼					
4.1	混凝土		m^3		m^3/m^2	混凝土工程量/裙楼建筑面积
4.2	模板		m^2		m^2/m^2	模板工程量/裙楼建筑面积
4.3	钢筋		kg		kg/m^3	钢筋工程量/裙楼混凝土量
4.4	钢筋		kg		kg/m^2	钢筋工程量/裙楼建筑面积
4.5	钢材		kg		kg/m^2	钢筋工程量/裙楼建筑面积
5	塔楼					

序号	科目名称	工程量	单位	用量指标	单位	备注
5.1	混凝土	7906.41	m³	0.38	m³/m²	混凝土工程量/塔楼建筑面积
5.2	模板	75378.00	m²	3.65	m²/m²	模板工程量/塔楼建筑面积
5.3	钢筋	957624.00	kg	121.12	kg/m³	钢筋工程量/塔楼混凝土量
5.4	钢筋	957624.00	kg	46.37	kg/m²	钢筋工程量/塔楼建筑面积
5.5	钢材		kg		kg/m²	钢筋工程量/塔楼建筑面积
B	外墙装饰材料用量指标					
1	裙楼					
1.1	玻璃幕墙面积		m²		%	幕墙面积/裙楼外墙面积
1.2	石材幕墙面积		m²		%	石材面积/裙楼外墙面积
1.3	铝板幕墙面积		m²		%	铝板面积/裙楼外墙面积
1.4	铝窗面积		m²		%	铝窗面积/裙楼外墙面积
1.5	百叶面积		m²		%	百叶面积/裙楼外墙面积
1.6	面砖面积		m²		%	面砖面积/裙楼外墙面积
1.7	涂料面积		m²		%	涂料面积/裙楼外墙面积
1.8	外墙面积（1.1+1.2+…+1.7）		m²		m²/m²	裙楼外墙面积/裙楼建筑面积
2	塔楼					
2.1	玻璃幕墙面积		m²		%	幕墙面积/塔楼外墙面积
2.2	石材幕墙面积		m²		%	石材面积/塔楼外墙面积
2.3	铝板幕墙面积		m²		%	铝板面积/塔楼外墙面积
2.4	铝窗面积	1979.04	m²	7.02	%	铝窗面积/塔楼外墙面积
2.5	百叶面积	1411.34	m²	5.00	%	百叶面积/塔楼外墙面积
2.6	面砖面积	21172.20	m²	75.06	%	面砖面积/塔楼外墙面积
2.7	涂料面积	3642.96	m²	12.92	%	涂料面积/塔楼外墙面积
2.8	外墙面积（2.1+2.2+…+2.7）	28205.54	m²	1.37	m²/m²	塔楼外墙面积/塔楼建筑面积
3	外墙总面积（1.8+2.8）	28205.54	m²	1.37	m²/m²	外墙总面积/地上建筑面积

案例五 ×××住宅项目施工总承包工程

（建成工程咨询股份有限公司提供）

广东省房屋建筑工程投资估算指标总览表

表 1-5-1

<table>
<tr><td rowspan="8">项目信息</td><td>项目名称</td><td colspan="4">×××住宅项目施工总承包工程</td><td>项目阶段</td><td colspan="2">在建</td></tr>
<tr><td>建设类型</td><td>居住建筑</td><td>建设地点</td><td colspan="2">惠州市惠城区</td><td>价格取定时间</td><td colspan="2">2020 年 4 月</td></tr>
<tr><td>计价方式</td><td>清单计价</td><td>建设单位名称</td><td colspan="2">×××实业有限公司</td><td>开工时间</td><td colspan="2">2019 年 7 月</td></tr>
<tr><td>发承包方式</td><td>施工总承包</td><td>设计单位名称</td><td colspan="2">××××工程与设计有限公司</td><td>竣工时间</td><td colspan="2">计划竣工日期是 2023 年 10 月</td></tr>
<tr><td>资金来源</td><td>企业自筹</td><td>施工单位名称</td><td colspan="2">×××集团股份有限公司</td><td>总造价（万元）</td><td colspan="2">21271.52</td></tr>
<tr><td>地质情况</td><td>一、二类土</td><td>工程范围</td><td colspan="5">土建方面除大土方开挖、地基处理及锚杆、桩基工程、基坑及边坡支护、外墙块料及涂料、室内精装工程以外的全部</td></tr>
<tr><td>红线内面积（m²）</td><td>28056.00</td><td>总建筑面积（m²）</td><td>129428.27</td><td>容积率（%）</td><td>3.58</td><td>绿化率（%）</td><td>30</td></tr>
<tr><td colspan="2" rowspan="2">科目名称　项目特征值</td><td colspan="3">裙楼、塔楼</td><td colspan="2">地下室</td><td>备注</td></tr>
<tr><td colspan="9"></td></tr>
</table>

<table>
<thead>
<tr><th>科目名称＼项目特征值</th><th>裙楼、塔楼</th><th>地下室</th><th>备注</th></tr>
</thead>
<tbody>
<tr><td>栋数</td><td>7</td><td>地下室</td><td></td></tr>
<tr><td>层数</td><td>32</td><td>2</td><td></td></tr>
<tr><td>层高（m）</td><td>2.95</td><td>5.05＋3.65</td><td></td></tr>
<tr><td>建筑高度（m）</td><td>98.70</td><td>8.70</td><td></td></tr>
<tr><td>户数/床位数/……</td><td>5</td><td></td><td></td></tr>
<tr><td>人防面积（m²）</td><td></td><td>6290.14</td><td></td></tr>
<tr><td>塔楼基底面积（m²）</td><td>1104.61</td><td>5573.00</td><td></td></tr>
<tr><td>外立面面积（m²）</td><td></td><td></td><td></td></tr>
<tr><td>绿色建筑标准</td><td></td><td></td><td></td></tr>
<tr><td>建筑面积（m²）</td><td>100380.73</td><td>29047.54</td><td></td></tr>
</tbody>
</table>

科目名称	项目特征值	裙楼、塔楼	地下室	备注
结构简述	抗震烈度	3度	4度，负一层塔楼区域3度	
	结构形式	框架－剪力墙结构	框架－剪力墙结构	
	装配式建筑面积/装配率			
	基础形式及桩长		筏形基础	基础分包
土石方、护坡、地下连续墙及地基处理	土石方工程		基坑开挖；外购土回填	土方分包
	基坑支护、边坡			分包
	地下连续墙			分包
	地基处理			分包
	其他			
基础	筏形基础		筏形基础	
	其他基础			
	桩基础		PHC-500-125AB型	分包
	其他		抗浮锚杆	分包
主体结构	钢筋混凝土工程	框架－剪力墙	框架－剪力墙	
	钢板			
	钢结构			
	砌筑工程	加气混凝土砌块、高精砌块	加气混凝土砌块	
	防火门窗	铝合金		分包
	防火卷帘			分包
	防水工程	JS－Ⅱ型防水涂膜	聚合物水泥基防水涂料；湿铺单面自粘高分子防水卷材	
	保温工程	玻化微珠保温砂浆		
	屋面工程	自粘聚合物改性沥青防水卷材	改性沥青单面自粘防水卷材（耐根穿刺型）	
	其他			

科目名称	项目特征值	裙楼、塔楼	地下室	备注
外立面工程	门窗工程	铝合金门窗		
	幕墙			
	外墙涂料			
	外墙块料			
	天窗/天幕			
	雨篷			
	其他			
装修工程	停车场装修		毛坯（抹灰、刮腻子）	
	公共区域装修	毛坯（抹灰）	毛坯（抹灰）	
	户内装修	毛坯（抹灰）		
	厨房、卫生间装修	毛坯（抹灰）		
	功能用房装修	毛坯（抹灰）	毛坯（抹灰）	
	其他			
固定件及内置家具	标识			
	金属构件			
	家具			
	布幕和窗帘			
	其他			
机电工程	通风工程			
	空调工程			
	给排水工程	PPR/UPVC 塑料给排水管、阀门、水表、地漏、套管	潜水泵（含控制箱）、镀锌钢管、衬塑钢管、PPR/UPVC 塑料给排水管、阀门、水表、地漏、套管	

科目名称	项目特征值	裙楼、塔楼	地下室	备注
机电工程	消防水工程	预埋钢套管	镀锌钢管、衬塑钢管、预埋钢套管	消防水工程包含消防水池的进水管、泄水管、溢水管，预埋套管
	消防报警及联动工程	配电箱（甲指乙供）、电气配管（镀锌钢管、刚性阻燃管）		消防电预埋管
	电气工程	配电箱（甲指乙供）、铜芯电线、电缆（低烟无卤阻燃、耐火）、电气配管（镀锌钢管、刚性阻燃管）、荧光灯、吸顶灯、开关、插座、接线盒		
	弱电工程	弱电箱（甲指乙供）、电气配管（镀锌钢管、刚性阻燃管）、电缆桥架	电气配管（镀锌钢管、刚性阻燃管）、电缆桥架	预埋管
	电梯工程			
	变配电工程			
	燃气工程			
	外墙灯具/外墙照明工程			
	LED大屏工程			
	机电抗震支架工程			
	其他			
室外工程	地基处理			
	道路工程			
	燃气工程			
	给水工程			
	室外雨污水系统			
	电气工程			
	弱电工程			
	园建工程			

科目名称	项目特征值	裙楼、塔楼	地下室	备注
室外工程	绿化工程			
	园林灯具及喷灌系统			
	围墙/大门工程			
	室外游乐设施			
	其他			
辅助工程	配套用房建筑工程			
	外电接入工程			
	柴油发电机			
	冷源工程			
	污水处理站			
	生活水泵房			
	消防水泵房			
	充电桩			
	运动场地			
	其他工程			
专项工程	擦窗机工程			
	厨房设备			
	舞台设备及视听设备工程			
	溶洞工程			
	医疗专项			
措施项目费	土建工程措施项目费			
	其中：模板	木模、铝模	木模	
	脚手架	综合脚手架	综合脚手架	
	机电工程措施项目费			
	其他			

序号	科目名称	功能用房或单项工程计算基数	单项工程±0.00以下			单项工程±0.00以上			合计			备注
			造价(元)	单位造价(元/单位)	造价占比(%)	造价(元)	单位造价(元/单位)	造价占比(%)	造价(元)	单位造价(元/单位)	造价占比(%)	
1	土石方、护坡、地下连续墙及地基处理	建筑面积	2949733.19	101.55	3.96				2949733.19	101.55	1.39	分包
1.1	土石方工程	土石方体积	1167098.55	42.81	1.57				1167098.55	42.81	0.55	可研阶段实方量＝地下室面积×挖深×系数（预估）
1.2	基坑支护、边坡	垂直投影面积	1373233.59	295.19	1.85				1373233.59	295.19	0.65	基坑支护周长根据地下室边线预估，垂直投影面积＝基坑支护周长×地下室深度
1.3	地下连续墙	垂直投影面积										
1.4	地基处理：软基处理及换填	地基处理面积	409401.05	43.24	0.55				409401.05	43.24	0.19	此处仅指各单项工程基底面积范围内的地基处理，室外地基处理计入8.1，大型溶洞地基处理计入10
1.5	其他											
2	基础	建筑面积	21049213.38	724.65	28.29				21049213.38	724.65	9.90	
2.1	筏形基础	建筑面积	9116732.02	313.86	12.25				9116732.02	313.86	4.29	
2.2	其他基础											
2.3	桩基础	建筑面积	8270016.76	284.71	11.11				8270016.76	284.71	3.89	分包，总桩长23065m
2.4	其他：抗浮锚杆	建筑面积	3662464.60	126.09	4.92				3662464.60	126.09	1.72	分包，面积为13549.77m²
3	主体结构	建筑面积	36029869.70	1240.38	48.42	67906808.11	676.49	49.10	103936677.81	803.04	48.86	
3.1	钢筋混凝土工程	建筑面积	34271659.96	1179.85	46.06	56447365.58	562.33	40.81	90719025.54	700.92	42.65	钢筋混凝土工程造价/建筑面积

序号	科目名称	功能用房或单项工程计算基数	单项工程±0.00以下			单项工程±0.00以上			合计			备注
			造价（元）	单位造价（元/单位）	造价占比（%）	造价（元）	单位造价（元/单位）	造价占比（%）	造价（元）	单位造价（元/单位）	造价占比（%）	
3.2	钢板	建筑面积										
3.3	钢结构	建筑面积										
3.4	砌筑工程	建筑面积	1758209.74	60.53	2.36	4621605.34	46.04	3.34	6379815.08	49.29	3.00	砌筑工程造价/建筑面积
3.5	防火门窗	建筑面积										
3.6	防火卷帘	建筑面积										
3.7	防水工程	建筑面积				763770.14	7.61	0.55	763770.14	5.90	0.36	卫生间、阳台防水工程造价/建筑面积
3.8	保温工程	建筑面积				5661017.59	56.40	4.09	5661017.59	43.74	2.66	保温工程造价/建筑面积
3.9	屋面工程	屋面面积				413049.46	4.11	0.30	413049.46	3.19	0.19	塔楼屋面造价/屋面面积
3.10	其他											
4	外立面工程	建筑面积				5858387.35	58.36	4.24	5858387.35	45.26	2.75	分包
4.1	门窗工程	门窗面积										外窗面积根据窗墙比经验值预估，外门面积根据平面图预估
4.2	幕墙	垂直投影面积										垂直投影面积根据平面图、立面图、效果图结合外门窗面积匡算
4.3	外墙涂料	垂直投影面积				5858387.35	40.00	4.24	5858387.35	40.00	2.75	
4.4	外墙块料	垂直投影面积										
4.5	天窗/天幕	天窗/天幕面积										根据平面图预估面积
4.6	雨篷	雨篷面积										
4.7	其他											

序号	科目名称	功能用房或单项工程计算基数	单项工程±0.00以下			单项工程±0.00以上			合计			备注
			造价（元）	单位造价（元/单位）	造价占比（%）	造价（元）	单位造价（元/单位）	造价占比（%）	造价（元）	单位造价（元/单位）	造价占比（%）	
5	装修工程	建筑面积	854393.03	29.41	1.15	845197.65	8.42	0.61	1699590.68	13.13	0.80	装修标准相近的区域可合并
5.1	停车场装修	停车场面积	658792.63	22.68	0.89				658792.63	22.68	0.31	停车场装修造价/建筑面积
5.2	公共区域装修	装修面积										含入户门
5.3	户内装修	装修面积				743419.76	12.84	0.54	743419.76	12.84	0.35	户内装修造价/内墙抹灰面积
5.4	厨房、卫生间装修	装修面积				28575.52	1.07	0.02	28575.52	1.07	0.01	厨房、卫生间装修造价/内墙抹灰面积
5.5	功能用房装修	装修面积	195600.40	122.87	0.26	73202.37	32.10	0.05	268802.77	69.42	0.13	
5.6	其他											
6	固定件及内置家具	建筑面积										可研估算阶段根据历史数据预估
6.1	标识	建筑面积										
6.2	金属构件	建筑面积										
6.3	家具	建筑面积										
6.4	布幕和窗帘	建筑面积										
6.5	其他											
7	机电工程	建筑面积	4344077.52	149.55	5.84	7805885.25	77.76	5.64	12149962.77	93.87	5.71	
7.1	通风工程	建筑面积										
7.2	空调工程	建筑面积										
7.3	给排水工程	建筑面积	548967.19	18.90	0.74	4086170.84	40.71	2.95	4635138.03	35.81	2.18	
7.4	消防水工程	建筑面积	142324.13	4.90	0.19	201035.24	2.00	0.15	343359.37	2.65	0.16	
7.5	消防报警及联动工程	建筑面积	94882.75	3.27	0.13	314439.74	3.13	0.23	409322.49	3.16	0.19	

序号	科目名称	功能用房或单项工程计算基数	单项工程±0.00 以下			单项工程±0.00 以上			合计			备注
			造价（元）	单位造价（元/单位）	造价占比（%）	造价（元）	单位造价（元/单位）	造价占比（%）	造价（元）	单位造价（元/单位）	造价占比（%）	
7.6	电气工程	建筑面积	3472785.79	119.56	4.67	2599847.79	25.90	1.88	6072633.58	46.92	2.85	
7.7	弱电工程	建筑面积	85117.66	2.93	0.11	604391.64	6.02	0.44	689509.30	5.33	0.32	
7.8	电梯工程	按数量										
7.9	变配电工程	变压器容量（kVA）										
7.10	燃气工程	建筑面积/用气户数										
7.11	外墙灯具/外墙照明工程	建筑面积										
7.12	LED 大屏工程	建筑面积										
7.13	机电抗震支架工程	建筑面积										
7.14	其他											
8	室外工程	建筑面积										
8.1	地基处理											
8.2	道路工程	道路面积										需根据填报指引区别于 8.8 中的园路
8.3	燃气工程	建筑面积/接入长度										
8.4	给水工程	室外占地面积										用地面积－建筑物基底面积
8.5	室外雨污水系统	室外占地面积										用地面积－建筑物基底面积
8.6	电气工程	室外占地面积										用地面积－建筑物基底面积

序号	科目名称	功能用房或单项工程计算基数	单项工程±0.00 以下			单项工程±0.00 以上			合计			备注
			造价（元）	单位造价（元/单位）	造价占比（％）	造价（元）	单位造价（元/单位）	造价占比（％）	造价（元）	单位造价（元/单位）	造价占比（％）	
8.7	弱电工程	室外占地面积										用地面积－建筑物基底面积
8.8	园建工程	园建面积										园建总面积在可研阶段可根据总占地面积、道路面积、塔楼基底面积和绿化率推导求出，其他阶段按实计算
8.9	绿化工程	绿化面积										可研阶段可根据绿化率推导求出，其他阶段按实计算
8.10	园林灯具及喷灌系统	园建绿化面积										
8.11	围墙/大门工程											
8.12	室外游乐设施	园建面积										
8.13	其他											
9	辅助工程	建筑面积										
9.1	配套用房建筑工程	建筑面积										仅指独立的配套用房，非独立的含在各业态中
9.2	外电接入工程	接入线路的路径长度										接入长度为从红线外市政变电站接入红线内线路的路径长度
9.3	柴油发电机	kW										发电机功率
9.4	冷源工程	冷吨										
9.5	污水处理站	m³/d										日处理污水量

序号	科目名称	功能用房或单项工程计算基数	单项工程±0.00以下			单项工程±0.00以上			合计			备注
			造价（元）	单位造价（元/单位）	造价占比（%）	造价（元）	单位造价（元/单位）	造价占比（%）	造价（元）	单位造价（元/单位）	造价占比（%）	
9.6	生活水泵房	建筑面积										
9.7	消防水泵房	建筑面积										
9.8	充电桩	按数量										
9.9	运动场地	水平投影面积										
9.10	其他工程											
10	专项工程	建筑面积										各类专项工程内容
10.1	擦窗机工程											
10.2	厨房设备											
10.3	舞台设备及视听设备工程											
10.4	溶洞工程											
10.5	医疗专项											
11	措施项目费	建筑面积	9182563.87	316.12	12.34	55889036.44	556.77	40.41	65071600.31	502.76	30.59	
11.1	土建工程措施项目费	建筑面积	9182563.87	316.12	12.34	55889036.44	556.77	40.41	65071600.31	502.76	30.59	
	其中：模板	建筑面积	4603631.66	158.49	6.19	34885637.77	347.53	25.22	39489269.43	305.11	18.56	
	脚手架	建筑面积	1632799.99	56.21	2.19	7554458.14	75.26	5.46	9187258.12	70.98	4.32	
11.2	机电工程措施项目费	建筑面积										
12	其他	建筑面积										
13	合计		74409850.69	2561.66	100.00	138305314.80	1377.81	100.00	212715165.49	1643.50	100.00	

序号	科目名称	工程量	单位	用量指标	单位	备注
A	结构材料用量指标					
1	筏形基础					
1.1	混凝土	7787.03	m³	0.60	m³/m²	混凝土工程量/筏形基础底板面积
1.2	模板		m²		m²/m²	模板工程量/筏形基础底板面积
1.3	钢筋	526215.40	kg	67.58	kg/m³	钢筋工程量/筏形基础底板混凝土量
1.4	钢筋	526215.40	kg	40.22	kg/m²	钢筋工程量/筏形基础底板面积
2	地下室（不含外墙、不含筏形基础）					
2.1	混凝土	13021.72	m³	0.45	m³/m²	混凝土工程量/地下室建筑面积
2.2	模板	61865.24	m²	2.13	m²/m²	模板工程量/地下室建筑面积
2.3	钢筋	2018344.98	kg	155.00	kg/m³	钢筋工程量/地下室混凝土量
2.4	钢筋	2018344.98	kg	69.48	kg/m²	钢筋工程量/地下室建筑面积
2.5	钢材		kg		kg/m²	钢结构工程量/地下室建筑面积
3	地下室（含外墙、不含筏形基础）					
3.1	混凝土	14284.81	m³	0.49	m³/m²	混凝土工程量/地下室建筑面积
3.2	模板	70089.21	m²	2.41	m²/m²	模板工程量/地下室建筑面积
3.3	钢筋	2189085.15	kg	153.25	kg/m³	钢筋工程量/地下室（含外墙）混凝土量
3.4	钢筋	2189085.15	kg	75.36	kg/m²	钢筋工程量/地下室建筑面积
3.5	钢材		kg		kg/m²	钢结构工程量/地下室建筑面积
4	裙楼					
4.1	混凝土	236.76	m³	0.45	m³/m²	混凝土工程量/裙楼建筑面积
4.2	模板	1931.52	m²	3.63	m²/m²	模板工程量/裙楼建筑面积
4.3	钢筋	29614.49	kg	125.67	kg/m³	钢筋工程量/裙楼混凝土量
4.4	钢筋	29614.49	kg	55.6	kg/m²	钢筋工程量/裙楼建筑面积
4.5	钢材		kg		kg/m²	钢筋工程量/裙楼建筑面积
5	塔楼					

序号	科目名称	工程量	单位	用量指标	单位	备注
5.1	混凝土	6819.95	m³	0.45	m³/m²	混凝土工程量/塔楼建筑面积
5.2	模板	70849.32	m²	4.67	m²/m²	模板工程量/塔楼建筑面积
5.3	钢筋	759376.50	kg	111.35	kg/m³	钢筋工程量/塔楼混凝土量
5.4	钢筋	759376.50	kg	50.03	kg/m²	钢筋工程量/塔楼建筑面积
5.5	钢材		kg		kg/m²	钢筋工程量/塔楼建筑面积
B	外墙装饰材料用量指标					
1	裙楼					
1.1	玻璃幕墙面积		m²		%	幕墙面积/裙楼外墙面积
1.2	石材幕墙面积		m²		%	石材面积/裙楼外墙面积
1.3	铝板幕墙面积		m²		%	铝板面积/裙楼外墙面积
1.4	铝窗面积	181.91	m²	7.18	%	铝窗面积/裙楼外墙面积
1.5	百叶面积	17.94	m²	0.71	%	百叶面积/裙楼外墙面积
1.6	面砖面积		m²		%	面砖面积/裙楼外墙面积
1.7	涂料面积		m²		%	涂料面积/裙楼外墙面积
1.8	外墙面积（1.1＋1.2＋…＋1.7）		m²		m²/m²	裙楼外墙面积/裙楼建筑面积
2	塔楼					
2.1	玻璃幕墙面积		m²		%	幕墙面积/塔楼外墙面积
2.2	石材幕墙面积		m²		%	石材面积/塔楼外墙面积
2.3	铝板幕墙面积		m²		%	铝板面积/塔楼外墙面积
2.4	铝窗面积	1236.5	m²	12.48	%	铝窗面积/塔楼外墙面积
2.5	百叶面积	720.8	m²	7.28	%	百叶面积/塔楼外墙面积
2.6	面砖面积		m²		%	面砖面积/塔楼外墙面积
2.7	涂料面积		m²		%	涂料面积/塔楼外墙面积
2.8	外墙面积（2.1＋2.2＋…＋2.7）		m²		m²/m²	塔楼外墙面积/塔楼建筑面积
3	外墙总面积（1.8＋2.8）		m²		m²/m²	外墙总面积/地上建筑面积

案例六　广州市××住宅项目

[罗富国（广州）咨询有限公司提供]

广东省房屋建筑工程投资估算指标总览表

项目信息	项目名称		广州市××住宅项目				项目阶段	完成精装招标及总包重计量
	建设类型	住宅	建设地点		广州		价格取定时间	
	计价方式	工程量清单计价	建设单位名称		××地产发展有限公司		开工时间	2020 年 12 月
	发承包方式	总承包模式	设计单位名称		××××有限公司		竣工时间	预计 2023 年 12 月
	资金来源	自筹	施工单位名称		××××有限公司		总造价（万元）	157226.93
	地质情况	软弱土	工程范围		本项目范围内土石方、护坡、基础、主体结构、外墙工程、装修工程、固定件及内置家具、机电工程、室外工程及辅助工程			
	红线内面积（m²）		总建筑面积（m²）	308000	容积率（%）	不适用	绿化率（%）	

科目名称	项目特征值	地下室	地上别墅	地上高层	备注
概况简述	栋数		19 栋	13 栋	
	层数	1	7 层	32/18	
	层高（m）	3.80	3.20	2.90	
	建筑高度（m）		25.50	100/60	
	户数/床位数/……		114	1709	
	人防面积（m²）				
	塔楼基底面积（m²）		5817	11201	
	外立面面积（m²）		63293	274823	
	绿色建筑标准	二星级	二星级	二星级	
	建筑面积（m²）	82000	31000	195000	

科目名称	项目特征值	地下室	地上别墅	地上高层	备注
结构简述	抗震烈度	7度	7度	7度	
	结构形式	框架—剪力墙结构	框架—剪力墙结构	框架—剪力墙结构	
	装配式建筑面积/装配率				
	基础形式及桩长	桩基础，桩长为27～42m			
土石方、护坡、地下连续墙及地基处理	土石方工程	场地平整、开挖（基坑大开挖平均深度1.49m，基础土方开挖，局部800mm厚砖渣挤淤换填）、清运（运距约15km）、消纳、回填（地下室外墙侧壁回填，基础回填）			
	基坑支护、边坡	基坑支护工程（D500水泥搅拌桩，超前微型钢管桩内置D114-4钢管，基坑护壁主要采用放坡形式，插筋＋挂网喷混凝土）			
	地下连续墙				
	地基处理				
	其他				
基础	筏形基础	组成筏形基础系统之垫层、地库为平板式筏形基础，厚度300mm，主楼为大承台式，厚度1500mm，电梯基坑、集水坑			
	其他基础				

科目名称	项目特征值	地下室	地上别墅	地上高层	备注
基础	桩基础	包括钢筋混凝土后注浆灌注桩（AB 型 φ500×125 高强预应力混凝土管桩，管桩桩身混凝土强度等级为 C80，含填充 C30 混凝土掺微膨胀剂，即施打完第一节后，要求往孔底灌注高度为 1.5m 的 C30 细石混凝土，桩长 27～42m）、试验桩等各种桩基础的成孔、钢筋笼制作、灌注、注浆			
	其他				
主体结构	钢筋混凝土工程	包括钢筋混凝土主体结构（钢筋、混凝土、模板），其中：地下室混凝土强度等级为：C30、P6 车库筏板，C30、P6 主楼筏板，C30、P6 地下室外墙，C30、P6 混凝土水池，C40 墙柱，C30 有梁板及楼梯，C30、P6 地下室顶板	叠墅地上混凝土强度等级为：C30 混凝土墙柱、有梁板及楼梯	高层地上混凝土强度等级为：总层数为 32 层采用 C30～C55 混凝土墙柱，总层数为 15 层的采用 C30～C40 混凝土墙柱，有梁板及楼梯均为 C30	
	钢板				
	钢结构		包括钢结构楼梯、防火及防腐处理		
	砌筑工程	非承重砌体（含二次结构、精装的砖墙，加气混凝土砌块、MU10 水泥砖，墙厚 100～200mm；陶粒加气混凝土砌块，墙厚 200mm）			
	防火门窗	包括所有防火门及五金			
	防火卷帘	室内所有防火卷帘、电机、五金、配件及防火卷帘上防火封堵			

科目名称	项目特征值	地下室	地上别墅	地上高层	备注
主体结构	防水工程	地下室底板防水层：2mm 厚水泥基渗透结晶型防水涂料、$H＝20mm$（凹凸高度）塑料防水疏水保护板［板厚（非凹凸高度）≥1.2mm］；地下室承台处：2.0mm 厚高分子湿铺自粘（双面粘）防水卷材；地下室外墙：3mm 厚预铺型单面自粘聚合物改性沥青防水卷材（聚酯胎，湿铺）、30mm 厚聚苯板；卫生间、厨房：2mm 厚 FJS-Ⅱ型聚合物水泥基复合防水涂料			
	保温工程				
	屋面工程	地下室顶板 C20 防水细石混凝土（最厚 100mm、最薄 70mm）内配 $\phi6@200$ 钢筋双向、4mm 厚 APP 改性沥青耐根穿刺防水卷材、20mm 厚 DS-M15 水泥砂浆找平、3mm 厚双面自粘聚合物改性沥青防水卷材（聚酯胎）、20mm 厚 DS-M15 水泥砂浆找平层、20mm 厚 DS-M15 水泥砂浆找平抹光、面喷反射隔热涂料两道、40mm 挤塑聚苯乙烯保温隔热板、40mmC20 细石混凝土找坡、20mm 厚 DS-M15 水泥砂浆找平扫毛、8mm 厚 300mm×300mm 浅色防滑耐磨地砖			
	人防门				
	其他	包括主体结构中除上述内容外之其他项目，如总包预埋套管及封堵、机械开洞、凿混凝土、爬梯、盖板、不锈钢栏杆、成品烟道			
外立面工程	门窗工程		系统铝窗、系统铝门（品牌为信义、深圳南玻）；6mm 水晶灰钢化玻璃、5mm 水晶灰＋19mm 空气（内置百叶）＋5mm 透明中空玻璃		
	幕墙				
	外墙涂料		外墙涂料合成树脂面漆二道，耐碱封固底漆一道，满铺镀锌钢丝网，防水水泥砂浆抹灰		
	外墙块料		5mm 釉面砖，12mm 厚米黄色仿石砖挂贴，满铺镀锌钢丝网，防水水泥砂浆抹灰		
	天窗/天幕		包括钢骨架、埋件、饰面、型材、装饰线条、盖板、五金、防火隔离层、防火封修、油漆、喷涂		
	雨篷		玻璃雨篷		
	其他		包括外墙装修除上述项目之外的其他工作内容		

科目名称	项目特征值	地下室	地上别墅	地上高层	备注
装修工程	停车场装修	地下室地面：金刚砂耐磨地面（金刚砂用量 5kg/m²），80mm 厚 C30 混凝土（不能掺加粉煤灰），随捣随抹光、内配 ϕ6@100 双向钢筋、周边设排水沟（随到随抹光，每隔 6m×6m 切浅缝）			
	公共区域装修		地面：采用石材地面，包含水泥砂浆地面；墙面：采用涂料饰面、石材（含结晶、打蜡）、玻璃、瓷砖、不锈钢装饰条等，包括水泥砂浆基层、龙骨基层、硅酸钙板基层、装饰线条、灯槽；顶棚：涂料、石膏板吊顶	地面：采用石材地面，包含水泥砂浆地面；墙面：采用 16.5mm 厚石材（含结晶、打蜡）、600mm×600mm 瓷砖、不锈钢装饰条等，包括水泥砂浆基层、龙骨基层、硅酸钙板基层、铝板、装饰线条；顶棚：涂料、石膏板吊顶	
	户内装修		地面：采用 1210mm×165mm×15mmB₁ 级防火多层实木复合地板地面，产地：北美洲，含表面处理；800mm×800mm 瓷砖地面，包含水泥砂浆地面；墙面：采用木饰面、涂料、石材（含结晶、打蜡）、瓷砖、岩板、玻璃、不锈钢装饰条等，包括水泥砂浆基层、龙骨基层、装饰线条、灯槽；顶棚：涂料饰面、硅酸钙板吊顶、转印木纹铝方通吊顶、金属饰面；包括室内精装修灯具（西顿）及支路管线、开关面板（西蒙）、洁具（TOTO）及配管、配件、卫生间小五金（摩恩）、电子锁（西勒奇）	地面：采用 920mm×128mm×12mmB₁ 级防火多层实木复合地板地面，产地：北美洲，含表面处理；800mm×800mm 仿古抛光砖、300mm×600mm 瓷砖地面，包含水泥砂浆地面；墙面：采用涂料、300mm×600mm 瓷砖，包括水泥砂浆基层、装饰线条、灯槽；顶棚：涂料饰面、硅酸钙板吊顶、转印木纹铝方通吊顶、金属饰面；包括室内精装修灯具（西顿）及支路管线、开关面板（西蒙）、洁具（TOTO）及配管、配件、卫生间小五金（摩恩）、电子锁（海贝斯）	

科目名称 \ 项目特征值	地下室	地上别墅	地上高层	备注
装修工程 · 厨房、卫生间装修				
装修工程 · 功能用房装修				
装修工程 · 其他		除上述项目之外的其他工作内容		
固定件及内置家具 · 标识				
固定件及内置家具 · 金属构件	铝合金玻璃组合栏杆、护窗栏杆、天面镀锌栏杆、爬梯、楼梯栏杆、扶手、消防栓箱等			
固定件及内置家具 · 家具		玄关柜、餐边柜、盥洗柜、镜柜、衣柜、浴缸		
固定件及内置家具 · 布幕和窗帘				
固定件及内置家具 · 其他		橱柜、水槽连龙头（科勒）、厨电（弗兰卡）		
机电工程 · 通风工程	全部通风工程，包括防排烟		全部通风工程，包含卫生间配置暖风机（百朗）、厨房凉霸（名族）	
机电工程 · 空调工程		新风系统（奥斯博格）、户内VRV系统（日立）		
机电工程 · 给排水工程	包括给水系统、排水系统、压力排水系统等	包括给水系统、排水系统、热水系统及所有给排水设备（热水器、净水器等）及非精装修区域的卫生洁具，但不包括精装修区域的卫生洁具		
机电工程 · 消防水工程	全部消防水工程，包括所有消防设备、气体灭火系统			
机电工程 · 消防报警及联动工程	消防报警和消防广播、防火门监控，包括所有消防设备		消防报警和消防广播、防火门监控，包括所有消防设备	
机电工程 · 电气工程	包括从低压柜下口出线全部电气工程，包括漏电报警、消防电监控、智能疏散工程、配电箱（含户内配电箱，叠墅用施耐德、高层用良信）供应等所有设备及配线、配电缆电线等，防雷接地（含总包及幕墙）			

科目名称	项目特征值	地下室	地上别墅	地上高层	备注
机电工程	弱电工程	包括光纤入户、综合布线系统、计算机网络系统、视频监控系统、门禁系统、公共广播系统、周界巡更系统、五方通话系统、智能家居系统、停车场管理系统、网络机房工程			
	电梯工程		包括所有电梯及电扶梯工程，不包括电梯精装修（地上地下共用的垂直电梯统一放在地上部分，除专用于地下室外可放在地下）		
	变配电工程	包括高压柜、变压器、低压柜全部变配电室内设备及相应二次设备和安装		包括高压柜、变压器、低压柜全部变配电室内设备及相应二次设备和安装	
	燃气工程		接市政天然气管道入户，并设置家用燃气报警器	接市政天然气管道入户，并设置家用燃气报警器	
	外墙灯具/外墙照明工程				
	LED大屏工程				
	机电抗震支架工程	包括水管、风管、桥架、线槽的抗震支吊架等			
	其他				
室外工程	地基处理				
	道路工程		包括道路土石方工程，主体结构，防水工程，饰面及交通划线标识		
	燃气工程		包括红线内燃气接入工程、室外燃气管道及相应的阀门、调压设备、各类井等		
	给水工程		包括红线内接入市政给水的室外管道部分及相应的阀门、室外消火栓、各类井等		
	室外雨污水系统				
	电气工程				

科目名称	项目特征值	地下室	地上别墅	地上高层	备注
室外工程	弱电工程				
	园建工程		屋面及绿化、花池等所需种植土、细粒式透水沥青混凝土、透水砖人行道、其他地面铺装（石材、PC砖、花岗石），景墙、大门、主次入口水景、座凳、围墙、屋顶花园、树池、游泳池（成人、儿童）、更衣室、人工湖、湖区岛心亭、儿童游戏场、成人活动广场、叠墅归家入户景墙等装饰面、混凝土（含钢筋）、碎石垫层等基层		
	绿化工程		乔木、灌木、地被等种植及养护（养护期两年）		
	园林灯具及喷灌系统		园林景观照明、灌溉给水系统、排水系统、雨水口、下沉绿地溢流井、装饰井盖		
	围墙工程				
	大门工程				
	室外游乐设施				
	其他		垃圾桶、取水台、雕塑		
辅助工程	配套用房建筑工程				
	外电接入工程				
	柴油发电机	包括柴油发电机及机房的环保工程、低压柜等配电设备、电缆、规范所需的配套设施及附属内容			
	冷源工程				

科目名称	项目特征值	地下室	地上别墅	地上高层	备注
辅助工程	污水处理站				
	生活水泵房	包括变频泵组、水箱、消毒器及泵房相应的管道、附件等。本项只包括一次变频给水，不包括超高层建筑传输泵，超高层建筑传输泵计入对应塔楼、单体			
	消防水泵房	包括各类消防泵组及泵房相应管道、附件等			
	充电桩	包括充电桩或预留接口的电柜及电缆等			
	运动场地				
	其他工程				
专项工程	擦窗机工程				
	厨房设备				
	舞台设备及视听设备工程				
	溶洞工程				
	医疗专项				
措施项目费	土建工程措施项目费	按实际发生统计（97%分包合同已定标）			
	其中：模板				
	脚手架				
	机电工程措施项目费	按实际发生统计（100%分包合同已定标）			
	其他				

序号	科目名称	功能用房或单项工程计算基数	单项工程±0.00以下			单项工程±0.00以上（地上别墅）			单项工程±0.00以上（地上高层）			合计			备注
			造价（元）	单位造价（元/单位）	造价占比（%）	造价（元）	单位造价（元/单位）	造价占比（%）	造价（元）	单位造价（元/单位）	造价占比（%）	造价（元）	单位造价（元/单位）	造价占比（%）	
1	土石方、护坡、地下连续墙及地基处理	建筑面积	18736180	228.49	4.43							18736180	60.48	1.19	
1.1	土石方工程	土石方体积	11429070	59.04	2.70							11429070	59.04	0.72	可研阶段实方量=地下室面积×挖深×系数（预估）
1.2	基坑支护、边坡	垂直投影面积	7307110	8315.76	1.73							7307110	8315.76	0.46	基坑支护周长根据地下室边线预估，垂直投影面积=基坑支护周长×地下室深度
1.3	地下连续墙	垂直投影面积													
1.4	地基处理	地基处理面积													此处仅指各单项工程基底面积范围内的地基处理，室外地基处理计入8.1，大型溶洞地基处理计入10
1.5	其他														
2	基础	建筑面积	112535980	1372.39	26.60							112535980	365.38	7.12	
2.1	筏形基础	建筑面积	53811680	656.24	12.72							53811680	173.69	3.41	
2.2	其他基础														
2.3	桩基础	建筑面积	58724300	716.15	13.88							58724300	189.55	3.72	
2.4	其他														
3	主体结构	建筑面积	96882180	1181.49	23.81	32298590	1041.89	13.64	140271300	719.34	16.55	269452070	874.84	18.07	

序号	科目名称	功能用房或单项工程计算基数	单项工程±0.00以下			单项工程±0.00以上（地上别墅）			单项工程±0.00以上（地上高层）			合计			备注
			造价（元）	单位造价（元/单位）	造价占比（%）	造价（元）	单位造价（元/单位）	造价占比（%）	造价（元）	单位造价（元/单位）	造价占比（%）	造价（元）	单位造价（元/单位）	造价占比（%）	
3.1	钢筋混凝土工程	建筑面积	70844720	863.96	17.41	17775710	573.41	7.51	96531300	494.94	11.39	185151730	601.14	12.41	
3.2	钢板	建筑面积													
3.3	钢结构	建筑面积				963790	31.09	0.40				963790	3.13	0.06	
3.4	砌筑工程	建筑面积	5211920	63.56	1.23	5391830	173.93	2.21	21434400	109.92	2.37	32038150	104.02	2.04	
3.5	防火门窗	建筑面积	703560	8.58	0.17	633020	20.42	0.26	951600	4.88	0.11	2288180	7.43	0.15	
3.6	防火卷帘	建筑面积	1175880	14.34	0.28							1175880	3.82	0.07	
3.7	防水工程	建筑面积	4857680	59.24	1.15	2908730	93.83	1.19	13548600	69.48	1.50	21315010	69.20	1.36	
3.8	保温工程	建筑面积	132840	1.62	0.03	132060	4.26	0.05	432900	2.22	0.05	697800	2.27	0.04	
3.9	屋面工程	屋面面积	13228240	161.33	3.13	1501950	291.00	0.62	2963550	284.66	0.33	17693740	181.51	1.12	
3.10	人防门														
3.11	其他	建筑面积	727340	8.87	0.17	2991500	96.50	1.23	4408950	22.61	0.49	8127790	26.39	0.52	
4	外立面工程	建筑面积				19559975	637.36	8.11	74301700	381.00	8.18	93861675	304.75	5.98	
4.1	门窗工程	门窗面积				4818212	539.92	2.00	24592757	587.14	2.71	29410969	578.84	1.87	外窗面积根据窗墙比经验值预估，外门面积根据平面图预估
4.2	幕墙	垂直投影面积													垂直投影面积根据平面图、立面图、效果图结合外门窗面积匡算
4.3	外墙涂料	垂直投影面积				85314	1.35	0.04	3865059	14.06	0.43	3950373	11.68	0.25	
4.4	外墙块料	垂直投影面积				11826872	186.86	4.90	31006764	112.82	3.41	42833636	126.68	2.73	

序号	科目名称	功能用房或单项工程计算基数	单项工程±0.00以下			单项工程±0.00以上（地上别墅）			单项工程±0.00以上（地上高层）			合计			备注
			造价（元）	单位造价（元/单位）	造价占比（%）	造价（元）	单位造价（元/单位）	造价占比（%）	造价（元）	单位造价（元/单位）	造价占比（%）	造价（元）	单位造价（元/单位）	造价占比（%）	
4.5	天窗/天幕	天窗/天幕面积				119644	623.15	0.05				119644	623.15	0.01	根据平面图预估面积
4.6	雨篷	雨篷面积				1527747	1331.95	0.63	86620	1031.20	0.01	1614367	1311.43	0.10	
4.7	其他	建筑面积				1182185	38.52	0.49	14750500	475.82	1.62	15932686	51.73	1.02	
5	装修工程	建筑面积	22317940	272.17	5.28	49457710	1595.41	20.29	208950300	1071.54	23.08	280725950	911.45	17.88	装修标准相近的区域可合并
5.1	停车场装修	停车场面积	22230443	271.09	5.25							22230443	271.09	1.41	
5.2	公共区域装修	装修面积				5294649	1748.81	2.17	24091407	1031.34	2.66	29386056	1112.71	1.87	含入户门
5.3	户内装修	装修面积				44102611	2127.42	18.09	177086193	1053.49	19.56	221188804	1170.03	14.10	含户内门
5.4	厨房、卫生间装修	装修面积													含厨房、卫生间门
5.5	功能用房装修	装修面积													
5.6	其他	建筑面积	87497	1.07	0.02	60450.00	1.95	0.02	7772700	39.86	0.86	7920647	25.72	0.51	
6	固定件及内置家具	建筑面积	490360	5.98	0.12	9258150	298.65	3.80	55754400	285.92	6.16	65502910	213.10	4.18	可研估算阶段根据历史数据预估
6.1	标识	建筑面积													
6.2	金属构件	建筑面积	490360	5.98	0.12	1812260	58.46	0.74	5368350	27.53	0.59	7670970	24.91	0.49	
6.3	家具	建筑面积				4441680	143.28	1.82	19176300	98.34	2.12	23617980	76.68	1.51	
6.4	布幕和窗帘	建筑面积													
6.5	其他	建筑面积				3004210	96.91	1.23	31209750	160.05	3.45	34213960	111.08	2.18	
7	机电工程	建筑面积	89864620	1095.91	21.24	30150290	972.59	12.37	65471250	335.75	7.23	185486160	602.23	11.77	

序号	科目名称	功能用房或单项工程计算基数	单项工程±0.00以下			单项工程±0.00以上（地上别墅）			单项工程±0.00以上（地上高层）			合计			备注
			造价（元）	单位造价（元/单位）	造价占比（%）	造价（元）	单位造价（元/单位）	造价占比（%）	造价（元）	单位造价（元/单位）	造价占比（%）	造价（元）	单位造价（元/单位）	造价占比（%）	
7.1	通风工程	建筑面积	7080700	86.35	1.67	318370	10.27	0.13	3313050	16.99	0.37	10712120	34.78	0.68	
7.2	空调工程	建筑面积				6954540	224.34	2.85				6954540	22.58	0.44	
7.3	给排水工程	建筑面积	9757180	118.99	2.31	3493390	112.69	1.43	19416150	99.57	2.14	32666720	106.06	2.08	
7.4	消防水工程	建筑面积	8564900	104.45	2.02	376960	12.16	0.15	3102450	15.91	0.34	12044310	39.10	0.76	
7.5	消防报警及联动工程	建筑面积	3423500	41.75	0.81				2209350	11.33	0.24	5632850	18.29	0.36	
7.6	电气工程	建筑面积	16239280	198.04	3.84	823360	26.56	0.34	8882250	45.55	0.98	25944890	84.24	1.65	
7.7	弱电工程	建筑面积	3885980	47.39	0.92	11894700	383.70	4.88	18209100	93.38	2.01	33989780	110.36	2.16	
7.8	电梯工程	按数量				5823350	274500.00	2.39	5619900	216760.62	0.62	11443250	242744.41	0.73	
7.9	变配电工程	变压器容量kVA	38822080	2050.94	9.18							38822080	2050.94	2.46	
7.10	燃气工程	建筑面积/用气户数				465620	15.02	0.19	4719000	24.20	0.52	5184620	16.83	0.33	
7.11	外墙灯具/外墙照明工程	建筑面积													
7.12	LED大屏工程	建筑面积													
7.13	机电抗震支架工程	建筑面积	2091000	25.50	0.49							2091000	6.79	0.13	
7.14	其他														
8	室外工程	总建筑面积				77172330	2489.43	31.96	1794967	9.20	0.20	784759360	2547.92	4.98	
8.1	地基处理														
8.2	道路工程	道路面积				27325261	3894.66	11.81				27325261	3894.66	1.82	需根据填报指引区别于8.8中的园路
8.3	燃气工程	建筑面积/接入长度				493125	16.76	0.21	1068622	5.46	0.12	1561746	5.14	0.10	

序号	科目名称	功能用房或单项工程计算基数	单项工程±0.00以下			单项工程±0.00以上（地上别墅）			单项工程±0.00以上（地上高层）			合计			备注
			造价（元）	单位造价（元/单位）	造价占比（％）	造价（元）	单位造价（元/单位）	造价占比（％）	造价（元）	单位造价（元/单位）	造价占比（％）	造价（元）	单位造价（元/单位）	造价占比（％）	
8.4	给水工程	室外占地面积				210389	2.72	0.09				210389	2.72	0.01	用地面积－建筑物基底面积
8.5	室外雨污水系统	室外占地面积													用地面积－建筑物基底面积
8.6	电气工程	室外占地面积													用地面积－建筑物基底面积
8.7	弱电工程	室外占地面积													用地面积－建筑物基底面积
8.8	园建工程	园建面积				27043456	292.33	11.69				27043456	292.33	1.80	园建总面积在可研阶段可根据总占地面积、道路面积、塔楼基底面积和绿化率推导求出，其他阶段按实计算
8.9	绿化工程	绿化面积				10047302	146.43	4.34				10047302	146.43	0.67	可研阶段可根据绿化率推导求出，其他阶段按实计算
8.10	园林灯具及喷灌系统	园建绿化面积				7967810	116.12	3.44				7967810	116.12	0.53	
8.11	围墙工程	围墙长度（m）				2522264	2841.43	1.12				2522264	2841.43		
8.12	大门工程	项				717740		0.32	726346		0.09	1444086			
8.13	室外游乐设施	园建面积													
8.14	其他	建筑面积				844984	3.90	0.37				844984	3.90	0.06	
9	辅助工程	建筑面积	22832900	278.45	5.40							22832900	74.13	1.44	

序号	科目名称	功能用房或单项工程计算基数	单项工程±0.00以下			单项工程±0.00以上（地上别墅）			单项工程±0.00以上（地上高层）			合计			备注
			造价（元）	单位造价（元/单位）	造价占比（%）	造价（元）	单位造价（元/单位）	造价占比（%）	造价（元）	单位造价（元/单位）	造价占比（%）	造价（元）	单位造价（元/单位）	造价占比（%）	
9.1	配套用房建筑工程	建筑面积													仅指独立的配套用房，非独立的含在各业态中
9.2	外电接入工程	接入线路的路径长度	12214692	1246.63	2.89							12214692	1246.63	0.77	接入长度为从红线外市政变电站接入红线内线路的路径长度
9.3	柴油发电机	kW	1053620	1308.00	0.25							1053620	1308.00	0.07	发电机功率
9.4	冷源工程	冷吨													
9.5	污水处理站	m³/d													日处理污水量
9.6	生活水泵房	建筑面积	5377560	65.58	1.27							5377560	17.46	0.34	
9.7	消防水泵房	建筑面积	664200	8.10	0.16							664200	2.16	0.04	
9.8	充电桩	按数量	3522828	1928.72	0.83							3522828	1928.72	0.22	
9.9	运动场地	水平投影面积													
9.10	其他工程														
10	专项工程	建筑面积													各类专项工程内容
10.1	擦窗机工程														
10.2	厨房设备														
10.3	舞台设备及视听设备工程														
10.4	溶洞工程														
10.5	医疗专项														
11	措施项目费	建筑面积	40606400	495.20	9.60	15996310	516.01	6.58	341156400	1749.52	37.65	397759110	1291.43	25.38	

序号	科目名称	功能用房或单项工程计算基数	单项工程±0.00以下			单项工程±0.00以上（地上别墅）			单项工程±0.00以上（地上高层）			合计			备注
			造价（元）	单位造价（元/单位）	造价占比（%）	造价（元）	单位造价（元/单位）	造价占比（%）	造价（元）	单位造价（元/单位）	造价占比（%）	造价（元）	单位造价（元/单位）	造价占比（%）	
11.1	土建工程措施项目费	建筑面积	40465360	493.48	9.57	15925630	513.73	6.55	341088150	1749.17	37.64	397479140	1290.52	25.36	
	其中：模板	建筑面积	16156460	197.03		6266030	202.13		58882200	301.96		81304690	263.98		
	脚手架	建筑面积										6350960	20.62		脚手架含在基本要求费中，无法按业态区分
11.2	机电工程措施项目费	建筑面积	141040	1.72	0.03	70680	2.28	0.03	70200	0.36	0.01	281920	0.91	0.02	
12	其他	建筑面积	18766520	228.86	4.44	8932340	288.14	3.66	18710250	95.95	2.07	46409110	150.68	2.95	
12.1	人工、材料、机械调差	建筑面积	11065080	134.94	2.62	3253140	104.94	1.33	11144250	57.15	1.23	25462470	82.67	1.62	
	土建工程调差	建筑面积	8037640	98.02	1.90	1799240	58.04	0.74	8546850	43.83	0.94	18383730	59.69	1.17	
	机电工程调差	建筑面积	3027440	36.92	0.72	1453900	46.90	0.60	2595450	13.31	0.29	7076790	22.98	0.45	
12.2	变更洽商	建筑面积	7701440	93.92	1.82	2500150	80.65	1.03	7566000	38.80	0.84	17767590	57.69	1.13	
	土建工程变更	建筑面积	4674000	57.00	1.10	1046560	33.76	0.43	4970550	25.49	0.55	10691110	34.71	0.68	
	机电工程变更	建筑面积	3027440	36.92	0.72	1453900	46.90	0.60	2595450	13.31	0.29	7076790	22.98	0.45	
12.3	签证	建筑面积													
	土建工程签证	建筑面积													
	机电工程签证	建筑面积													
12.4	其他费用	建筑面积				3178740	102.54	1.30				3178740	10.32	0.20	分包工程照管
13	合计		423033080	5158.94	100.00	242825695	7833.09	100.00	906410567	4648.26	100.00	1572269342	5104.77	100.00	

序号	科目名称	工程量	单位	用量指标	单位	备注
A	结构材料用量指标					
1	筏形基础					
1.1	混凝土	47421	m³	0.58	m³/m²	混凝土工程量/筏形基础底板面积
1.2	模板	20895	m²	0.26	m²/m²	模板工程量/筏形基础底板面积
1.3	钢筋	3069904	kg	64.74	kg/m³	钢筋工程量/筏形基础底板混凝土量
1.4	钢筋	3069904	kg	37.69	kg/m²	钢筋工程量/筏形基础底板面积
2	地下室（不含外墙、不含筏形基础）					
2.1	混凝土	29511	m³	0.36	m³/m²	混凝土工程量/地下室建筑面积
2.2	模板	178837	m²	2.20	m²/m²	模板工程量/地下室建筑面积
2.3	钢筋	5102648	kg	172.91	kg/m³	钢筋工程量/地下室混凝土量
2.4	钢筋	5102648	kg	62.65	kg/m²	钢筋工程量/地下室建筑面积
2.5	钢材		kg		kg/m²	钢结构工程量/地下室建筑面积
3	地下室（含外墙、不含筏形基础）					
3.1	混凝土	30748	m³	0.38	m³/m²	混凝土工程量/地下室建筑面积
3.2	模板	187105	m²	2.30	m²/m²	模板工程量/地下室建筑面积
3.3	钢筋	5255427	kg	170.92	kg/m³	钢筋工程量/地下室（含外墙）混凝土量
3.4	钢筋	5255427	kg	64.53	kg/m²	钢筋工程量/地下室建筑面积
3.5	钢材		kg		kg/m²	钢结构工程量/地下室建筑面积
4	裙楼					
4.1	混凝土		m³		m³/m²	混凝土工程量/裙楼建筑面积
4.2	模板		m²		m²/m²	模板工程量/裙楼建筑面积
4.3	钢筋		kg		kg/m³	钢筋工程量/裙楼混凝土量
4.4	钢筋		kg		kg/m²	钢筋工程量/裙楼建筑面积
4.5	钢材		kg		kg/m²	钢筋工程量/裙楼建筑面积
5	塔楼					

序号	科目名称	工程量	单位	用量指标	单位	备注
5.1	混凝土	10806	m³	0.35	m³/m²	混凝土工程量/塔楼建筑面积
5.2	模板	102013	m²	3.32	m²/m²	模板工程量/塔楼建筑面积
5.3	钢筋	1617834	kg	149.72	kg/m³	钢筋工程量/塔楼混凝土量
5.4	钢筋	1617834	kg	52.72	kg/m²	钢筋工程量/塔楼建筑面积
5.5	钢材		kg		kg/m²	钢筋工程量/塔楼建筑面积
B	外墙装饰材料用量指标					
1	裙楼					
1.1	玻璃幕墙面积		m²		％	幕墙面积/裙楼外墙面积
1.2	石材幕墙面积		m²		％	石材面积/裙楼外墙面积
1.3	铝板幕墙面积		m²		％	铝板面积/裙楼外墙面积
1.4	铝窗面积		m²		％	铝窗面积/裙楼外墙面积
1.5	百叶面积		m²		％	百叶面积/裙楼外墙面积
1.6	面砖面积		m²		％	面砖面积/裙楼外墙面积
1.7	涂料面积		m²		％	涂料面积/裙楼外墙面积
1.8	外墙面积（1.1＋1.2＋…＋1.7）		m²		m²/m²	裙楼外墙面积/裙楼建筑面积
2	塔楼					
2.1	玻璃幕墙面积		m²		％	幕墙面积/塔楼外墙面积
2.2	石材幕墙面积	25993	m²	0.38	％	石材面积/塔楼外墙面积
2.3	铝板幕墙面积		m²		％	铝板面积/塔楼外墙面积
2.4	铝窗面积	4948	m²	0.07	％	铝窗面积/塔楼外墙面积
2.5	百叶面积		m²		％	百叶面积/塔楼外墙面积
2.6	面砖面积	36095	m²	0.53	％	面砖面积/塔楼外墙面积
2.7	涂料面积	1205	m²	0.02	％	涂料面积/塔楼外墙面积
2.8	外墙面积（2.1＋2.2＋…＋2.7）	68241	m²	2.22	m²/m²	塔楼外墙面积/塔楼建筑面积
3	外墙总面积（1.8＋2.8）		m²		m²/m²	外墙总面积/地上建筑面积

第二章　学校项目案例

案例一 ×××保税区第一小学

（广东省国际工程咨询有限公司提供）

广东省房屋建筑工程投资估算指标总览表   表 2-1-1

<table>
<tr><td rowspan="9">项目信息</td><td colspan="2">项目名称</td><td colspan="4">×××保税区第一小学</td><td>项目阶段</td><td>结算阶段</td></tr>
<tr><td>建设类型</td><td>小学</td><td>建设地点</td><td colspan="3">×××保税区××路北侧、××路西侧</td><td>价格取定时间</td><td>2020 年 8 月</td></tr>
<tr><td>计价方式</td><td>清单计价</td><td>建设单位名称</td><td colspan="3">×××城市新中心发展有限公司</td><td>开工时间</td><td>2020 年 9 月</td></tr>
<tr><td>发承包方式</td><td>工程量清单综合单价包干</td><td>设计单位名称</td><td colspan="3">×××规划设计研究院（联合体主办方）、××××勘察设计研究院有限公司（联合体成员一）、××××（联合体成员二）</td><td>竣工时间</td><td>2021 年 8 月</td></tr>
<tr><td>资金来源</td><td>财政资金</td><td>施工单位名称</td><td colspan="3">广东××建设集团有限公司</td><td>总造价（万元）</td><td>14156.13</td></tr>
<tr><td>地质情况</td><td>一、二类土</td><td>工程范围</td><td colspan="5">包含软基处理、基坑支护、桩基础工程、土建工程、装饰工程、给排水工程、消防工程、电气工程、通风空调工程、智能化工程、人防工程、电梯工程、燃气工程、园建工程、室外工程及配套工程等</td></tr>
<tr><td>红线内面积（m²）</td><td>31860.25</td><td>总建筑面积（m²）</td><td>31860.25</td><td>容积率（%）</td><td>142.89</td><td>绿化率（%）</td><td>34.74</td></tr>
</table>

<table>
<tr><td colspan="2">科目名称　　　　　项目特征值</td><td>教学楼</td><td>备注</td></tr>
<tr><td rowspan="11">概况简述</td><td>栋数</td><td>1</td><td></td></tr>
<tr><td>层数</td><td>6</td><td></td></tr>
<tr><td>层高（m）</td><td>4.65</td><td></td></tr>
<tr><td>建筑高度（m）</td><td>23.40</td><td></td></tr>
<tr><td>户数/床位数/……</td><td></td><td></td></tr>
<tr><td>人防面积（m²）</td><td>5910.83</td><td></td></tr>
<tr><td>塔楼基底面积（m²）</td><td>6108.47</td><td></td></tr>
<tr><td>外立面面积（m²）</td><td>20594.12</td><td></td></tr>
<tr><td>绿色建筑标准</td><td>二星级</td><td></td></tr>
<tr><td>建筑面积（m²）</td><td>31860.25</td><td></td></tr>
</table>

科目名称	项目特征值	教学楼	备注
结构简述	抗震烈度	7	
	结构形式	框架结构	
	装配式建筑面积/装配率		
	基础形式及桩长	筏板、桩承台、预制管桩平均 34m 长	
土石方、护坡、地下连续墙及地基处理	土石方工程	一、二类土，外购土运距按 10km 计算	
	基坑支护、边坡	打拔 12m 长拉森Ⅳ型钢板桩＋80mm 厚喷锚＋钢筋网片、D800 水泥搅拌桩、H500×300 型钢桩长 16m/19m	
	地下连续墙		
	地基处理	真空预压、D700 黏土搅拌桩	
	其他		
基础	筏形基础	筏形基础	
	其他基础	桩承台基础	
	桩基础	预制管桩	
	其他		
主体结构	钢筋混凝土工程	±0.00 以下柱、梁、板混凝土强度等级为 C35、P6，±0.00 以上柱、梁、板混凝土强度等级为 C30、C35	
	钢板		
	钢结构		
	砌筑工程	±0.00 以下混凝土实心砖，±0.00 以上蒸压加气混凝土砌块和混凝土实心砖，外墙 200mm、300mm，内墙 100mm、200mm	
	防火门窗	±0.00 以下钢质防火门；±0.00 以上钢质防火门、钢质防火窗	
	防火卷帘	双轨无机纤维复合特级防火卷帘、成品钢防火卷帘	
	防水工程	防水卷材、防水涂料	
	保温工程	挤塑聚苯乙烯泡沫板	
	屋面工程	10mm 厚防滑地砖、50mm 厚挤塑聚苯乙烯板、1.5mm 厚高分子防水卷材、2.0mm 厚合成高分子防水涂料、聚酯无纺布、40mm 厚/70mm 厚 C25 细石混凝土保护层，内配 $\phi4@100$ 钢筋双向	
	人防门	防护密闭门、防爆波活门、密闭观察窗	
	其他		

科目名称 项目特征值		教学楼	备注
外立面工程	门窗工程	铝合金窗、铝合金百叶窗、铝合金门、成品木门	
	幕墙		
	外墙涂料	外墙质感涂料真石漆	
	外墙块料		
	天窗/天幕		
	雨篷		
	其他		
装修工程	停车场装修		
	公共区域装修	1.2mm厚U形白色铝合金顶棚、水磨石防滑地砖800mm×800mm×10mm、抛光砖墙裙300mm×600mm×8mm、墙面白色无机涂料	
	户内装修	水磨石防滑地砖800mm×800mm×10mm、抛光砖墙裙300mm×600mm×8mm、墙面白色无机涂料	
	厨房、卫生间装修	防滑地砖300mm×300mm×8mm、抛光砖墙面300mm×600mm×8mm、白色铝单板天棚、18mm厚抗倍特板隔断	
	功能用房装修		
	其他	食堂：PVC地板胶、抛光砖墙裙300mm×600mm×8mm、墙面白色无机涂料、埃特板顶棚；室内篮球场：8mm厚仿深木色专用运动地板胶、15mm厚浅木色吸声饰面板、35mm厚白色玻纤吸声板（间隔A级）顶棚、墙面深灰色无机涂料、埃特板顶棚白色无机涂料	
固定件及内置家具	标识	项目logo、白色涂料画线	
	金属构件	舞蹈室金属栏杆	
	家具	洗手台、成品银镜、成品定制储物柜、成品定制书柜、课室推拉黑板	
	布幕和窗帘	窗帘盒	
	其他		
机电工程	通风工程	全热新风换气机、排气扇、油烟净化器、低噪声离心风机、防爆型双速低噪声离心风机、轴流风机、静压箱、镀锌薄钢板矩形风管	
	空调工程	UPVC冷凝管	

科目名称	项目特征值	教学楼	备注
机电工程	给排水工程	304不锈钢给水管、支管减压阀、闸阀、造型洗手槽、水位控制阀、潜污泵、内涂塑钢管、铸铁管、蹲便器、小便器、残疾人坐便器、残疾人洗手盆、洗涤盆、不锈钢洗手盆、分散式直饮水机、铸铁管、雨水斗	
	消防水工程	水喷淋钢管、水流指示器、信号阀、闸阀、止回阀、喷头、自动排气阀、热浸镀锌钢管、消火栓、灭火器、柜式灭火装置、自动泄压装置	
	消防报警及联动工程	火灾报警控制器、电线管、配线、电涌保护器SPD、端子箱、智能消火栓按钮、总线输出模块编码型声光报警器、消防线槽、监控主机、防火门监控分机、常闭双门监控器、监控主机、消防电源监控主机、监测模块、UPS、网络交换机、系统软件、打印机、单模光电转换器、照明控制器、智能控制面板、电能表、风机控制器、气体灭火控制器	
	电气工程	配电箱、控制箱、人防馈电柜、电力电缆、柔性矿物绝缘电缆、镀锌钢管、镀锌电线、普通桥架、消防桥架、照明灯具、开关、插座、UPVC难燃管、紧定式镀锌钢管、应急照明灯具、屋面光伏方阵、光伏电缆、逆变器、均压环、接闪杆、避雷网、避雷引下线、等电位联结箱LEB、弱电机房等电位联结网格、接地电缆、桩承台接地、接地连接线40×4、接地装置调试	
	弱电工程	单口网络插座、设备数据点、网络电话双口插座、双绞线缆、12芯室内单模光纤、大对数电缆、24芯室内单模光纤、机柜、24口六类网络配线架、25对110语音配线架、24口光纤配线架、六类非屏蔽网络跳线、理线架、24口光纤配线架、镀锌金属线槽、核心交换机、24口交换机POE、48口交换机POE、48口全千兆交换机、室内无线AP、光模块、POE防雷器、4口POE光纤收发器、光模块、信息发布系统软件、信息发布管理电脑站、电子班牌（带测温，午检）、摄像机、监视器、高清解码器、48盘位存储设备、监控硬盘、流媒体服务器、管理服务器、人脸/周界比对超脑、液晶拼接屏、视频综合管理平台、门禁服务器、门禁工作站、出入口控制软件、门禁控制器、单门磁力锁、读卡器、双机芯翼闸、报警管理软件、入侵报警主机、信号线、巡查管理软件、巡检器、巡查信息点、一体化车牌识别道闸、车检器、出入口控制终端、管理电脑、管理软件、地感线圈、设备机柜、在线式UPS电源（安防中心）、不间断电源调试、网络广播中心、时序电源控制器、网络化室内音箱、数字广播消防主机、远程控制软件、网络音箱、网络化播放功放、网络化副音箱、网络化智能寻呼站、电脑、高清视频混合矩阵主机箱、数字高清音视频输入卡、数字高清音视频输出卡、智能数字会议系统主机、航空安装线缆、二分频全频音箱、专业立体声功放、网络编程多媒体中央控制主机、电源控制器、音量控制器、流明投影机、二分支器、用户面板	

科目名称	项目特征值	教学楼	备注
机电工程	电梯工程	1 号为无障碍变频电梯、2、3 号为餐梯	
	变配电工程	高压进线柜、高压计量柜、高压出线柜、干式变压器、直流屏、蓄电池屏、电力电缆 YJV22-8.7/15kV-3×70、电力变压器系统调试、送配电装置系统调试（交流供电）、送配电装置系统调试（直流供电）、室内电缆沟、安健环标示牌 6S 标识、阻燃 PVC 电线槽、控制电缆、抽湿机、开关、插座、照明灯具、低压进线柜、低压电容器柜、低压馈电柜、发电机进线柜、发电机馈电柜、送配电装置系统、低压母线槽、始端箱	
	燃气工程		
	外墙灯具/外墙照明工程		
	LED 大屏工程		
	机电抗震支架工程		
	其他		
室外工程	地基处理	D600 旋喷桩	
	道路工程	水泥石粉垫层、级配碎石垫层、C15 混凝土垫层、细粒、中粒沥青混凝土，乳化沥青透层、陶瓷透水砖、花岗石、中砂层、卵石层	
	燃气工程		
	给水工程		
	室外雨污水系统		
	电气工程		
	弱电工程		
	园建工程	火烧面花岗石地面，雅蒙黑花岗石烧面墙面，C20、C25 混凝土构件，排水明沟	
	绿化工程	乔木、灌木、地被	
	园林灯具及喷灌系统		
	围墙工程	成品铁艺围墙栏杆	
	大门工程		
	室外游乐设施		
	其他	条石座凳、成品垃圾桶、木座凳、不锈钢旗杆	

科目名称	项目特征值	教学楼	备注
辅助工程	配套用房建筑工程		
	外电接入工程		
	柴油发电机		
	冷源工程		
	污水处理站		
	生活水泵房		
	消防水泵房		
	充电桩		
	运动场地	成品足球门、9/13mm厚ETPU透水型塑胶跑道、成品起跳板	
	其他工程	成品保安亭	
专项工程	擦窗机工程		
	厨房设备		
	舞台设备及视听设备工程		
	溶洞工程		
	医疗专项		
措施项目费	土建工程措施项目费		
	其中：模板	木模板	
	脚手架	综合脚手架	
	机电工程措施项目费		
	其他		

序号	科目名称	功能用房或单项工程计算基数	单项工程±0.00以下			单项工程±0.00以上			合计			备注
			造价（元）	单位造价（元/单位）	造价占比（%）	造价（元）	单位造价（元/单位）	造价占比（%）	造价（元）	单位造价（元/单位）	造价占比（%）	
1	土石方、护坡、地下连续墙及地基处理	建筑面积										
1.1	土石方工程	48011.34	1753816.40	36.53	1.24				1753816.40	36.53	1.24	可研阶段实方量＝地下室面积×挖深×系数（预估）
1.2	基坑支护、边坡	8749.357	2303372.36	263.26	1.63				2303372.36	263.26	1.63	基坑支护周长根据地下室边线预估，垂直投影面积＝基坑支护周长×地下室深度
1.3	地下连续墙	垂直投影面积										
1.4	地基处理	21726.01	8630458.99	397.24	6.10				8630458.99	397.24	6.10	此处仅指各单项工程基底面积范围内的地基处理，室外地基处理计入8.1，大型溶洞地基处理计入10
1.5	其他											
2	基础	建筑面积										
2.1	筏形基础											
2.2	其他基础	31860.25	956524.41	30.02	0.68				956524.41	30.02	0.68	
2.3	桩基础	31860.25	7935381.05	249.07	5.61				7935381.05	249.07	5.61	
2.4	其他											
3	主体结构	建筑面积										

序号	科目名称	功能用房或单项工程计算基数	单项工程±0.00以下			单项工程±0.00以上			合计			备注
			造价（元）	单位造价（元/单位）	造价占比（%）	造价（元）	单位造价（元/单位）	造价占比（%）	造价（元）	单位造价（元/单位）	造价占比（%）	
3.1	钢筋混凝土工程	31860.25	15270442.97	479.29	10.79	12470454.61	391.41	8.81	27740897.58	870.71	19.60	
3.2	钢板	建筑面积										
3.3	钢结构	建筑面积										
3.4	砌筑工程	31860.25	181691.29	5.7	0.13	2418218.84	75.90	1.71	2599910.13	82.18	1.84	
3.5	防火门窗	31860.25	67943.92	2.13	0.05	100858.29	3.17	0.07	168802.21	5.30	0.12	
3.6	防火卷帘	31860.25	43078.63	1.35	0.03				43078.63	1.35	0.03	
3.7	防水工程	31860.25	1617614.68	50.77	1.14	1014732.06	31.85	0.72	2632346.74	82.62	1.86	
3.8	保温工程	31860.25	224189.94	7.04	0.16	65593.38	2.06	0.05	289783.32	9.10	0.20	
3.9	屋面工程	31860.25	2535376.67	79.58	1.79	2491929.49	456.17	1.76	5027306.16	535.75	3.55	
3.10	人防门	31860.25	803376.52	25.22	0.57				803376.52	25.22	0.57	
3.11	其他	31860.25	2314878.61	72.66	1.64	5014399.87	157.39	3.54	7329278.48	230.05	5.18	
4	外立面工程	建筑面积										
4.1	门窗工程	3383.38				1817214.26	537.10	1.28	1817214.26	537.3	1.28	外窗面积根据窗墙比经验值预估，外门面积根据平面图预估
4.2	幕墙	垂直投影面积										垂直投影面积根据平面图、立面图、效果图结合外门窗面积匡算
4.3	外墙涂料	20594.06				3470305.81	168.51	2.45	3470305.81	168.51	2.45	
4.4	外墙块料	垂直投影面积										
4.5	天窗/天幕	天窗/天幕面积										
4.6	雨篷	雨篷面积										根据平面图预估面积
4.7	其他											
5	装修工程	建筑面积										装修标准相近的区域可合并

序号	科目名称	功能用房或单项工程计算基数	单项工程±0.00以下			单项工程±0.00以上			合计			备注
			造价（元）	单位造价（元/单位）	造价占比（%）	造价（元）	单位造价（元/单位）	造价占比（%）	造价（元）	单位造价（元/单位）	造价占比（%）	
5.1	停车场装修	停车场面积										
5.2	公共区域装修	10048.34	4070600.70	405.10	2.88				4070600.70	405.10	2.88	含入户门
5.3	户内装修	10677.00	3359079.96	314.61	2.37				3359079.96	314.61	2.37	含户内门
5.4	厨房、卫生间装修	1830.98	931455.90	508.72	0.66				931455.90	508.72	0.66	含厨房、卫生间门
5.5	功能用房装修											
5.6	其他	9303.93	1647994.65	177.13	1.16				1647994.65	177.13	1.16	
6	固定件及内置家具	建筑面积										可研估算阶段根据历史数据预估
6.1	标识	建筑面积										
6.2	金属构件	31860.25	22049.98	0.69	0.02				22049.98	0.69	0.02	
6.3	家具	31860.25	960161.62	30.14	0.68				960161.62	30.14	0.68	
6.4	布幕和窗帘	31860.25	23886.87	0.75	0.02				23886.87	0.75	0.02	
6.5	其他											
7	机电工程	建筑面积										
7.1	通风工程	31860.25	835943.38	26.34	0.59				835943.38	26.34	0.59	含人防通风工程
7.2	空调工程	31860.25				518058.94	16.26	0.37	518058.94	16.26	0.37	含通风工程
7.3	给排水工程	31860.25	1203242.74	37.77	0.85	1917210.62	60.18	1.35	3120453.36	97.94	2.20	含消防水工程以及人防给排水工程
7.4	消防水工程	31860.25										
7.5	消防报警及联动工程	31860.25	418087.18	13.12	0.30	753555.29	23.65	0.53	1171642.47	36.77	0.83	
7.6	电气工程	31860.25	1372640.26	43.08	0.97	4977001.20	156.21	3.52	6349641.46	199.30	4.49	含人防电气工程
7.7	弱电工程	31860.25	46984.08	1.47	0.03	2706362.02	84.94	1.91	2753346.10	86.42	1.94	
7.8	电梯工程	3 台				300577.52	12.60	0.21	300577.52	12.60	0.21	

序号	科目名称	功能用房或单项工程计算基数	单项工程±0.00以下			单项工程±0.00以上			合计			备注
			造价（元）	单位造价（元/单位）	造价占比（%）	造价（元）	单位造价（元/单位）	造价占比（%）	造价（元）	单位造价（元/单位）	造价占比（%）	
7.9	变配电工程	变压器容量（kVA）										
7.10	燃气工程	建筑面积/用气户数										
7.11	LED大屏工程	建筑面积										
7.12	机电抗震支架工程	31860.25	952273.01	29.89	0.67				952273.01	29.89	0.67	
7.13	其他											
8	室外工程	总建筑面积										
8.1	地基处理		1975409.55		1.40				1975409.55		1.40	
8.2	道路工程	1770.12				702880.55	397.08	0.50	702880.55	397.08	0.50	需根据填报指引区别于8.8中的园路
8.3	燃气工程	建筑面积/接入长度							72342.55	618.31	0.05	
8.4	给水工程	室外占地面积										用地面积－建筑物基底面积
8.5	室外雨污水系统	16219.03				1140828.21	70.34	0.81	1140828.21	70.34	0.81	含给水工程
8.6	电气工程	16219.03				1885849.05	116.27	1.33	1885849.05	116.27	1.33	含市电线路
8.7	弱电工程	16219.03				258561.75	15.94	0.18	258561.75	15.94	0.18	
8.8	园建工程	2347.21				1849219.31	787.84	1.31	1849219.31	969.94	1.31	园建总面积在可研阶段可根据总占地面积、道路面积、塔楼基底面积和绿化率推导求出，其他阶段按实计算
8.9	绿化工程	7757.00				987475.69	127.30	0.70	987475.69	127.30	0.70	可研阶段可根据绿化率推导求出，其他阶段按实计算

序号	科目名称	功能用房或单项工程计算基数	单项工程±0.00以下			单项工程±0.00以上			合计			备注
			造价（元）	单位造价（元/单位）	造价占比（%）	造价（元）	单位造价（元/单位）	造价占比（%）	造价（元）	单位造价（元/单位）	造价占比（%）	
8.10	园林灯具及喷灌系统	园建绿化面积										
8.11	围墙工程	435.60				638842.79	1466.58	0.45	638842.79	1466.58	0.45	
8.12	大门工程	项				244757.89		0.17	244757.89		0.17	
8.13	室外游乐设施	园建面积										
8.14	其他								584525.18	18.35	0.41	海绵城市
9	辅助工程	建筑面积										
9.1	配套用房建筑工程	建筑面积										仅指独立的配套用房，非独立的含在各业态中
9.2	外电接入工程	接入线路的路径长度										接入长度为从红线外市政变电站接入红线内线路的路径长度
9.3	柴油发电机	180kW							260657.37	1448.10	0.18	
9.4	冷源工程	冷吨										
9.5	污水处理站	m³/d										日处理污水量
9.6	生活水泵房	建筑面积										
9.7	消防水泵房	建筑面积										
9.8	充电桩	24.00							243528.88	10147.04	0.17	
9.9	运动场地	4346.26				1665184.07	383.13	1.18	1665184.07	383.13	1.18	
9.10	其他工程											
10	专项工程	建筑面积										各类专项工程内容
10.1	擦窗机工程											
10.2	厨房设备											

序号	科目名称	功能用房或单项工程计算基数	单项工程±0.00以下			单项工程±0.00以上			合计			备注
			造价（元）	单位造价（元/单位）	造价占比（%）	造价（元）	单位造价（元/单位）	造价占比（%）	造价（元）	单位造价（元/单位）	造价占比（%）	
10.3	舞台设备及视听设备工程											
10.4	溶洞工程											
10.5	医疗专项											
11	措施项目费	31860.25							15124838.79	474.72	10.68	总价包干
11.1	土建工程措施项目费	建筑面积										
	其中：模板	建筑面积										
	脚手架	建筑面积										
11.2	机电工程措施项目费	建筑面积										
12	其他	建筑面积										
12.1	变更洽商	建筑面积										
	土建工程变更	31860.25							622325.92	19.53	0.44	
	机电工程变更	31860.25							417242.45	13.10	0.29	
12.2	其他费用	建筑面积							12367799.04	388.19	8.74	其他项目费＋税金
13	合计								141561288.01	4443.19	100.00	

序号	科目名称	工程量	单位	用量指标	单位	备注
A	结构材料用量指标					
1	筏形基础					
1.1	混凝土	5872.38	m^3	0.73	m^3/m^2	混凝土工程量/筏形基础底板面积
1.2	模板		m^2		m^2/m^2	模板工程量/筏形基础底板面积
1.3	钢筋	558497.37	kg	95.11	kg/m^3	钢筋工程量/筏形基础底板混凝土量
1.4	钢筋	558497.37	kg	69.03	kg/m^2	钢筋工程量/筏形基础底板面积
2	地下室（不含外墙、不含筏形基础）					
2.1	混凝土	4001.55	m^3	0.50	m^3/m^2	混凝土工程量/地下室建筑面积
2.2	模板		m^2		m^2/m^2	模板工程量/地下室建筑面积
2.3	钢筋	751453.73	kg	187.79	kg/m^3	钢筋工程量/地下室混凝土量
2.4	钢筋	751453.73	kg	93.90	kg/m^2	钢筋工程量/地下室建筑面积
2.5	钢材		kg		kg/m^2	钢结构工程量/地下室建筑面积
3	地下室（含外墙、不含筏形基础）					
3.1	混凝土	5866.45	m^3	0.73	m^3/m^2	混凝土工程量/地下室建筑面积
3.2	模板		m^2		m^2/m^2	模板工程量/地下室建筑面积
3.3	钢筋	1024172.63	kg	174.58	kg/m^3	钢筋工程量/地下室（含外墙）混凝土量
3.4	钢筋	1024172.63	kg	127.98	kg/m^2	钢筋工程量/地下室建筑面积
3.5	钢材		kg		kg/m^2	钢结构工程量/地下室建筑面积
4	裙楼					
4.1	混凝土		m^3		m^3/m^2	混凝土工程量/裙楼建筑面积
4.2	模板		m^2		m^2/m^2	模板工程量/裙楼建筑面积
4.3	钢筋		kg		kg/m^3	钢筋工程量/裙楼混凝土量
4.4	钢筋		kg		kg/m^2	钢筋工程量/裙楼建筑面积
4.5	钢材		kg		kg/m^2	钢筋工程量/裙楼建筑面积
5	塔楼					

序号	科目名称	工程量	单位	用量指标	单位	备注
5.1	混凝土	7544.81	m³	0.32	m³/m²	混凝土工程量/塔楼建筑面积
5.2	模板		m²		m²/m²	模板工程量/塔楼建筑面积
5.3	钢筋	1382850.00	kg	183.28	kg/m³	钢筋工程量/塔楼混凝土量
5.4	钢筋	1382850.00	kg	57.99	kg/m²	钢筋工程量/塔楼建筑面积
5.5	钢材		kg		kg/m²	钢筋工程量/塔楼建筑面积
B	外墙装饰材料用量指标					
1	裙楼					
1.1	玻璃幕墙面积		m²		%	幕墙面积/裙楼外墙面积
1.2	石材幕墙面积		m²		%	石材面积/裙楼外墙面积
1.3	铝板幕墙面积		m²		%	铝板面积/裙楼外墙面积
1.4	铝窗面积		m²		%	铝窗面积/裙楼外墙面积
1.5	百叶面积		m²		%	百叶面积/裙楼外墙面积
1.6	面砖面积		m²		%	面砖面积/裙楼外墙面积
1.7	涂料面积		m²		%	涂料面积/裙楼外墙面积
1.8	外墙面积（1.1+1.2+…+1.7）		m²		m²/m²	裙楼外墙面积/裙楼建筑面积
2	塔楼					
2.1	玻璃幕墙面积		m²		%	幕墙面积/塔楼外墙面积
2.2	石材幕墙面积		m²		%	石材面积/塔楼外墙面积
2.3	铝板幕墙面积		m²		%	铝板面积/塔楼外墙面积
2.4	铝窗面积	2965.48	m²	12.32	%	铝窗面积/塔楼外墙面积
2.5	百叶面积	31.72	m²	0.13	%	百叶面积/塔楼外墙面积
2.6	面砖面积		m²		%	面砖面积/塔楼外墙面积
2.7	涂料面积	21068.24	m²	87.55	%	涂料面积/塔楼外墙面积
2.8	外墙面积（2.1+2.2+…+2.7）	24065.44	m²	1.01	m²/m²	塔楼外墙面积/塔楼建筑面积
3	外墙总面积（1.8+2.8）	24065.44	m²	1.01	m²/m²	外墙总面积/地上建筑面积

案例二　佛山市×××中学建设项目

（广东省建筑设计研究院有限公司提供）

广东省房屋建筑工程投资估算指标总览表

项目信息	项目名称	佛山市×××中学建设项目				项目阶段	预算
	建设类型	学校	建设地点	×××区××街道		价格取定时间	2020年7月
	计价方式	清单计价	建设单位名称	××区××街道办事处		开工时间	
	发承包方式		设计单位名称	××设计研究院有限公司		竣工时间	
	资金来源	财政资金	施工单位名称			总造价（万元）	9886.64
	地质情况	良好	工程范围	基坑土石方工程、主体建筑装饰工程、安装工程及室外配套工程			
	红线内面积（m²）	20287	总建筑面积（m²）	21203	容积率（%）1.2		绿化率（%）35.01

科目名称 项目特征值		地下室	综合楼	备注
概况简述	栋数	1	3	
	层数	1	5～7	
	层高（m）	4.80	3.80	
	建筑高度（m）	4.80	15.80～23.30	
	户数/床位数/……			
	人防面积（m²）	4655		
	塔楼基底面积（m²）		5104	
	外立面面积（m²）		4741	
	绿色建筑标准			
	建筑面积（m²）	5891	15312	
结构简述	抗震烈度	7度	7度	
	结构形式	框架结构	框架结构	
	装配式建筑面积/装配率			
	基础形式及桩长	旋挖钻（冲）孔灌注桩 14.8m		

科目名称	项目特征值	地下室	综合楼	备注
土石方、护坡、地下连续墙及地基处理	土石方工程	挖基坑土方、回填方、余方弃置等		
	基坑支护、边坡	ϕ600水泥搅拌桩、ϕ1000钻孔灌注桩、喷射混凝土等		
	地下连续墙			
	地基处理			
	其他			
基础	筏形基础			
	其他基础			
	桩基础	ϕ800、ϕ1000、ϕ1200、ϕ1400、ϕ1600灌注桩，桩长14.8m		
	其他			
主体结构	钢筋混凝土工程	钢筋混凝土主体结构（钢筋、混凝土、模板），其中：地下室混凝土强度等级为：C45柱，C45墙，C35、P6地下室外墙，C45梁板	钢筋混凝土主体结构（钢筋、混凝土、模板），其中：混凝土强度等级为：C45柱，C45墙，C45梁板	
	钢板			
	钢结构			
	砌筑工程	非承重砌体（含二次结构、精装的砖墙，加气混凝土砌块、MU10水泥砖，墙厚100～200mm；陶粒加气混凝土砌块，墙厚200mm）		
	防火门窗	所有防火门及五金		
	防火卷帘	所有防火卷帘及五金		

科目名称	项目特征值	地下室	综合楼	备注
主体结构	防水工程	地下室底板防水层：1.2mm厚非沥青基高分子自粘胶膜防水卷材；地下室外墙：2.0mm厚自粘聚合物改性沥青聚酯胎防水卷材，1.5mm厚单组分聚氨酯防水涂料	屋面防水层：2.0mm溶剂型改性沥青防水涂料；地面墙面防水层：聚合物水泥防水涂料	
	保温工程		挤塑聚苯乙烯泡沫塑料板	
	屋面工程		5mm厚水泥胶浆贴户外地砖，水泥砂浆找平，细石混凝土层，内配φ6@200双向钢筋网，土工布隔离层，25mm厚1：2.5水泥砂浆找平层，20mm厚1：2水泥砂浆（WS M20水泥砂浆）找平层，C20细石混凝土找坡层，最薄处厚50mm，坡度不小于3％	
	其他			
外立面工程	门窗工程		铝合金平开窗（钢化中空玻璃6mm＋12mm＋6mm）、全铝合金百叶窗	
	幕墙		穿孔铝板幕墙	
	外墙涂料		水泥砂浆找平、外墙涂料	
	外墙块料			
	天窗/天幕			
	雨篷			
	其他			
装修工程	停车场装修	环氧地坪漆地面		
	公共区域装修			
	户内装修			
	厨房、卫生间装修		地面8～10mm厚陶质防滑地砖，墙面5～10mm厚墙面砖，吊顶	
	功能用房		地面8～10mm厚陶质防滑地砖/PVC地板、墙面乳胶漆/吸声板、天棚乳胶漆	
	其他			

科目名称	项目特征值	地下室	综合楼	备注
固定件及内置家具	标识	标记、倒车防撞架、减速垄、立面标记（橡胶）、限高杆等	楼层标识字、门牌号	
	金属构件			
	家具			
	布幕和窗帘			
	其他			
机电工程	通风工程	全部通风工程，包含防排烟	全部通风工程，包含防排烟	
	空调工程		多联机空调、风管、风口等	
	给排水工程	全部给排水，包括给水系统、排水系统、压力排水系统等		
	消防水工程	全部消防水，包括所有消防设备、气体灭火系统等		
	消防报警及联动工程	消防报警和消防广播、防火门监控，包括所有消防设备		
	电气工程	从低压柜下口出线全部电气工程，包括漏电报警、消防电监控、智能疏散工程、配电箱（含户内配电箱，叠墅用施耐德、高层用良信）供应等所有设备及配线、配电缆电线等，防雷接地（含总包及幕墙）		
	弱电工程	综合布线系统、计算机网络系统、视频监控系统、五方通话系统、能耗计量系统、停车场管理系统、网络机房工程		
	电梯工程			
	变配电工程	高压柜、变压器、低压柜，全部变配电室内设备及相应二次设备和安装		
	燃气工程			
	外墙灯具/外墙照明工程			
	LED大屏工程			
	机电抗震支架工程	电气、给排水、通风空调抗震吊架		
	其他			

科目名称 \ 项目特征值		地下室	综合楼	备注
室外工程	地基处理			
	道路工程			
	燃气工程			
	给水工程			
	室外雨污水系统		水管、雨水井等	
	电气工程			
	弱电工程			
	园建工程			
	绿化工程		乔木、灌木、地被等种植及养护（养护期两年）	
	园林灯具及喷灌系统		园林景观照明、灌溉给水系统、排水系统、雨水口、下沉绿地溢流井、装饰井盖	
	围墙工程			
	大门工程			
	室外游乐设施			
	其他			
辅助工程	配套用房建筑工程			
	外电接入工程			
	柴油发电机	柴油发电机及机房的环保工程、低压柜等配电设备、电缆、规范所需的配套设施及附属内容		
	冷源工程			
	污水处理站			
	生活水泵房			
	消防水泵房			
	充电桩			
	运动场地			
	其他工程			

科目名称	项目特征值	地下室	综合楼	备注
专项工程	擦窗机工程			
	厨房设备			
	舞台设备及视听设备工程			
	溶洞工程			
	医疗专项			
措施项目费	土建工程措施项目费			
	其中：模板	基础、柱、梁、板等模板	柱、梁、板等模板	
	脚手架	综合脚手架、满堂脚手架、里脚手架	综合脚手架、满堂脚手架、里脚手架	
	机电工程措施项目费			
	其他			

序号	科目名称	功能用房或单项工程计算基数	综合楼单项工程±0.00以下			综合楼单项工程±0.00以上			合计			备注
			造价（元）	单位造价（元/单位）	造价占比（%）	造价（元）	单位造价（元/单位）	造价占比（%）	造价（元）	单位造价（元/单位）	造价占比（%）	
1	土石方、护坡、地下连续墙及地基处理	建筑面积	7165347.36	1216.32	16.82				7165347.36	337.94	7.25	
1.1	土石方工程	土石方体积	1805840.84	50.01	4.24				1805840.84	85.17	1.83	可研阶段实方量＝地下室面积×挖深×系数（预估）
1.2	基坑支护、边坡	垂直投影面积	5359506.52	2437.73	12.58				5359506.52	252.77	5.42	基坑支护周长根据地下室边线预估，垂直投影面积＝基坑支护周长×地下室深度
1.3	地下连续墙	垂直投影面积										
1.4	地基处理	地基处理面积										此处仅指各单项工程基底面积范围内的地基处理，室外地基处理计入 8.1，大型溶洞地基处理计入 10
1.5	其他											
2	基础	建筑面积	3134044.61	532.01	7.36				3134044.61	147.81	3.17	
2.1	筏形基础	建筑面积										
2.2	其他基础											
2.3	桩基础	建筑面积	3134044.61	532.01	7.36				3134044.61	147.81	3.17	
2.4	其他											
3	主体结构	建筑面积	13052365.02	2215.65	30.64	11983494.83	782.62	21.30	25035859.85	1180.77	25.32	
3.1	钢筋混凝土工程	建筑面积	10308458.7	1749.87	24.20	8790508.68	574.09	15.62	19098967.38	900.77	19.32	
3.2	钢板	建筑面积										

序号	科目名称	功能用房或单项工程计算基数	综合楼单项工程±0.00以下			综合楼单项工程±0.00以上			合计			备注
			造价（元）	单位造价（元/单位）	造价占比（%）	造价（元）	单位造价（元/单位）	造价占比（%）	造价（元）	单位造价（元/单位）	造价占比（%）	
3.3	钢结构	建筑面积										
3.4	砌筑工程	建筑面积	202012.75	34.29	0.47	1736735.77	113.42	3.09	1938748.52	91.44	1.96	
3.5	防火门窗	建筑面积	69777.73	11.84	0.16	96070.62	6.27	0.17	165848.35	7.82	0.17	
3.6	人防门	建筑面积	1527484.35	259.29	3.59				1527484.35	72.04	1.54	
3.7	防水工程	建筑面积	944631.49	160.35	2.22	463568.09	30.27	0.82	1408199.58	66.42	1.42	
3.8	保温工程	建筑面积										
3.9	屋面工程	屋面面积				896611.67	321.23	1.59	896611.67	42.29	0.91	
3.10	其他											
4	外立面工程	建筑面积	11434.44	1.94	0.03	4088568.85	267.02	7.27	4100003.29	193.37	4.15	
4.1	门窗工程	门窗面积	11434.44	1323.43	0.03	1564334.95	838.34	2.78	1575769.39	74.32	1.59	外窗面积根据窗墙比经验值预估，外门面积根据平面图预估
4.2	幕墙	垂直投影面积				2244237.93	473.33	3.99	2244237.93	105.85	2.27	垂直投影面积根据平面图、立面图、效果图结合外门窗面积匡算
4.3	外墙涂料	垂直投影面积				279995.97	59.05	0.50	279995.97	13.21	0.28	
4.4	外墙块料	垂直投影面积										
4.5	天窗/天幕	天窗/天幕面积										根据平面图预估面积
4.6	雨篷	雨篷面积										
4.7	其他											
5	装修工程	建筑面积	2143126.08	363.80	5.03	10785211.31	704.36	19.17	12928337.39	609.74	13.08	装修标准相近的区域可合并
5.1	停车场装修	停车场面积	2143126.08	363.80	5.03				2143126.08	101.08	2.17	
5.2	公共区域装修	装修面积										含入户门
5.3	户内装修	装修面积										含户内门
5.4	厨房、卫生间装修	装修面积				745933.94	871.98	1.33	745933.94	35.18	0.75	含厨房、卫生间门

序号	科目名称	功能用房或单项工程计算基数	综合楼单项工程±0.00以下			综合楼单项工程±0.00以上			合计			备注
			造价（元）	单位造价（元/单位）	造价占比（%）	造价（元）	单位造价（元/单位）	造价占比（%）	造价（元）	单位造价（元/单位）	造价占比（%）	
5.5	功能用房装修	装修面积				10039277.37	725.46	17.84	10039277.37	473.48	10.15	
5.6	其他											
6	固定件及内置家具	建筑面积	88365.00	15.00	0.21	153120.00	10.00	0.27	241485.00	11.39	0.24	可研估算阶段根据历史数据预估
6.1	标识	建筑面积	88365.00	15.00	0.21	153120.00	10.00	0.27	241485.00	11.39	0.24	
6.2	金属构件	建筑面积										
6.3	家具	建筑面积										
6.4	布幕和窗帘	建筑面积										
6.5	其他											
7	机电工程	建筑面积	7520056.11	1276.53	17.66	9271625.04	605.51	16.48	16791681.15	791.95	16.98	
7.1	通风工程	建筑面积	955266.28	162.16	2.24	407697.46	26.63	0.72	1362963.74	64.28	1.38	
7.2	空调工程	建筑面积	198863.53	33.76	0.47	2673220.11	174.58	4.75	2872083.64	135.46	2.91	
7.3	给排水工程	建筑面积	644936.19	109.48	1.51	297486.53	19.43	0.53	942422.72	44.45	0.95	
7.4	消防水工程	建筑面积	1405550.76	238.59	3.30	541996.93	35.40	0.96	1947547.69	91.85	1.97	
7.5	消防报警及联动工程	建筑面积	332887.74	56.51	0.78	635509.15	41.50	1.13	968396.89	45.67	0.98	
7.6	电气工程	建筑面积	1268069.10	215.26	2.98	2834514.86	185.12	5.04	4102583.96	193.49	4.15	
7.7	弱电工程	建筑面积	353501.40	60.01	0.83	1071840.00	70.00	1.90	1425341.40	67.22	1.44	
7.8	电梯工程	按数量				350000.00	350000.00	0.62	350000.00	16.51	0.35	
7.9	变配电工程	变压器容量（kVA）	1771881.11	708.75	4.16				1771881.11	83.57	1.79	
7.10	燃气工程	建筑面积/用气户数										
7.11	外墙灯具/外墙照明工程	建筑面积										

序号	科目名称	功能用房或单项工程计算基数	综合楼单项工程±0.00以下			综合楼单项工程±0.00以上			合计			备注
			造价（元）	单位造价（元/单位）	造价占比（%）	造价（元）	单位造价（元/单位）	造价占比（%）	造价（元）	单位造价（元/单位）	造价占比（%）	
7.12	LED大屏工程	建筑面积										
7.13	机电抗震支架工程	建筑面积	589100.00	100.00	1.38	459360.00	30.00	0.82	1048460.00	49.45	1.06	
7.14	其他											
8	室外工程	建筑面积				8028973.06	524.36	14.27	8028973.06	378.67	8.12	
8.1	地基处理											
8.2	道路工程	道路面积										需根据填报指引区别于8.8中的园路
8.3	燃气工程	建筑面积/接入长度										
8.4	给水工程	室外占地面积										用地面积－建筑物基底面积
8.5	室外雨污水系统	室外占地面积				2407932.78	107.33	4.28	2407932.78	113.57	2.44	用地面积－建筑物基底面积
8.6	电气工程	室外占地面积										用地面积－建筑物基底面积
8.7	弱电工程	室外占地面积										用地面积－建筑物基底面积
8.8	园建工程	园建面积				3363863.91	423.23	5.98	3363863.91	158.65	3.40	园建总面积在可研阶段可根据总占地面积、道路面积、塔楼基底面积和绿化率推导求出，其他阶段按实计算
8.9	围墙工程	围墙长度（m）				459289.07			459289.07	21.66	0.46	
8.10	大门工程	项										

序号	科目名称	功能用房或单项工程计算基数	综合楼单项工程±0.00以下			综合楼单项工程±0.00以上			合计			备注
			造价(元)	单位造价(元/单位)	造价占比(%)	造价(元)	单位造价(元/单位)	造价占比(%)	造价(元)	单位造价(元/单位)	造价占比(%)	
8.11	绿化工程	绿化面积				1036606.71	232.42	1.84	1036606.71	48.89	1.05	可研阶段可根据绿化率推导求出，其他阶段按实计算
8.12	园林灯具及喷灌系统	园建绿化面积				761280.59	61.35	1.35	761280.59	35.90	0.77	
8.13	室外游乐设施	园建面积										
8.14	其他											
9	辅助工程	建筑面积	511288.77	86.79	1.20				511288.77	24.11	0.52	
9.1	配套用房建筑工程	建筑面积										仅指独立的配套用房，非独立的含在各业态中
9.2	外电接入工程	接入线路的路径长度										接入长度为从红线外市政变电站接入红线内线路的路径长度
9.3	柴油发电机	kW	511288.77	1278.22	1.20				511288.77	24.11	0.52	发电机功率
9.4	冷源工程	冷吨										
9.5	污水处理站	m³/d										日处理污水量
9.6	生活水泵房	建筑面积										
9.7	消防水泵房	建筑面积										
9.8	充电桩	按数量										
9.9	运动场地	水平投影面积										
9.10	其他工程											
10	专项工程	建筑面积										各类专项工程内容
10.1	擦窗机工程											
10.2	厨房设备											

序号	科目名称	功能用房或单项工程计算基数	综合楼单项工程±0.00以下			综合楼单项工程±0.00以上			合计			备注
			造价（元）	单位造价（元/单位）	造价占比（%）	造价（元）	单位造价（元/单位）	造价占比（%）	造价（元）	单位造价（元/单位）	造价占比（%）	
10.3	舞台设备及视听设备工程											
10.4	溶洞工程											
10.5	医疗专项											
11	措施项目费	建筑面积	4566388.48	775.15	10.72	5822819.67	380.28	10.35	10389208.15	489.99	10.51	
11.1	土建工程措施项目费	建筑面积	4044745.77	686.60	9.50	5658747.43	369.56	10.06	9703493.20	457.65	9.81	
	其中：模板	建筑面积	971115.32	164.85	2.28	2759472.80	180.22	4.90	3730588.12	175.95	3.77	
	脚手架	建筑面积	1572414.67	266.92	3.69	786245.01	51.35	1.40	2358659.68	111.24	2.39	
11.2	机电工程措施项目费	建筑面积	521642.71	88.55	1.22	164072.24	10.72	0.29	685714.95	32.34	0.69	
12	其他	建筑面积	4401475.48	747.15	10.33	6138701.29	400.91	10.91	10540176.77	497.11	10.66	
12.1	其他费用	建筑面积	4401475.48	747.15	10.33	6138701.29	400.91	10.91	10540176.77	497.11	10.66	
13	合计		42593891.35	7230.33	100.00	56272514.05	3675.06	100.00	98866405.40	4662.85	100.00	

序号	科目名称	工程量	单位	用量指标	单位	备注
A	结构材料用量指标					
1	筏形基础					
1.1	混凝土		m³		m³/m²	混凝土工程量/筏形基础底板面积
1.2	模板		m²		m²/m²	模板工程量/筏形基础底板面积
1.3	钢筋		kg		kg/m³	钢筋工程量/筏形基础底板混凝土量
1.4	钢筋		kg		kg/m²	钢筋工程量/筏形基础底板面积
2	地下室（不含外墙、不含筏形基础）					
2.1	混凝土	7796.85	m³	1.32	m³/m²	混凝土工程量/地下室建筑面积
2.2	模板	9569.96	m²	1.62	m²/m²	模板工程量/地下室建筑面积
2.3	钢筋	1325505.00	kg	170.01	kg/m³	钢筋工程量/地下室混凝土量
2.4	钢筋	1325505.00	kg	225.01	kg/m²	钢筋工程量/地下室建筑面积
2.5	钢材		kg		kg/m²	钢结构工程量/地下室建筑面积
3	地下室（含外墙、不含筏形基础）					
3.1	混凝土	8246.85	m³	1.40	m³/m²	混凝土工程量/地下室建筑面积
3.2	模板	10312.46	m²	1.75	m²/m²	模板工程量/地下室建筑面积
3.3	钢筋	1388505.00	kg	168.37	kg/m³	钢筋工程量/地下室（含外墙）混凝土量
3.4	钢筋	1388505.00	kg	235.70	kg/m²	钢筋工程量/地下室建筑面积
3.5	钢材		kg		kg/m²	钢结构工程量/地下室建筑面积
4	裙楼					
4.1	混凝土		m³		m³/m²	混凝土工程量/裙楼建筑面积
4.2	模板		m²		m²/m²	模板工程量/裙楼建筑面积
4.3	钢筋		kg		kg/m³	钢筋工程量/裙楼混凝土量
4.4	钢筋		kg		kg/m²	钢筋工程量/裙楼建筑面积
4.5	钢材		kg		kg/m²	钢筋工程量/裙楼建筑面积
5	塔楼					

序号	科目名称	工程量	单位	用量指标	单位	备注
5.1	混凝土	4498.10	m³	0.29	m³/m²	混凝土工程量/塔楼建筑面积
5.2	模板	41562.66	m²	2.71	m²/m²	模板工程量/塔楼建筑面积
5.3	钢筋	995270.00	kg	221.26	kg/m³	钢筋工程量/塔楼混凝土量
5.4	钢筋	995270.00	kg	65.00	kg/m²	钢筋工程量/塔楼建筑面积
5.5	钢材		kg		kg/m²	钢筋工程量/塔楼建筑面积
B	外墙装饰材料用量指标					
1	裙楼					
1.1	玻璃幕墙面积		m²		%	幕墙面积/裙楼外墙面积
1.2	石材幕墙面积		m²		%	石材面积/裙楼外墙面积
1.3	铝板幕墙面积		m²		%	铝板面积/裙楼外墙面积
1.4	铝窗面积		m²		%	铝窗面积/裙楼外墙面积
1.5	百叶面积		m²		%	百叶面积/裙楼外墙面积
1.6	面砖面积		m²		%	面砖面积/裙楼外墙面积
1.7	涂料面积		m²		%	涂料面积/裙楼外墙面积
1.8	外墙面积（1.1+1.2+…+1.7）		m²		m²/m²	裙楼外墙面积/裙楼建筑面积
2	塔楼					
2.1	玻璃幕墙面积		m²		%	幕墙面积/塔楼外墙面积
2.2	石材幕墙面积		m²		%	石材面积/塔楼外墙面积
2.3	铝板幕墙面积	1095.84	m²	23.11	%	铝板面积/塔楼外墙面积
2.4	铝窗面积	1866.00	m²	39.36	%	铝窗面积/塔楼外墙面积
2.5	百叶面积		m²		%	百叶面积/塔楼外墙面积
2.6	面砖面积		m²		%	面砖面积/塔楼外墙面积
2.7	涂料面积	1779.56	m²	37.53	%	涂料面积/塔楼外墙面积
2.8	外墙面积（2.1+2.2+…+2.7）	4741.40	m²	0.31	m²/m²	塔楼外墙面积/塔楼建筑面积
3	外墙总面积（1.8+2.8）	4741.40	m²	0.31	m²/m²	塔楼外墙面积/塔楼建筑面积

案例三 ××幼儿园项目

(广州市国际工程咨询有限公司提供)

广东省房屋建筑工程投资估算指标总览表 表 2-3-1

项目信息	项目名称		××幼儿园项目				项目阶段	概算
	建设类型	学校	建设地点	广州市			价格取定时间	2020 年 6 月
	计价方式	清单计价	建设单位名称	×××局			开工时间	
	发承包方式		设计单位名称	××股份有限公司			竣工时间	
	资金来源	财政资金	施工单位名称				总造价（万元）	1717.17
	地质情况		工程范围					
	红线内面积（m²）	4379.91	总建筑面积（m²）	4212.34	容积率（%）	0.87	绿化率（%）	

科目名称	项目特征值	幼儿园	室外	备注
概况简述	栋数	1		
	层数	3		
	层高（m）	4.00		
	建筑高度（m）	13.80		
	户数/床位数/……			
	人防面积（m²）			
	塔楼基底面积（m²）	1547.79		
	外立面面积（m²）			
	绿色建筑标准	二星级		
	建筑面积（m²）	4212.34		
结构简述	抗震烈度	7 度		
	结构形式	框架结构		
	装配式建筑面积/装配率	3459.05		
	基础形式及桩长			

科目名称 项目特征值		幼儿园	室外	备注
土石方、护坡、地下连续墙及地基处理	土石方工程	场地平整、基槽开挖、清运（运距约30km）、消纳、回填		
	基坑支护、边坡			
	地下连续墙			
	地基处理	石屑换填垫层50cm		
	其他			
基础	筏形基础			
	其他基础	条形基础（400mm×1200mm）及C15垫层（厚度100mm）		
	桩基础			
	其他			
主体结构	钢筋混凝土工程	包括主体结构的钢筋、混凝土。其中：混凝土墙柱及楼梁板为C30混凝土		
	钢板			
	钢结构			
	砌筑工程	包括所有砌筑墙（MU5.0加气混凝土砌块内墙100mm、MU10灰砂砖外墙200mm）及零星砌筑		
	防火门窗	包括所有防火门（甲、乙、丙级钢质防火门，单/双）		

科目名称	项目特征值	幼儿园	室外	备注
主体结构	防火卷帘			
	防水工程	1. 厨房地面防水：2mm厚水泥基防水涂膜＋10mm厚1：3细石混凝土； 2. 水池侧壁防水：10mm厚聚合物水泥砂浆＋1.5mm厚聚合物水泥基复合防水涂料； 3. 墙面防水：两遍水泥基渗透结晶防水涂料＋细石混凝土＋20mm厚聚合物水泥砂浆； 4. 卫生间地面防水：2mm厚水泥基防水涂膜＋细石混凝土＋350mm厚陶粒混凝土＋2mm厚水泥基防水涂膜		
	保温工程			
	屋面工程	屋面：3mm厚APP改性沥青防水卷材＋2mm厚单组分聚氨酯防水涂料＋细石混凝土找坡＋块料面层＋挤塑聚苯板		
	其他	成品烟道、排水沟、装配式（PC墙200mm、ALC墙200mm、钢筋桁架楼承板120mm）		

科目名称	项目特征值	幼儿园	室外	备注
外立面工程	门窗工程	木质复合门、12mm 透明玻璃门连窗、12mm 高透光热反射玻璃铝合金弧形窗、12mm 透明玻璃铝合金推拉窗、铝合金百叶、空调百叶		
	幕墙			
	外墙涂料			
	外墙块料	面砖墙面：瓷质砖＋塑料分隔条＋7mm 厚聚合物水泥防水砂浆＋20mm 厚聚丙烯抗裂纤维砂浆		
	天窗/天幕			
	雨篷	6mm＋PVC0.76＋6mm 夹胶钢化白玻璃雨篷		
	其他	木质复合门、12mm 透明玻璃门连窗、12mm 高透光热反射玻璃铝合金弧形窗、12mm 透明玻璃铝合金推拉窗、铝合金百叶、空调百叶		
装修工程	停车场装修			
	公共区域装修	1. 地面采用 8～10mm 厚地砖； 2. 墙面采用涂料； 3. 顶棚采用乳胶漆及铝搁栅天棚； 4. 在外墙的门窗放在门窗工程		

科目名称	项目特征值	幼儿园	室外	备注
装修工程	户内装修	1. 地面采用 8～10mm 厚地砖、复合木地板； 2. 墙面采用涂料、木饰板墙裙； 3. 顶棚采用石膏板天棚； 4. 在外墙的门窗放在门窗工程		
	厨房、卫生间装修	1. 地面采用防滑砖； 2. 墙面采用 5～7mm 厚瓷砖饰面； 3. 顶棚采用乳胶漆及铝扣板吊顶； 4. 含卫浴间夹板、成品隔断； 5. 在外墙的门窗放在门窗工程		
	功能用房装修	1. 地面采用水泥砂浆； 2. 墙面采用涂料； 3. 顶棚采用铝扣板吊顶； 4. 在外墙的门窗放在门窗工程中		
	其他			
固定件及内置家具	标识	含幢号指示牌、草坪标识、户外安全标识、楼梯/非机动车停放处标识、卫生间标识、楼层标识		

科目名称	项目特征值	幼儿园	室外	备注
固定件及内置家具	金属构件	含金属栏杆、扶手、钢梯、卫生间抓杆、爬梯、天面变形缝等		
	家具	含洗脸台、盥洗池、污水池		
	布幕和窗帘	含幢号指示牌、草坪标识、户外安全标识、楼梯/非机动车停放处标识、卫生间标识、楼层标识		
	其他			
机电工程	通风工程	1. 加压风机、排气扇； 2. 主材设备选用档次：中档		
	空调工程			
	给排水工程	1. 给水主管采用内衬塑（PE）钢管、户内给水管采用 PPR 塑料管，排水、雨水、冷凝水管均采用 UPVC 塑料管，含洁具、阀门附件等； 2. 卫生洁具采用信息价		
	消防水工程	1. 消火栓系统、喷淋系统、气体灭火系统； 2. 消火栓、喷淋采用镀锌钢管，气体灭火采用七氟丙烷气体灭火装置		

科目名称	项目特征值	幼儿园	室外	备注
机电工程	消防报警及联动工程	1. 消防报警、消防监控等（含主机、显示屏）； 2. 配管采用镀锌电线管（JDG）		
	电气工程	1. 配管为：镀锌电线管（JDG）及塑料管（PC），户内采用塑料管； 2. 配电箱及主材设备选用档次：中档		
	弱电工程	1. 包括广播系统、综合布线系统、视频监控系统、边界防范系统、电子巡更系统、有线电视系统； 2. 主材设备选用档次：中档		
	电梯工程	外购餐梯，选用品牌：日立		
	变配电工程	1. 1套SCB13-400kVA； 2. 主要设备选用档次：中档		
	燃气工程			
	外墙灯具/外墙照明工程			
	LED大屏工程			
	机电抗震支架工程	电气、水管抗震支吊架		
	其他			

科目名称	项目特征值	幼儿园	室外	备注
室外工程	地基处理			
	道路工程			
	燃气工程		1. 调压柜 100Q、PE 塑料管、阀门井； 2. 主要设备选用档次：中档	
	给水工程		室外埋地采用钢丝网骨架 PE 塑料复合及 PPR 塑料管	
	室外雨污水系统		1. 室外雨污水埋地均采用 HDPE 双壁波纹管，配装配式钢筋混凝土检查井； 2. 含雨水收集（PP 模块组合水池、全自动自清洗过滤器、紫外线消毒器等）	
	电气工程			
	弱电工程			
	园建工程		透水砖铺装、彩色透水沥青铺装、玻璃钢雕塑（大象、"小红人"、植草肖恩羊）、玻璃钢座凳、景墙、排水沟等	
	绿化工程		1. 乔木：南洋楹、黄花风铃木、丛生水蒲桃、红花鸡蛋花等； 2. 灌木：四季桂、红檵木球、黄榕球等； 3. 地被：龙船花、细叶萼距花、彩虹变叶木、金山棕、马尼拉草、大叶油草等	
	园林灯具及喷灌系统		1. 电气配管为 PVC 硬塑料电线管，含 LED 庭院灯、LED 灯带； 2. 喷灌给水管采用 PE 塑料给水管，喷头为地埋式散射喷头； 3. 包括雨水口及连接管（HDPE 双壁波纹管、疏水盲管）	
	围墙工程		围墙及挡墙	
	大门工程		电动伸缩门、成品铁艺门	
	室外游乐设施			
	其他		成品门岗亭	
辅助工程	配套用房建筑工程			
	外电接入工程			

科目名称 \ 项目特征值		幼儿园	室外	备注
辅助工程	柴油发电机		柴油发电机80kW及发电机系统调试	
	冷源工程			
	污水处理站			
	生活水泵房		1. 保温水箱9m³、空气源热泵机组、变频控制供水设备、紫外线消毒装置等； 2. 主要材料设备选用档次：中档	
	消防水泵房		1. 2套消防泵设备； 2. 泵房内管道为无缝镀锌钢管； 3. 主要材料设备选用档次：中档	
	充电桩			
	运动场地			
	其他工程			
专项工程	擦窗机工程			
	厨房设备			
	舞台设备及视听设备工程			
	溶洞工程			
	医疗专项			
措施项目费	土建工程措施项目费	绿色安全措施费、模板、脚手架、机械安拆，垂直运输等	绿色安全措施费、模板、脚手架等	
	其中：模板	模板	模板	
	脚手架	脚手架	脚手架	
	机电工程措施项目费	绿色安全措施费、脚手架搭拆费	绿色安全措施费、井字架等	
	其他			

序号	科目名称	功能用房或单项工程计算基数	单项工程±0.00 以上			合计			备注
			造价（元）	单位造价（元/单位）	造价占比（%）	造价（元）	单位造价（元/单位）	造价占比（%）	
1	土石方、护坡、地下连续墙及地基处理	建筑面积	411877.47	97.78	2.93	411877.47	97.78	2.40	
1.1	土石方工程	土石方体积	198762.44	33.40	1.41	198762.44	33.40	1.16	可研阶段实方量=地下室面积×挖深×系数（预估）
1.2	基坑支护、边坡	垂直投影面积							基坑支护周长根据地下室边线预估，垂直投影面积=基坑支护周长×地下室深度
1.3	地下连续墙	垂直投影面积							
1.4	地基处理	地基处理面积	213115.03	140.35	1.52	213115.03	140.35	1.24	此处仅指各单项工程基底面积范围内的地基处理，室外地基处理计入 8.1，大型溶洞地基处理计入 10
1.5	其他								
2	基础	建筑面积	700119.49	166.21	4.98	700119.49	166.21	4.08	
2.1	筏形基础	建筑面积							
2.2	其他基础		700119.49	166.21	4.98	700119.49	166.21	4.08	
2.3	桩基础	建筑面积							
2.4	其他								
3	主体结构	建筑面积	4768546.48	1132.04	33.92	4768546.48	1132.04	27.77	
3.1	钢筋混凝土工程	建筑面积	2688353.55	638.21	19.12	2688353.55	638.21	15.66	
3.2	钢板	建筑面积							
3.3	钢结构	建筑面积							

序号	科目名称	功能用房或单项工程计算基数	单项工程±0.00以上			合计			备注
			造价（元）	单位造价（元/单位）	造价占比（%）	造价（元）	单位造价（元/单位）	造价占比（%）	
3.4	砌筑工程	建筑面积	98426.03	23.37	0.70	98426.03	23.37	0.57	
3.5	防火门窗	建筑面积	14177.91	3.37	0.10	14177.91	3.37	0.08	
3.6	防火卷帘	建筑面积							
3.7	防水工程	建筑面积	295058.07	70.05	2.10	295058.07	70.05	1.72	
3.8	保温工程	建筑面积							
3.9	屋面工程	屋面面积	545480.91	129.50	3.88	545480.91	129.50	3.18	
3.10	其他		1127050.01	267.56	8.02	1127050.01	267.56	6.56	
4	外立面工程	建筑面积	1650222.09	391.76	11.74	1650222.09	391.76	9.61	
4.1	门窗工程	门窗面积	849790.10	544.15	6.04	849790.10	544.15	4.95	外窗面积根据窗墙比经验值预估，外门面积根据平面图预估
4.2	幕墙	垂直投影面积							垂直投影面积根据平面图、立面图、效果图结合外门窗面积匡算
4.3	外墙涂料	垂直投影面积							
4.4	外墙块料	垂直投影面积	784211.39	206.75	5.58	784211.39	206.75	4.57	
4.5	天窗/天幕	天窗/天幕面积							根据平面图预估面积
4.6	雨篷	雨篷面积	16220.60	801.41	0.12	16220.60	801.41	0.09	
4.7	其他								
5	装修工程	建筑面积	1928888.19	457.91	13.72	1928888.19	457.91	11.23	装修标准相近的区域可合并
5.1	停车场装修	停车场面积							
5.2	公共区域装修	装修面积	365773.59	335.22	2.60	365773.59	335.22	2.13	含入户门
5.3	户内装修	装修面积	1295564.42	506.28	9.22	1295564.42	506.28	7.54	含户内门
5.4	厨房、卫生间装修	装修面积	236823.15	668.99	1.68	236823.15	668.99	1.38	含厨房、卫生间门

序号	科目名称	功能用房或单项工程计算基数	单项工程±0.00以上			合计			备注
			造价（元）	单位造价（元/单位）	造价占比（%）	造价（元）	单位造价（元/单位）	造价占比（%）	
5.5	功能用房装修	装修面积	30727.03	260.40	0.22	30727.03	260.40	0.18	
5.6	其他								
6	固定件及内置家具	建筑面积	301995.69	71.69	2.15	301995.69	71.69	1.76	可研估算阶段根据历史数据预估
6.1	标识	建筑面积	11398.32	2.71	0.08	11398.32	2.71	0.07	
6.2	金属构件	建筑面积	193994.30	46.05	1.38	193994.30	46.05	1.13	
6.3	家具	建筑面积	96603.07	22.93	0.69	96603.07	22.93	0.56	
6.4	布幕和窗帘	建筑面积							
6.5	其他								
7	机电工程	建筑面积	2380741.54	565.18	16.94	2380741.54	565.18	13.86	
7.1	通风工程	建筑面积	41801.02	9.92	0.30	41801.02	9.92	0.24	
7.2	空调工程	建筑面积							
7.3	给排水工程	建筑面积	310247.10	73.65	2.21	310247.10	73.65	1.81	
7.4	消防水工程	建筑面积	387546.46	92.00	2.76	387546.46	92.00	2.26	
7.5	消防报警及联动工程	建筑面积	253113.01	60.09	1.80	253113.01	60.09	1.47	
7.6	电气工程	建筑面积	587334.30	139.43	4.18	587334.30	139.43	3.42	
7.7	弱电工程	建筑面积	255193.33	60.58	1.82	255193.33	60.58	1.49	
7.8	电梯工程	按数量	67000.00	67000.00	0.48	67000.00	67000.00	0.39	
7.9	变配电工程	变压器容量（kVA）	398015.08	995.04	2.83	398015.08	995.04	2.32	
7.10	燃气工程	建筑面积/用气户数							
7.11	外墙灯具/外墙照明工程	建筑面积							
7.12	LED大屏工程	建筑面积							

序号	科目名称	功能用房或单项工程计算基数	单项工程±0.00 以上			合计			备注
			造价（元）	单位造价（元/单位）	造价占比（%）	造价（元）	单位造价（元/单位）	造价占比（%）	
7.13	机电抗震支架工程	建筑面积	80491.25	19.11	0.57	80491.25	19.11	0.47	
7.14	其他								
8	室外工程	建筑面积				2516481.76	597.41	14.65	
8.1	地基处理								
8.2	道路工程	道路面积							需根据填报指引，区别于8.8中的园路
8.3	燃气工程	建筑面积/接入长度				56029.50	13.30	0.33	
8.4	给水工程	室外占地面积				24111.60	8.67	0.14	用地面积－建筑物基底面积
8.5	室外雨污水系统	室外占地面积				367446.71	132.10	2.14	用地面积－建筑物基底面积
8.6	电气工程	室外占地面积							用地面积－建筑物基底面积
8.7	弱电工程	室外占地面积							用地面积－建筑物基底面积
8.8	园建工程	园建面积				840672.75	443.25	4.90	园建总面积在可研阶段可根据总占地面积、道路面积、塔楼基底面积和绿化率推导求出，其他阶段按实计算
8.9	绿化工程	绿化面积				256026.91	289.30	1.49	可研阶段可根据绿化率推导求出，其他阶段按实计算
8.10	园林灯具及喷灌系统	园建绿化面积				402396.36	144.66	2.34	

序号	科目名称	功能用房或单项工程计算基数	单项工程±0.00 以上			合计			备注
			造价（元）	单位造价（元/单位）	造价占比（%）	造价（元）	单位造价（元/单位）	造价占比（%）	
8.11	围墙工程	围墙长度（m）				541171.60	2085.44	3.15	
8.12	大门工程	项				19906.33	19906.33	0.12	
8.13	室外游乐设施	园建面积							
8.14	其他					8720.00	8720.00	0.05	
9	辅助工程	建筑面积				424085.05	100.68	2.47	
9.1	配套用房建筑工程	建筑面积							仅指独立的配套用房，非独立的含在各业态中
9.2	外电接入工程	接入线路的路径长度							接入长度为从红线外市政变电站接入红线内线路的路径长度
9.3	柴油发电机	kW				119689.18	1496.11	0.70	发电机功率
9.4	冷源工程	冷吨							
9.5	污水处理站	m³/d							日处理污水量
9.6	生活水泵房	建筑面积				84727.58			
9.7	消防水泵房	建筑面积				219668.29	52.15	1.28	
9.8	充电桩	按数量							各类专项工程内容
9.9	运动场地	水平投影面积							外窗面积根据窗墙比经验值预估，外门面积根据平面图预估
9.10	其他工程								垂直投影面积根据平面图、立面图、效果图结合外门窗面积匡算
10	专项工程	建筑面积							根据平面图预估面积
10.1	擦窗机工程								
10.2	厨房设备								

序号	科目名称	功能用房或单项工程计算基数	单项工程±0.00以上			合计			备注
			造价（元）	单位造价（元/单位）	造价占比（%）	造价（元）	单位造价（元/单位）	造价占比（%）	
10.3	舞台设备及视听设备工程								
10.4	溶洞工程								
10.5	医疗专项								
11	措施项目费	建筑面积	1915598.46	454.76	13.63	2088696.11	495.85	12.16	
11.1	土建工程措施项目费	建筑面积	1721825.21	408.76	12.25	1843297.58	437.59	10.73	
	其中：模板	建筑面积	879403.42	208.77	6.26	952520.02	226.13	5.55	
	脚手架	建筑面积	301212.81	71.51	2.14	304047.29	72.18	1.77	
11.2	机电工程措施项目费	建筑面积	193773.25	46.00	1.38	245398.52	58.26	1.43	
12	其他	建筑面积							
13	合计		14057989.41	3337.33	100.00	17171653.87	4076.51	100.00	

序号	科目名称	工程量	单位	用量指标	单位	备注
A	结构材料用量指标					
1	筏形基础					
1.1	混凝土		m^3		m^3/m^2	混凝土工程量/筏形基础底板面积
1.2	模板		m^2		m^2/m^2	模板工程量/筏形基础底板面积
1.3	钢筋		kg		kg/m^3	钢筋工程量/筏形基础底板混凝土量
1.4	钢筋		kg		kg/m^2	钢筋工程量/筏形基础底板面积
2	地下室（不含外墙、不含筏形基础）					
2.1	混凝土		m^3		m^3/m^2	混凝土工程量/地下室建筑面积
2.2	模板		m^2		m^2/m^2	模板工程量/地下室建筑面积
2.3	钢筋		kg		kg/m^3	钢筋工程量/地下室混凝土量
2.4	钢筋		kg		kg/m^2	钢筋工程量/地下室建筑面积
2.5	钢材		kg		kg/m^2	钢结构工程量/地下室建筑面积
3	地下室（含外墙、不含筏形基础）					
3.1	混凝土		m^3		m^3/m^2	混凝土工程量/地下室建筑面积
3.2	模板		m^2		m^2/m^2	模板工程量/地下室建筑面积
3.3	钢筋		kg		kg/m^3	钢筋工程量/地下室（含外墙）混凝土量
3.4	钢筋		kg		kg/m^2	钢筋工程量/地下室建筑面积
3.5	钢材		kg		kg/m^2	钢结构工程量/地下室建筑面积
4	裙楼					
4.1	混凝土		m^3		m^3/m^2	混凝土工程量/裙楼建筑面积
4.2	模板		m^2		m^2/m^2	模板工程量/裙楼建筑面积
4.3	钢筋		kg		kg/m^3	钢筋工程量/裙楼混凝土量
4.4	钢筋		kg		kg/m^2	钢筋工程量/裙楼建筑面积
4.5	钢材		kg		kg/m^2	钢筋工程量/裙楼建筑面积
5	塔楼					

序号	科目名称	工程量	单位	用量指标	单位	备注
5.1	混凝土	1641.63	m³	0.39	m³/m²	混凝土工程量/塔楼建筑面积
5.2	模板	11448.29	m²	2.72	m²/m²	模板工程量/塔楼建筑面积
5.3	钢筋	229277.00	kg	139.66	kg/m³	钢筋工程量/塔楼混凝土量
5.4	钢筋	229277.00	kg	54.43	kg/m²	钢筋工程量/塔楼建筑面积
5.5	钢材		kg		kg/m²	钢筋工程量/塔楼建筑面积
B	外墙装饰材料用量指标					
1	裙楼					
1.1	玻璃幕墙面积		m²		%	幕墙面积/裙楼外墙面积
1.2	石材幕墙面积		m²		%	石材面积/裙楼外墙面积
1.3	铝板幕墙面积		m²		%	铝板面积/裙楼外墙面积
1.4	铝窗面积		m²		%	铝窗面积/裙楼外墙面积
1.5	百叶面积		m²		%	百叶面积/裙楼外墙面积
1.6	面砖面积		m²		%	面砖面积/裙楼外墙面积
1.7	涂料面积		m²		%	涂料面积/裙楼外墙面积
1.8	外墙面积（1.1+1.2+…+1.7）		m²		m²/m²	裙楼外墙面积/裙楼建筑面积
2	塔楼					
2.1	玻璃幕墙面积		m²		%	幕墙面积/塔楼外墙面积
2.2	石材幕墙面积		m²		%	石材面积/塔楼外墙面积
2.3	铝板幕墙面积		m²		%	铝板面积/塔楼外墙面积
2.4	铝窗面积	1067.41	m²	19.73	%	铝窗面积/塔楼外墙面积
2.5	百叶面积	351.83	m²	6.50	%	百叶面积/塔楼外墙面积
2.6	面砖面积	3990.74	m²	73.77	%	面砖面积/塔楼外墙面积
2.7	涂料面积		m²		%	涂料面积/塔楼外墙面积
2.8	外墙面积（2.1+2.2+…+2.7）	5409.98	m²	1.28	m²/m²	塔楼外墙面积/塔楼建筑面积
3	外墙总面积（1.8+2.8）	5409.98	m²	1.28	m²/m²	外墙总面积/地上建筑面积

案例四 ××中学项目

(广州市国际工程咨询有限公司提供)

广东省房屋建筑工程投资估算指标总览表 表 2-4-1

项目信息	项目名称	××中学项目				项目阶段	预算
	建设类型	学校	建设地点	广州市		价格取定时间	2020 年 7 月
	计价方式	清单计价	建设单位名称	×××××中学		开工时间	
	发承包方式		设计单位名称	×××××设计院		竣工时间	
	资金来源	财政资金	施工单位名称			总造价（万元）	15133.08
	地质情况		工程范围	含地下室、综合馆、教学楼、宿舍楼（含泳池）、室外配套			
	红线内面积（m²）	18397.00	总建筑面积（m²）	22740.49	容积率（%）	1.24	绿化率（%）	21

科目名称　　项目特征值	地下室	综合馆	教学楼	宿舍楼（含泳池）	室外配套	备注
栋数	1	1	1	1		
层数	1	2	4	5		
层高（m）	4.95	5.40（首层）/9.80	3.80	3.00		
建筑高度（m）	4.95	19.40	16.95	17.00		
户数/床位数/……						
人防面积（m²）	5184.00					
塔楼基底面积（m²）						
外立面面积（m²）	466.42	2753.26	4140.72	5611.84		
绿色建筑标准						
建筑面积（m²）	6762.64	2132.13	13769.45	6529.62	309.29	

（概况简述）

科目名称	项目特征值	地下室	综合馆	教学楼	宿舍楼（含泳池）	室外配套	备注
结构简述	抗震烈度	7度	7度	7度	7度		
	结构形式	剪力墙结构	框架结构，其中屋架为钢结构	框架结构	框架结构		
	装配式建筑面积/装配率						
	基础形式及桩长	筏板＋预制管桩基础、桩长13.5m					
土石方、护坡、地下连续墙及地基处理	土石方工程	场地平整、开挖（基坑大开挖深度为2.85~6.35m，基础土方开挖）、清运（运距约32km）、消纳、回填（地下室外墙侧壁回填，基础回填）					
	基坑支护、边坡	北侧与东侧采用放坡，东侧采用土钉墙，深处采用灌注桩＋一道锚索，南侧采用灌注桩＋一道锚索。坑中坑采用放坡开挖及钢板桩支护。周边一圈采用 ϕ850@600 搅拌桩与 ϕ600 旋喷桩进行围闭截水，与原地下室衔接处布 3ϕ600@500 旋喷桩					
	地下连续墙						
	地基处理						
	其他						

科目名称 / 项目特征值		地下室	综合馆	教学楼	宿舍楼（含泳池）	室外配套	备注
基础	筏形基础	包括垫层（厚度100mm）、筏板（厚度400mm/900mm）、集水坑					
	其他基础			承台	承台		
	桩基础	包括预制钢筋混凝土管桩（桩长13.5m）		预制管桩基础、桩长13.5m	预制管桩基础、桩长13.5m		
	其他	其中新建筑面积1691m²，改造原有地下室面积5071.64m²					
主体结构	钢筋混凝土工程	包括主体结构的钢筋、混凝土 C35、P6	包括主体结构的钢筋、混凝土。其中：柱、梁、板为C30混凝土	包括主体结构的钢筋、混凝土。其中：1～3层墙柱为C35混凝土以外，柱、梁、板均为C30混凝土	包括主体结构的钢筋、混凝土。其中：泳池均为C35混凝土，宿舍楼首层墙柱为C40混凝土，2～3层墙柱为C35混凝土以外，其余柱、墙、梁、板均为C30混凝土		
	钢板		钢筋桁架楼承板TD5-100，0.8mm厚，双面含锌量为275g/m²				

科目名称	项目特征值	地下室	综合馆	教学楼	宿舍楼（含泳池）	室外配套	备注
主体结构	钢结构	型钢骨架、爬梯	钢屋架				
	砌筑工程	包括所有砌筑墙（MU5.0加气混凝土砌块）	包括所有砌筑墙（MU5.0加气混凝土砌块、蒸压泡沫混凝土砌块、灰砂砖，墙厚100～200mm）及零星砌筑	包括所有砌筑墙（MU5.0加气混凝土砌块、灰砂砖，墙厚100～200mm）及零星砌筑			
	防火门窗	包括所有防火门（甲、乙级钢质防火门，单/双）、防火百叶及五金					
	防火卷帘	防火卷帘（含电动装置及五金配件）					
	防水工程	墙身防水： 1.20mm厚M20水泥砂浆找平层； 2.4mm厚高聚物改性沥青防水卷材； 3.3mm厚自粘聚合物改性沥青防水卷材； 4.30mm厚聚苯乙烯泡沫塑料板，用聚醋酸乙烯胶结剂粘接； 5.M5水泥砂浆砌120mm厚砖墙保护层。 底板防水： 1.0.5mm厚聚乙烯薄膜一层； 2.1.5mm厚合成高分子防水卷材； 3.2mm厚高分子防水涂料； 4.20mm厚M20水泥砂浆找平层	彩石金属瓦屋面50mm厚C20细石混凝土；2mm厚合成高分子防水涂料；20mm厚M15水泥砂浆	1.4mm厚高聚物改性沥青防水卷材； 2.30mm厚聚苯乙烯泡沫塑料板			

科目名称	项目特征值	地下室	综合馆	教学楼	宿舍楼（含泳池）	室外配套	备注
主体结构	保温工程	30mm 厚聚苯乙烯泡沫塑料板	40mm 厚挤塑聚苯乙烯泡沫塑料				
	屋面工程	地下室顶板防水： 1.80mm 厚 C20 混凝土随打随抹，配筋 φ8@200； 2.1.2mm 厚合成高分子防水卷材； 3.1.2mm 厚合成高分子防水涂膜； 4. LC15 陶粒混凝土找坡层（最薄处 20mm 厚），密度为 300～900kg/m³，按 0.3% 找坡	1. 彩石金属瓦屋面； 2.50mm 厚 C20 细石混凝土保护层； 3.40mm 厚挤塑聚苯乙烯泡沫塑料； 4.2mm 厚合成高分子防水涂料； 5.20mm 厚 DSM15 水泥砂浆	1.8～10mm 厚地砖； 2.15mm 厚 M15 水泥砂浆； 3.50mm 厚 C20 细石混凝土保护层，内配 φ4 钢筋双向； 4.10mm 厚 M5 石灰砂浆隔离层； 5.1.2mm 厚合成高分子防水卷材； 6.1.5mm 厚合成高分子防水涂膜； 7.30mm 厚 C20 细石混凝土找平层； 8.40mm 厚泡沫玻璃板（保温板，燃烧性能 A 级）； 9.20mm 厚 DSM15 水泥砂浆找平层			
	人防门	人防门					
	其他	截水沟、排水沟、拆除					
外立面工程	门窗工程		(6＋9A＋6) Low-E 玻璃铝合金平开窗、固定窗、上悬窗、铝合金百叶窗	(6＋9A＋6) Low-E 玻璃铝合金平开窗、固定窗、铝合金百叶窗			

科目名称 \ 项目特征值		地下室	综合馆	教学楼	宿舍楼（含泳池）	室外配套	备注
外立面工程	幕墙		绿色装饰板				
	外墙涂料						
	外墙块料		干挂 F30 系列陶土板 1200mm×300mm×30mm、劈开砖				
	天窗/天幕						
	雨篷				钢结构玻璃雨篷		
	其他						
装修工程	停车场装修	地面采用细石混凝土金刚砂；墙面采用无机涂料；顶棚采用无机涂料					
	公共区域装修						
	户内装修		餐厅：地面采用 25mm 厚水磨石；墙面采用 6mm 厚瓷砖饰面；顶棚采用铝合金搁栅吊顶	地面采用 8mm 厚防滑地砖；墙面采用无机涂料。1400mm 高面砖墙裙；顶棚采用无机涂料	地面采用 8mm 厚抛光砖；墙面采用无机涂料；顶棚采用无机涂料		
	厨房、卫生间装修						
	功能用房装修						
	其他						

科目名称 \ 项目特征值		地下室	综合馆	教学楼	宿舍楼（含泳池）	室外配套	备注
固定件及内置家具	标识	材质：304 不锈钢					
	金属构件		仿木色铝合金花窗、不锈钢栏杆	金属栏杆、钢梯	不锈钢栏杆		
	家具		洗漱台、镜面玻璃	洗漱台、镜面玻璃	洗漱台、镜面玻璃、成品柜		
	布幕和窗帘						
	其他						
机电工程	通风工程	1. 通风系统、防排烟系统； 2. 风管采用镀锌钢板通风管道； 3. 主材设备选用档次：中高档	1. 通风系统、防排烟系统，室内采用天棚排气扇； 2. 风管采用镀锌钢板通风管道； 3. 主材设备选用档次：中高档				
	空调工程		1. 变频多联机系统； 2. 风管采用镀锌钢板通风管道，30mm厚玻璃棉毡保温，含多联机冷媒系统； 3. 主材设备选用档次：中高档	1. 风冷智能变频多联机系统； 2. 风管采用镀锌钢板通风管道，30mm厚玻璃棉毡保温，含多联机冷媒系统； 3. 主材设备选用档次：中高档	1. 风冷智能变频多联机系统及壁挂式分体空调； 2. 风管采用镀锌钢板通风管道，30mm厚玻璃棉毡保温，含多联机冷媒系统； 3. 主材设备选用档次：中高档		

科目名称	项目特征值	地下室	综合馆	教学楼	宿舍楼（含泳池）	室外配套	备注
机电工程	给排水工程	给水主管采用304不锈钢管，压力排水管采用涂塑钢管，雨水管为镀锌钢管	1. 给水主管、户内给水管采用304不锈钢管，排水管采用UPVC塑料管； 2. 卫生洁具采用信息价	1. 给水主管、户内给水管采用304不锈钢管，排水管采用UPVC塑料管，雨水管采用镀锌钢管； 2. 卫生洁具采用信息价	1. 给水主管、户内给水管采用304不锈钢管，排水管采用UPVC塑料管，雨水管采用镀锌钢管； 2. 卫生洁具采用信息价； 3. 配置热水系统，采用地源热泵机组，含设备		
	消防水工程	1. 消火栓系统、喷淋系统、气体灭火系统； 2. 消火栓、喷淋采用镀锌钢管，气体灭火采用七氟丙烷气体灭火装置	1. 消火栓系统； 2. 消火栓系统采用镀锌钢管	1. 消火栓系统、喷淋系统、气体灭火系统； 2. 消火栓、喷淋采用镀锌钢管，气体灭火采用七氟丙烷气体灭火装置； 3. 设置不锈钢消防水箱18m³一套	1. 消火栓系统、喷淋系统； 2. 消火栓、喷淋采用镀锌钢管		

科目名称	项目特征值	地下室	综合馆	教学楼	宿舍楼（含泳池）	室外配套	备注
机电工程	消防报警及联动工程	1. 火灾自动报警系统、电气火灾监控系统、防火门监控系统、消防设备电源监控系统； 2. 配管采用镀锌电线管（MT）	1. 火灾自动报警系统、电气火灾监控系统、防火门监控系统、消防设备电源监控系统； 2. 配管采用镀锌电线管（MT）	1. 火灾自动报警系统、电气火灾监控系统、防火门监控系统、消防设备电源监控系统； 2. 配管采用镀锌电线管（MT）； 3. 设置报警主机	1. 火灾自动报警系统、电气火灾监控系统、消防设备电源监控系统； 2. 配管采用镀锌电线管（MT）		
	电气工程	1. 动力照明、应急照明、防雷接地； 2. 配管为镀锌电线管（JDG）及焊接镀锌钢管； 3. 配电箱及灯具等主材设备选用档次：中高档					
	弱电工程	1. 包含综合布线、视频安防； 2. 镀锌电线管，金属线槽； 3. 含机柜，主材设备选用档次：中高档	1. 包含综合布线、视频安防、校园广播； 2. 镀锌电线管、金属线槽； 3. 含机柜，主材设备选用档次：中高档	1. 包含综合布线、视频安防、校园广播； 2. 镀锌电线管、金属线槽； 3. 含机柜，主材设备选用档次：中高档； 4. 设置类主机、监控机房	1. 包含综合布线、视频安防、校园广播； 2. 镀锌电线管，金属线槽； 3. 含机柜，主材设备选用档次：中高档		

科目名称	项目特征值	地下室	综合馆	教学楼	宿舍楼（含泳池）	室外配套	备注
机电工程	电梯工程		1台2层，载重量1t，额定速度1.5m/s	2台5层，载重量1t，额定速度1.5m/s	2台4层，载重量1t，额定速度1.5m/s		
	变配电工程						
	燃气工程						
	外墙灯具/外墙照明工程						
	LED大屏工程						
	机电抗震支架工程	风管、水管、电气桥架抗震支吊架					
	其他						
室外工程	地基处理						
	道路工程						
	燃气工程					室外埋地管为PE塑料管	
	给水工程					1. 室外埋地管采用钢丝网骨架塑料复合管；2. 含室外消防	
	室外雨污水系统					室外雨污水埋地管均采用UPVC排水管，配装配式钢筋混凝土检查井	
	电气工程					仅预留电缆保护管（SC）及电缆井	

科目名称	项目特征值	地下室	综合馆	教学楼	宿舍楼（含泳池）	室外配套	备注
室外工程	弱电工程					1. 包含综合布线、视频安防、校园广播； 2. PVC 电线管； 3. 含消防电预留管	
	园建工程					景墙、文娱广场、园路、内庭园、花池	
	绿化工程						
	园林灯具及喷灌系统					电气配管为 PVC 硬塑料电线管，室外草坪灯、庭院灯、地灯、灯带	
	围墙工程					条形基础、砌块砌筑、面贴劈开砖及纸皮砖、喷真石漆，栏杆高 1.9m	
	大门工程					基础及柱、梁、板混凝土 C30、砌块砌筑、铝合金窗及伸缩门、地面釉面砖、墙面刷无机涂料、干挂花岗石、喷真石漆、装饰板，天棚刷无机涂料，屋面刷聚氨酯涂料、PVC 防水卷材	
	室外游乐设施						
	其他					管沟土石方	

科目名称	项目特征值	地下室	综合馆	教学楼	宿舍楼（含泳池）	室外配套	备注
辅助工程	配套用房建筑工程					垃圾收集站、运动器械室	
	外电接入工程						
	柴油发电机						
	冷源工程						
	污水处理站						
	生活水泵房						
	消防水泵房						
	充电桩						
	运动场地						
	其他工程						
专项工程	擦窗机工程						
	厨房设备					泳池设备：过滤砂缸、在线水质检测设备、除湿热泵增压泵、中压紫外线消毒器、空气源热泵机组、三集一体除湿机组	
	舞台设备及视听设备工程						
	溶洞工程						
	医疗专项						
措施项目费	土建工程措施项目费						
	其中：模板						
	脚手架						
	机电工程措施项目费						
	其他	暂列金额	暂列金额	暂列金额	暂列金额	暂列金额	

序号	科目名称	功能用房或单项工程计算基数	单项工程 ±0.00以下			综合馆 单项工程 ±0.00以上			教学楼 单项工程 ±0.00以上			宿舍（含泳池）单项工程±0.00以上			合计			备注
			造价（元）	单位造价（元/单位）	造价占比（%）	造价（元）	单位造价（元/单位）	造价占比（%）	造价（元）	单位造价（元/单位）	造价占比（%）	造价（元）	单位造价（元/单位）	造价占比（%）	造价（元）	单位造价（元/单位）	造价占比（%）	
1	土石方、护坡、地下连续墙及地基处理	建筑面积	15591284.74	2305.50	45.52										15591284.74	528.46	10.30	
1.1	土石方工程	土石方体积	4278452.54	132.00	12.49										4278452.54	132.00	2.83	可研阶段实方量=地下室面积×挖深×系数（预估）
1.2	基坑支护、边坡	垂直投影面积	11312832.2	4000.29	33.03										11312832.20	4000.29	7.48	基坑支护周长根据地下室边线预估，垂直投影面积=基坑支护周长×地下室深度
1.3	地下连续墙	垂直投影面积																
1.4	地基处理	地基处理面积																此处仅指各单项工程基底面积范围内的地基处理，室外地基处理计入8.1，大型溶洞地基处理计入10
1.5	其他																	

序号	科目名称	功能用房或单项工程计算基数	单项工程±0.00以下			综合馆 单项工程±0.00以上			教学楼 单项工程±0.00以上			宿舍（含泳池）单项工程±0.00以上			合计			备注
			造价（元）	单位造价（元/单位）	造价占比（%）	造价（元）	单位造价（元/单位）	造价占比（%）	造价（元）	单位造价（元/单位）	造价占比（%）	造价（元）	单位造价（元/单位）	造价占比（%）	造价（元）	单位造价（元/单位）	造价占比（%）	
2	基础	建筑面积	1276169.29	188.71	3.73				3318994.08	241.04	5.90	1562984.90	239.37	4.73	6158148.27	208.73	4.07	
2.1	筏形基础	建筑面积	831368.04	122.94	2.43										831368.04	122.94	0.55	
2.2	其他基础								925430.43	67.21	1.65	141903.29	21.73	0.43	1067333.72	52.58	0.71	
2.3	桩基础	建筑面积	444801.25	65.77	1.30				2393563.65	173.83	4.25	1421081.61	217.64	4.30	4259446.51	157.40	2.81	
2.4	其他																	
3	主体结构	建筑面积	5732242.67	847.63	16.74	4121549.11	1933.07	33.79	16576539.81	1203.86	29.47	11191188.81	1713.91	33.89	37621520.40	1275.17	24.86	
3.1	钢筋混凝土工程	建筑面积	2313764.34	342.14	6.75	1599847.00	750.35	13.12	12408485.47	901.16	22.06	9344656.85	1431.12	28.29	25666753.66	879.18	16.96	
3.2	钢板	建筑面积				191864.96	89.99	1.57							191864.96	89.99	0.13	
3.3	钢结构	建筑面积	92208.92	13.64	0.27	1769419.12	829.88	14.51	339366.63	24.65	0.60				2200994.67	97.11	1.45	
3.4	砌筑工程	建筑面积	101172.82	14.96	0.30	108940.65	51.09	0.89	779593.02	56.62	1.39	350260.05	53.64	1.06	1339966.54	45.90	0.89	
3.5	防火门窗	建筑面积	33604.74	4.97	0.10	15359.82	7.20	0.13	51521.59	3.74	0.09	32493.84	4.98	0.10	132979.99	4.56	0.09	
3.6	防火卷帘	建筑面积	71948.55	10.64	0.21										71948.55	10.64	0.05	
3.7	防水工程	建筑面积	241307.88	35.68	0.70	46797.78	21.95	0.38	705576.15	51.24	1.25	400283.62	61.30	1.21	1393965.43	47.75	0.92	

序号	科目名称	功能用房或单项工程计算基数	单项工程±0.00以下			综合馆 单项工程±0.00以上			教学楼 单项工程±0.00以上			宿舍（含泳池）单项工程±0.00以上			合计			备注
			造价（元）	单位造价（元/单位）	造价占比（%）	造价（元）	单位造价（元/单位）	造价占比（%）	造价（元）	单位造价（元/单位）	造价占比（%）	造价（元）	单位造价（元/单位）	造价占比（%）	造价（元）	单位造价（元/单位）	造价占比（%）	
3.8	保温工程	建筑面积	60809.15	8.99	0.18	63555.76	29.81	0.52	242761.32	17.63	0.43	261210.02	40.00	0.79	628336.25	21.52	0.42	
3.9	屋面工程	屋面面积	36925.48	265.65	0.11	325764.02	255.39	2.67	2049235.63	578.73	3.64	802284.43	538.66	2.43	3214209.56	498.72	2.12	
3.10	人防门	人防面积	989336.24	190.84	2.89										989336.24	190.84	0.65	
3.11	其他		1791164.55	264.86	5.23										1791164.55	264.86	1.18	
4	外立面工程	建筑面积				1994637.84	935.51	16.35	4124963.95	299.57	7.33	2743709.92	420.19	8.31	8863311.71	300.42	5.86	
4.1	门窗工程	门窗面积				360075.96	590.85	2.95	1023370.73	569.26	1.82	775517.41	539.28	2.35	2158964.10	561.47	1.43	外窗面积根据窗墙比经验值预估，外门面积根据平面图预估
4.2	幕墙	垂直投影面积				222022.93	784.39	1.82	1082002.20	1412.94	1.92	130003.51	747.23	0.39	1434028.64	1172.73	0.95	垂直投影面积根据平面图、立面图、效果图结合外门窗面积匡算
4.3	外墙涂料	垂直投影面积																
4.4	外墙块料	垂直投影面积				1412538.95	513.04	11.58	1955910.67	472.36	3.48	1838189.00	334.48	5.57	5206638.62	420.24	3.44	
4.5	天窗/天幕	天窗/天幕面积																根据平面图预估面积
4.6	雨篷	雨篷面积							63680.35	1258.26	0.11				63680.35	1258.26	0.04	

序号	科目名称	功能用房或单项工程计算基数	单项工程 ±0.00以下			综合馆 单项工程 ±0.00以上			教学楼 单项工程 ±0.00以上			宿舍（含泳池）单项工程 ±0.00以上			合计			备注
			造价（元）	单位造价（元/单位）	造价占比（%）	造价（元）	单位造价（元/单位）	造价占比（%）	造价（元）	单位造价（元/单位）	造价占比（%）	造价（元）	单位造价（元/单位）	造价占比（%）	造价（元）	单位造价（元/单位）	造价占比（%）	
4.7	其他																	
5	装修工程	建筑面积	1625983.38	240.44	4.75	1346655.61	631.60	11.04	8938490.66	649.15	15.89	3023202.49	463.00	9.15	14934332.14	506.19	9.87	装修标准相近的区域可合并
5.1	停车场装修	停车场面积	1625983.38	240.44	4.75										1625983.38	240.44	1.07	
5.2	公共区域装修	装修面积																含入户门
5.3	户内装修	装修面积				1346655.61	631.60	11.04	8938490.66	649.15	15.89	3023202.49	463.00	9.15	13308348.76	593.30	8.79	含户内门
5.4	厨房、卫生间装修	装修面积																含厨房、卫生间门
5.5	功能用房装修	装修面积																
5.6	其他																	
6	固定件及内置家具	建筑面积	72416.70	10.71	0.21	96885.34	45.44	0.79	281529.48	20.45	0.50	314943.66	48.23	0.95	765775.18	26.23	0.51	可研估算阶段根据历史数据预估
6.1	标识	建筑面积	65806.61	9.73	0.19	2616.00	1.23	0.02	22672.00	1.65	0.04	14824.00	2.27	0.04	105918.61	3.63	0.07	
6.2	金属构件	建筑面积	6610.09	0.98	0.02	92683.12	43.47	0.76	233704.21	16.97	0.42	190672.90	29.20	0.58	523670.32	17.94	0.35	
6.3	家具	建筑面积				1586.22	0.74	0.01	25153.27	1.83	0.04	109446.76	16.76	0.33	136186.25	6.07	0.09	

序号	科目名称	功能用房或单项工程计算基数	单项工程±0.00以下			综合馆 单项工程±0.00以上			教学楼 单项工程±0.00以上			宿舍（含泳池）单项工程±0.00以上			合计			备注
			造价（元）	单位造价（元/单位）	造价占比（%）	造价（元）	单位造价（元/单位）	造价占比（%）	造价（元）	单位造价（元/单位）	造价占比（%）	造价（元）	单位造价（元/单位）	造价占比（%）	造价（元）	单位造价（元/单位）	造价占比（%）	
6.4	布幕和窗帘	建筑面积																
6.5	其他																	
7	机电工程	建筑面积	5425138.79	802.22	15.84	2473114.38	1159.93	20.28	12399584.56	900.51	22.04	5952329.69	911.59	18.02	26250167.42	899.17	17.35	
7.1	通风工程	建筑面积	489265.27	72.35	1.43	498443.31	233.78	4.09	4041422.58	293.51	7.18	822911.02	126.03	2.49	5852042.18	200.45	3.87	
7.2	空调工程	建筑面积																
7.3	给排水工程	建筑面积	565432.09	83.61	1.65	57490.89	26.96	0.47	829040.29	60.21	1.47	1693984.82	259.43	5.13	3145948.09	107.76	2.08	
7.4	消防水工程	建筑面积	1145713.29	169.42	3.34	97690.21	45.82	0.80	1041631.93	75.65	1.85	249211.39	38.17	0.75	2534246.82	86.81	1.67	
7.5	消防报警及联动工程	建筑面积	470537.06	69.58	1.37	146445.65	68.69	1.20	380849.70	27.66	0.68	81181.78	12.43	0.25	1079014.19	36.96	0.71	
7.6	电气工程	建筑面积	2467282.46	364.84	7.20	1177903.71	552.45	9.66	2873907.90	208.72	5.11	1806472.07	276.66	5.47	8325566.14	285.18	5.50	
7.7	弱电工程	建筑面积	82870.39	12.25	0.24	161439.18	75.72	1.32	2196629.50	159.53	3.90	568332.61	87.04	1.72	3009271.68	103.08	1.99	
7.8	电梯工程	按数量				262731.61	262731.61	2.15	619154.97	309577.49	1.10	535069.00	267534.50	1.62	1416955.58	283391.12	0.94	
7.9	变配电工程	变压器容量（kVA）																

序号	科目名称	功能用房或单项工程计算基数	单项工程±0.00以下			综合馆 单项工程±0.00以上			教学楼 单项工程±0.00以上			宿舍（含泳池）单项工程±0.00以上			合计			备注
			造价（元）	单位造价（元/单位）	造价占比（%）	造价（元）	单位造价（元/单位）	造价占比（%）	造价（元）	单位造价（元/单位）	造价占比（%）	造价（元）	单位造价（元/单位）	造价占比（%）	造价（元）	单位造价（元/单位）	造价占比（%）	
7.10	燃气工程	建筑面积/用气户数																
7.11	外墙灯具/外墙照明工程	建筑面积																
7.12	LED大屏工程	建筑面积																
7.13	机电抗震支架工程	建筑面积	204038.23	30.17	0.60	70969.82	33.29	0.58	416947.69	30.28	0.74	195167.00	29.89	0.59	887122.74	30.39	0.59	
7.14	其他																	
8	室外工程	建筑面积													9905480.78	335.74	6.55	
8.1	地基处理																	
8.2	道路工程	道路面积																需根据填报指引区别于8.8中的园路
8.3	燃气工程	建筑面积/接入长度													38316.93	397.56	0.03	
8.4	给水工程	室外占地面积													313836.54	25.87	0.21	用地面积－建筑物基底面积

序号	科目名称	功能用房或单项工程计算基数	单项工程±0.00以下			综合馆 单项工程±0.00以上			教学楼 单项工程±0.00以上			宿舍（含泳池）单项工程±0.00以上			合计			备注
			造价（元）	单位造价（元/单位）	造价占比（%）	造价（元）	单位造价（元/单位）	造价占比（%）	造价（元）	单位造价（元/单位）	造价占比（%）	造价（元）	单位造价（元/单位）	造价占比（%）	造价（元）	单位造价（元/单位）	造价占比（%）	
8.5	室外雨污水系统	室外占地面积													1194940.59	98.51	0.79	用地面积－建筑物基底面积
8.6	电气工程	室外占地面积													1359806.87	112.10	0.90	用地面积－建筑物基底面积
8.7	弱电工程	室外占地面积													249963.94	20.61	0.17	用地面积－建筑物基底面积
8.8	园建工程	园建面积													2733191.00	332.02	1.81	园建总面积在可研阶段可根据总占地面积、道路面积、塔楼基底面积和绿化率推导求出，其他阶段按实计算
8.9	绿化工程	绿化面积													818814.14	210.03	0.54	可研阶段可根据绿化率推导求出，其他阶段按实计算
8.10	园林灯具及喷灌系统	园建绿化面积																
8.11	围墙工程	围墙长度（m）													927874.14	927874.14	0.61	
8.12	大门工程	项													787800.33	787800.33	0.52	

续表

序号	科目名称	功能用房或单项工程计算基数	单项工程±0.00以下			综合馆 单项工程±0.00以上			教学楼 单项工程±0.00以上			宿舍(含泳池)单项工程±0.00以上			合计			备注
			造价(元)	单位造价(元/单位)	造价占比(%)	造价(元)	单位造价(元/单位)	造价占比(%)	造价(元)	单位造价(元/单位)	造价占比(%)	造价(元)	单位造价(元/单位)	造价占比(%)	造价(元)	单位造价(元/单位)	造价占比(%)	
8.13	室外游乐设施	园建面积																
8.14	其他														1480936.30	122.08	0.98	
9	辅助工程	建筑面积													3204940.83	858.25	2.12	
9.1	配套用房建筑工程	建筑面积													1149424.02	3716.33	0.76	仅指独立的配套用房，非独立的含在各业态中
9.2	外电接入工程	接入线路的路径长度																接入长度为从红线外市政变电站接入红线内线路的路径长度
9.3	柴油发电机	kW																发电机功率
9.4	冷源工程	冷吨																
9.5	污水处理站	m³/d																日处理污水量
9.6	生活水泵房	建筑面积																
9.7	消防水泵房	建筑面积																

序号	科目名称	功能用房或单项工程计算基数	单项工程 ±0.00 以下			综合馆 单项工程 ±0.00 以上			教学楼 单项工程 ±0.00 以上			宿舍（含泳池）单项工程±0.00 以上			合计			备注
			造价（元）	单位造价（元/单位）	造价占比（%）	造价（元）	单位造价（元/单位）	造价占比（%）	造价（元）	单位造价（元/单位）	造价占比（%）	造价（元）	单位造价（元/单位）	造价占比（%）	造价（元）	单位造价（元/单位）	造价占比（%）	
9.8	充电桩	按数量																
9.9	运动场地	水平投影面积													2055516.81	600.15	1.36	
9.10	其他工程																	
10	专项工程	建筑面积										1995985.77	305.68	6.04	1995985.77	67.65	1.32	各类专项工程内容
10.1	擦窗机工程																	
10.2	厨房设备											1995985.77	305.68	6.04	1995985.77	305.68	1.32	
10.3	舞台设备及视听设备工程																	
10.4	溶洞工程																	
10.5	医疗专项																	
11	措施项目费	建筑面积	2485331.26	367.51	7.26	875756.49	410.74	7.18	4521060.65	328.34	8.04	2801206.22	429.00	8.48	11492624.66	389.54	7.59	
11.1	土建工程措施项目费	建筑面积	1931620.02	285.63	5.64	754494.25	353.87	6.19	3713542.35	269.69	6.60	2192710.08	335.81	6.64	9206459.89	312.05	6.08	
	其中：模板	建筑面积	459440.23	67.94	1.34	253183.59	118.75	2.08	1339676.12	97.29	2.38	889547.73	136.23	2.69	2941847.67	99.71	1.94	
	脚手架	建筑面积	131390.13	19.43	0.38	134094.11	62.89	1.10	520920.55	37.83	0.93	353711.31	54.17	1.07	1140116.10	38.64	0.75	

序号	科目名称	功能用房或单项工程计算基数	单项工程±0.00以下			综合馆 单项工程±0.00以上			教学楼 单项工程±0.00以上			宿舍（含泳池）单项工程±0.00以上			合计			备注
			造价（元）	单位造价（元/单位）	造价占比（%）	造价（元）	单位造价（元/单位）	造价占比（%）	造价（元）	单位造价（元/单位）	造价占比（%）	造价（元）	单位造价（元/单位）	造价占比（%）	造价（元）	单位造价（元/单位）	造价占比（%）	
11.2	机电工程措施项目费	建筑面积	553711.23	81.88	1.62	121262.24	56.87	0.99	807518.30	58.65	1.44	608496.14	93.19	1.84	2286164.77	77.49	1.51	
12	其他	建筑面积	2044113.94	302.27	5.97	1287801.39	604.00	10.56	6092907.15	442.49	10.83	3440383.55	526.89	10.42	14547271.41	493.08	9.61	
13	合计		34252680.77	5064.99	100.00	12196400.17	5720.29	100.00	56254070.34	4085.43	100.00	33025935.02	5057.86	100.00	151330843.31	5129.31	100.00	

序号	科目名称	工程量	单位	用量指标	单位	备注
A	结构材料用量指标					
1	筏形基础					
1.1	混凝土	790.84	m³	0.58	m³/m²	混凝土工程量/筏形基础底板面积
1.2	模板	194.34	m²	0.14	m²/m²	模板工程量/筏形基础底板面积
1.3	钢筋	55878.00	kg	70.66	kg/m³	钢筋工程量/筏形基础底板混凝土量
1.4	钢筋	55878.00	kg	40.73	kg/m²	钢筋工程量/筏形基础底板面积
2	地下室（不含外墙、不含筏形基础）					
2.1	混凝土	1143.64	m³	0.17	m³/m²	混凝土工程量/地下室建筑面积
2.2	模板	5161.00	m²	0.76	m²/m²	模板工程量/地下室建筑面积
2.3	钢筋	159010.00	kg	139.04	kg/m³	钢筋工程量/地下室混凝土量
2.4	钢筋	159010.00	kg	23.51	kg/m²	钢筋工程量/地下室建筑面积
2.5	钢材		kg		kg/m²	钢结构工程量/地下室建筑面积
3	地下室（含外墙、不含筏形基础）					
3.1	混凝土	1292.71	m³	0.19	m³/m²	混凝土工程量/地下室建筑面积
3.2	模板	6142.17	m²	0.91	m²/m²	模板工程量/地下室建筑面积
3.3	钢筋	181892.00	kg	140.71	kg/m³	钢筋工程量/地下室（含外墙）混凝土量
3.4	钢筋	181892.00	kg	26.90	kg/m²	钢筋工程量/地下室建筑面积
3.5	钢材		kg		kg/m²	钢结构工程量/地下室建筑面积
4	综合馆					
4.1	混凝土	688.29	m³	0.32	m³/m²	混凝土工程量/建筑面积
4.2	模板	2577.14	m²	1.21	m²/m²	模板工程量/建筑面积
4.3	钢筋	87188.00	kg	126.67	kg/m³	钢筋工程量/混凝土量
4.4	钢筋	87188.00	kg	40.89	kg/m²	钢筋工程量/建筑面积
4.5	钢材	192198.00	kg	90.14	kg/m²	钢筋工程量/建筑面积
5	教学楼					

序号	科目名称	工程量	单位	用量指标	单位	备注
5.1	混凝土	6580.88	m³	0.48	m³/m²	混凝土工程量/建筑面积
5.2	模板	17721.06	m²	1.29	m²/m²	模板工程量/建筑面积
5.3	钢筋	732680.00	kg	111.33	kg/m³	钢筋工程量/混凝土量
5.4	钢筋	732680.00	kg	53.21	kg/m²	钢筋工程量/建筑面积
5.5	钢材	40522.00	kg	2.94	kg/m²	钢筋工程量/建筑面积
6	宿舍楼					
6.1	混凝土	3544.77	m³	0.54	m³/m²	混凝土工程量/建筑面积
6.2	模板	10139.41	m²	1.55	m²/m²	模板工程量/建筑面积
6.3	钢筋	461780.00	kg	130.27	kg/m³	钢筋工程量/混凝土量
6.4	钢筋	461780.00	kg	70.72	kg/m²	钢筋工程量/建筑面积
6.5	钢材		kg		kg/m²	钢筋工程量/建筑面积
B	外墙装饰材料用量指标					
1	综合馆					
1.1	玻璃幕墙面积		m²		%	幕墙面积/外墙面积
1.2	石材幕墙面积	1927.81	m²	52.88	%	石材面积/外墙面积
1.3	铝板幕墙面积	283.05	m²	7.76	%	铝板面积/外墙面积
1.4	铝窗面积	562.22	m²	15.42	%	铝窗面积/外墙面积
1.5	百叶面积	47.20	m²	1.29	%	百叶面积/外墙面积
1.6	面砖面积	825.45	m²	22.64	%	面砖面积/外墙面积
1.7	涂料面积		m²		%	涂料面积/外墙面积
1.8	外墙面积（1.1+1.2+…+1.7）	3645.73	m²	1.71	m²/m²	外墙面积/建筑面积
2	教学楼					
2.1	玻璃幕墙面积		m²		%	幕墙面积/外墙面积
2.2	石材幕墙面积	2520.10	m²	37.59	%	石材面积/外墙面积
2.3	铝板幕墙面积	765.78	m²	11.42	%	铝板面积/外墙面积
2.4	铝窗面积	1797.71	m²	26.81	%	铝窗面积/外墙面积
2.5	百叶面积		m²		%	百叶面积/外墙面积

序号	科目名称	工程量	单位	用量指标	单位	备注
2.6	面砖面积	1620.62	m²	24.17	％	面砖面积/外墙面积
2.7	涂料面积		m²		％	涂料面积/外墙面积
2.8	外墙面积（2.1＋2.2＋…＋2.7）	6704.21	m²	0.49	m²/m²	外墙面积/建筑面积
3	宿舍楼					
3.1	玻璃幕墙面积		m²		％	幕墙面积/外墙面积
3.2	石材幕墙面积	1638.84	m²	23.06	％	石材面积/外墙面积
3.3	铝板幕墙面积	173.98	m²	2.45	％	铝板面积/外墙面积
3.4	铝窗面积	1431.33	m²	20.14	％	铝窗面积/外墙面积
3.5	百叶面积	6.72	m²	0.09	％	百叶面积/外墙面积
3.6	面砖面积	3856.90	m²	54.26	％	面砖面积/外墙面积
3.7	涂料面积		m²		％	涂料面积/外墙面积
3.8	外墙面积（3.1＋3.2＋…＋3.7）	7107.77	m²	1.09	m²/m²	外墙面积/建筑面积
4	外墙总面积（1.8＋2.8＋3.8）	17457.71	m²	0.78	m²/m²	外墙总面积/地上建筑面积

案例五　广州×××学校项目

［艾奕康造价咨询（深圳）有限公司提供］

广东省房屋建筑工程投资估算指标总览表

表 2-5-1

项目信息	项目名称	广州×××学校项目				项目阶段	竣工
	建设类型	国际学校	建设地点	广州市		价格取定时间	2020 年
	计价方式	定额计价	建设单位名称	×××××有限公司		开工时间	2020 年
	发承包方式	单价包干	设计单位名称	×××××有限公司		竣工时间	2022 年
	资金来源	自有资金	施工单位名称	×××××有限公司		总造价（万元）	33300
	土质情况	一、二类土	工程范围	基础工程、主体结构工程、建筑工程、人防工程、机电工程			
	红线内面积（m²）	80000（占地）	总建筑面积（m²）	107900	容积率（%） 1.08	绿化率（%）	30

科目名称＼项目特征值		教学楼	宿舍楼	MPH 多功能厅	行政楼及钟楼	操场及校门及连廊	地下室	备注
概况简述	栋数	4	4	2	3	1	1	
	层数	7	9	2	6	1	1	
	层高（m）	3.60	3.60	7.20	3.50	5.70	5.00	
	建筑高度（m）	28.85	34.40	14.65	21.30	7.20	5.15	
	户数/床位数/……							
	人防面积（m²）						9123.28	
	塔楼基底面积（m²）	4339.00	2725.00	1928.00	5409.00	18123.00		
	外立面面积（m²）							
	绿色建筑标准							
	建筑面积（m²）	30254.82	23927.58	4718.08	19206.28	18123.19	11742.64	
结构简述	抗震烈度	7 度						
	结构形式	钢筋混凝土框架—核心筒结构						
	装配式建筑面积/装配率							

科目名称	项目特征值	教学楼	宿舍楼	MPH 多功能厅	行政楼及钟楼	操场及校门 及连廊	地下室	备注
结构简述	基础形式及桩长	桩承台＋基础 梁＋筏形基础， 桩长 19m	桩承台＋基础梁＋筏形基础，桩长 21m					
土石方、护坡、 地下连续墙及 地基处理	土石方工程	土石方开挖、回填、场内外运输						
	基坑支护、边坡	土方放坡＋锚杆及喷射混凝土护坡						
	地下连续墙							
	地基处理							
	其他							
基础	筏形基础	C40，抗渗等级 P10 混凝土						
	其他基础	桩承台						
	桩基础	预制管桩						
	其他							
主体结构	钢筋混凝土工程	C30～C50 混凝土						
	钢板							
	钢结构							
	砌筑工程	蒸压加气混凝土砌块强度 A7.0						
	防火门窗							
	防火卷帘							
	防水工程	4mm 耐根穿刺防水卷材						
	保温工程	保温砂浆						
	屋面工程	细石混凝土屋面、挤塑聚苯乙烯泡沫板						
	其他							
外立面工程	门窗工程							
	幕墙							
	外墙涂料	外墙真石漆						
	外墙块料							
	天窗/天幕							

科目名称	项目特征值	教学楼	宿舍楼	MPH 多功能厅	行政楼及钟楼	操场及校门及连廊	地下室	备注
外立面工程	雨篷							
	其他							
装修工程	停车场装修							
	公共区域装修	粗装修						
	户内装修	粗装修						
	厨房、卫生间装修							
	功能用房装修							
	其他							
固定件及内置家具	标识							
	金属构件							
	家具							
	布幕和窗帘							
	其他							
机电工程	通风工程	仅防排烟						
	空调工程							
	给排水工程		含热水					
	消防水工程							
	消防报警及联动工程				含气体灭火			
	电气工程							含动力配电，防雷工程
	弱电工程	仅预埋						
	电梯工程							共16台直梯
	变配电工程							5888kVA
	燃气工程							4个可燃气体探测头
	外墙灯具/外墙照明工程							
	LED大屏工程							
	机电抗震支架工程							
	其他							

科目名称	项目特征值	教学楼	宿舍楼	MPH多功能厅	行政楼及钟楼	操场及校门及连廊	地下室	备注
室外工程	地基处理							
	道路工程							
	燃气工程							
	给水工程							
	室外雨污水系统							
	电气工程							
	弱电工程							室外管道预埋包括管井建设，连通至监控中心的线管、土方开挖与回填等
	园建工程							
	绿化工程							
	园林灯具及喷灌系统							
	围墙工程							
	大门工程							
	室外游乐设施							
	其他							
辅助工程	配套用房建筑工程							
	外电工程							
	柴油发电机							
	冷源工程							
	污水处理站							
	生活水泵房							
	消防水泵房							
	充电桩							
	运动场地							
	其他工程							

科目名称	项目特征值	教学楼	宿舍楼	MPH 多功能厅	行政楼及钟楼	操场及校门 及连廊	地下室	备注
专项工程	擦窗机工程							
	厨房设备							
	舞台设备及视听 设备工程							
	溶洞工程							
	医疗专项							
措施项目费	土建工程措施项目费							
	其中：模板							
	脚手架							
	机电工程措施项目费							
	其他							

序号	科目名称	功能用房或单项工程基数	单项工程±0.00以下			单项工程±0.00以上			合计			备注
			造价（元）	单位造价（元/单位）	造价占比（%）	造价（元）	单位造价（元/单位）	造价占比（%）	造价（元）	单位造价（元/单位）	造价占比（%）	
1	土石方、护坡、地下连续墙及地基处理	总建筑面积	29889000	277					29889000	277		
1.1	土石方工程	建筑面积	19034000	176	64				19034000	176	64	可研阶段实方量=地下室面积×挖深×系数（预估）
1.2	基坑支护、边坡	建筑面积	10855000	101	36				10855000	101	36	基坑支护周长根据地下室边线预估，垂直投影面积=基坑支护周长×地下室深度
1.3	地下连续墙	建筑面积										
1.4	地基处理	建筑面积										此处仅指各单项工程基底面积范围内的地基处理，室外地基处理计入8.1，大型溶洞地基处理计入10
1.5	其他											围墙、临水接驳、开办费
2	基础	总建筑面积	20975000	194					20975000	194		
2.1	筏形基础	建筑面积										
2.2	其他基础											抗拔锚杆
2.3	桩基础	建筑面积	20975000	194	100				20975000	194	100	人工挖孔桩
2.4	其他											
3	主体结构	建筑面积	39834000	3392		109278000	1136		149112000	1382		
3.1	钢筋混凝土工程	建筑面积	32858000	2798	83	83816000	871	77	116674000	1081	78	

序号	科目名称	功能用房或单项工程基数	单项工程±0.00以下			单项工程±0.00以上			合计			备注
			造价（元）	单位造价（元/单位）	造价占比（%）	造价（元）	单位造价（元/单位）	造价占比（%）	造价（元）	单位造价（元/单位）	造价占比（%）	
3.2	钢板	建筑面积										
3.3	钢结构	建筑面积				3142000	33	3	3142000	29	2	
3.4	砌筑工程	建筑面积	697000	59	2	6649000	69	6	7346000	68	5	
3.5	防火门窗	建筑面积	2417000	206	6				2417000	22	2	
3.6	防火卷帘	建筑面积										
3.7	防水工程	建筑面积	3829000	326	10	1136000	12	1	4965000	46	3	
3.8	保温工程	建筑面积				7631000	79	7	7631000	71	5	
3.9	屋面工程	建筑面积				6904000	72	6	6904000	64	5	
3.10	其他	建筑面积	33000	3					33000			
4	外立面工程	建筑面积				19197000	199		19197000	178		
4.1	门窗工程	建筑面积				9477000	98	49	9477000	88	49	
4.2	幕墙	建筑面积										
4.3	外墙涂料	建筑面积				9720000	101	51	9720000	90	51	
4.4	外墙块料	建筑面积										
4.5	天窗/天幕	建筑面积										
4.6	雨篷	建筑面积										
4.7	其他											
5	装修工程	建筑面积	1746000	149		6501000	68		8247000	76		装修标准相近的区域可合并
5.1	停车场装修	停车场面积	1746000	149	100				1746000	16	21	
5.2	公共区域装修	装修面积										
5.3	户内粗装修	装修面积				6501000	68	100	6501000	60	79	
5.4	厨房、卫生间装修	装修面积										
5.5	功能用房装修	装修面积										露台屋面
5.6	户内精装修	建筑面积										

序号	科目名称	功能用房或单项工程基数	单项工程±0.00以下			单项工程±0.00以上			合计			备注
			造价（元）	单位造价（元/单位）	造价占比（%）	造价（元）	单位造价（元/单位）	造价占比（%）	造价（元）	单位造价（元/单位）	造价占比（%）	
5.7	其他											墙面砖、地面砖等甲供材
6	固定件及内置家具	建筑面积				1888000	20		1888000	17		可研估算阶段根据历史数据预估
6.1	标识	建筑面积										车库画线、标识
6.2	金属结构	建筑面积				1888000	20	100	1888000	17	100	
6.3	家具	建筑面积										
6.4	布幕和窗帘	建筑面积										
6.5	其他配套设施											
7	机电工程	建筑面积	10367000	883		47945000	498		58312000	540		
7.1	通风工程	建筑面积	1450000	123	14	2170000	23		3620000	34		
7.2	空调工程	建筑面积										
7.3	给排水工程	建筑面积	580000	49	6	9290000	97		9870000	91		宿舍含热水系统
7.4	消防水工程	建筑面积	2430000	207	23	8180000	85		10610000	98		
7.5	消防报警及联动工程	建筑面积	440000	37	4	2210000	23		2650000	25		
7.6	电气工程	建筑面积	2540000	216	24	14180000	147		16720000	155		
7.7	弱电工程	建筑面积	1000			59000	1		60000	1		仅预埋
7.8	电梯工程	按数量	778000	48625		2333000	145813		3111000	29		16台直梯
7.9	变配电工程	变压器容量（kVA）	1618000	275		4853000	824		6471000	60		5888kVA
7.10	燃气工程	建筑面积/用气户数				430000	107500		430000	4		4个可燃气探测头
7.11	外墙灯具/外墙照明工程	建筑面积										

序号	科目名称	功能用房或单项工程基数	单项工程±0.00以下			单项工程±0.00以上			合计			备注
			造价（元）	单位造价（元/单位）	造价占比（%）	造价（元）	单位造价（元/单位）	造价占比（%）	造价（元）	单位造价（元/单位）	造价占比（%）	
7.12	LED大屏工程	建筑面积										
7.13	机电抗震支架工程	建筑面积	530000	45	5	4240000	44		4770000	44		
7.14	其他											
8	室外工程	建筑面积				9207000	85		9207000	85		
8.1	地基处理											
8.2	道路工程	建筑面积				3327000	31	36	3327000	31	36	需根据填报指引区别于8.8中的园路
8.3	燃气工程	建筑面积				100000	1		100000	1		
8.4	给水工程	建筑面积				1770000	16		1770000	16		用地面积－建筑物基底面积
8.5	室外雨污水系统	建筑面积				2270000	21	25	2270000	21		用地面积－建筑物基底面积
8.6	电气工程	建筑面积				480000	4		480000	4		用地面积－建筑物基底面积
8.7	弱电工程	建筑面积				1260000	12		1260000	12		用地面积－建筑物基底面积
8.8	园建工程	园建面积										园建总面积在可研阶段可根据总占地面积、道路面积、塔楼基底面积和绿化率推导求出，其他阶段按实计算
8.9	绿化工程	绿化面积										可研阶段可根据绿化率推导求出，其他阶段按实计算

序号	科目名称	功能用房或单项工程基数	单项工程±0.00以下			单项工程±0.00以上			合计			备注
			造价（元）	单位造价（元/单位）	造价占比（%）	造价（元）	单位造价（元/单位）	造价占比（%）	造价（元）	单位造价（元/单位）	造价占比（%）	
8.10	园林灯具及喷灌系统	园建面积										
8.11	围墙工程	围墙长度（m）										
8.12	大门工程	项										
8.13	室外游乐设施	建筑面积										
8.14	其他											
9	辅助工程	建筑面积				140000	1		140000	1		
9.1	配套用房建筑工程	建筑面积										仅指独立的配套用房，非独立的含在各业态中
9.2	外电接入工程	接入线路的路径长度				140000	350		140000	1		接入长度为从红线外市政变电站接入红线内线路路径长度
9.3	柴油发电机	kW										发电机功率
9.4	冷源工程	冷吨										
9.5	污水处理站	m³/d										日处理污水处理量
9.6	生活水泵房	建筑面积										
9.7	消防水泵房	建筑面积										
9.8	充电桩	按数量										
9.9	运动场地	水平投影面积										
9.10	其他工程											人防密闭门及人防机电
10	专项工程	建筑面积										各类专项工程内容
10.1	擦窗机工程											

序号	科目名称	功能用房或单项工程基数	单项工程±0.00以下			单项工程±0.00以上			合计			备注
			造价（元）	单位造价（元/单位）	造价占比（%）	造价（元）	单位造价（元/单位）	造价占比（%）	造价（元）	单位造价（元/单位）	造价占比（%）	
10.2	厨房设备											
10.3	舞台设备及视听设备工程											
10.4	溶洞工程											
10.5	医疗专项											
11	措施项目费	建筑面积	4443000	41		31666000	329		36109000	335		
11.1	土建工程措施项目费	建筑面积	3845000	36	87	29873000	310	94	33718000	312	93	
	其中：模板	建筑面积										
	脚手架	建筑面积										
11.2	机电工程措施项目费	建筑面积	598000	6	13	1793000	17	6	2391000	22	7	
12	其他	建筑面积										
13	合计	总建筑面积	107254000	994		225822000	2093		333076000	3087		

序号	科目名称	工程量	单位	用量指标	单位	备注
A	结构材料用量指标					
1	筏形基础					
1.1	混凝土		m^3		m^3/m^2	混凝土工程量/筏形基础底板面积
1.2	模板		m^2		m^2/m^2	模板工程量/筏形基础底板面积
1.3	钢筋		kg		kg/m^3	钢筋工程量/筏形基础底板混凝土量
1.4	钢筋		kg		kg/m^2	钢筋工程量/筏形基础底板面积
2	地下室（不含外墙、不含筏形基础）					
2.1	混凝土		m^3		m^3/m^2	混凝土工程量/地下室建筑面积
2.2	模板		m^2		m^2/m^2	模板工程量/地下室建筑面积
2.3	钢筋		kg		kg/m^3	钢筋工程量/地下室混凝土量
2.4	钢筋		kg		kg/m^2	钢筋工程量/地下室建筑面积
2.5	钢材		kg		kg/m^2	钢结构工程量/地下室建筑面积
3	地下（无法拆分，序号1、2含于序号3内）	11743				
3.1	混凝土	18904	m^3	1.61	m^3/m^2	混凝土工程量/地下室建筑面积
3.2	模板	43925	m^2	3.74	m^2/m^2	模板工程量/地下室建筑面积
3.3	钢筋	2968256	kg	157.02	kg/m^3	钢筋工程量/地下室（含外墙）混凝土量
3.4	钢筋	2968256	kg	252.77	kg/m^2	钢筋工程量/地下室建筑面积
3.5	钢材		kg		kg/m^2	钢结构工程量/地下室建筑面积
4	裙楼					
4.1	混凝土		m^3		m^3/m^2	混凝土工程量/裙楼建筑面积
4.2	模板		m^2		m^2/m^2	模板工程量/裙楼建筑面积
4.3	钢筋		kg		kg/m^3	钢筋工程量/裙楼混凝土量
4.4	钢筋		kg		kg/m^2	钢筋工程量/裙楼建筑面积
4.5	钢材		kg		kg/m^2	钢筋工程量/裙楼建筑面积
5	塔楼	96230				

序号	科目名称	工程量	单位	用量指标	单位	备注
5.1	混凝土	42434	m³	0.44	m³/m²	混凝土工程量/塔楼建筑面积
5.2	模板	263975	m²	2.74	m²/m²	模板工程量/塔楼建筑面积
5.3	钢筋	6235975	kg	146.96	kg/m³	钢筋工程量/塔楼混凝土量
5.4	钢筋	6235975	kg	64.80	kg/m²	钢筋工程量/塔楼建筑面积
5.5	钢材		kg		kg/m²	钢筋工程量/塔楼建筑面积
B	外墙装饰材料用量指标					
1	裙楼					
1.1	玻璃幕墙面积		m²		%	幕墙面积/裙楼外墙面积
1.2	石材幕墙面积		m²		%	石材面积/裙楼外墙面积
1.3	铝板幕墙面积		m²		%	铝板面积/裙楼外墙面积
1.4	铝窗面积		m²		%	铝窗面积/裙楼外墙面积
1.5	百叶面积		m²		%	百叶面积/裙楼外墙面积
1.6	面砖面积		m²		%	面砖面积/裙楼外墙面积
1.7	涂料面积		m²		%	涂料面积/裙楼外墙面积
1.8	外墙面积（1.1＋1.2＋…＋1.7）		m²		m²/m²	裙楼外墙面积/裙楼建筑面积
2	塔楼					
2.1	玻璃幕墙面积		m²		%	幕墙面积/塔楼外墙面积
2.2	石材幕墙面积		m²		%	石材面积/塔楼外墙面积
2.3	铝板幕墙面积		m²		%	铝板面积/塔楼外墙面积
2.4	铝窗面积	9200	m²	0.18	%	铝窗面积/塔楼外墙面积
2.5	百叶面积	175	m²		%	百叶面积/塔楼外墙面积
2.6	面砖面积		m²		%	面砖面积/塔楼外墙面积
2.7	涂料面积	42525	m²	0.82	%	涂料面积/塔楼外墙面积
2.8	外墙面积（2.1＋2.2＋…＋2.7）	51900	m²	0.54	m²/m²	塔楼外墙面积/塔楼建筑面积
3	外墙总面积（1.8＋2.8）	51900	m²	0.54	m²/m²	外墙总面积/地上建筑面积

案例六 广州市×××特殊教育学校项目

（建成工程咨询股份有限公司提供）

广东省房屋建筑工程投资估算指标总览表 表 2-6-1

项目信息	项目名称	广州市×××特殊教育学校项目				项目阶段	概算
	建设类型	学校	建设地点	××××区温泉镇石坑村		价格取定时间	2021 年 8 月
	计价方式	清单计价	建设单位名称	×××残疾人联合会		开工时间	无
	发承包方式	无	设计单位名称	××××建筑工程设计有限公司		竣工时间	无
	资金来源	政府投资	施工单位名称			总造价（万元）	24725.89
	土质情况	无	工程范围	本工程总用地面积为 96667m²；本项目为一期工程，一期总用地面积 65667m²，预留二期用地面积 31000m²。建筑面积为 40482.83m²，建设内容包括行政楼（含人防地下室）、学前与小学楼、初中与职业教学楼、公共教学及康复房、学生宿舍、食堂与教工宿舍以及室外运动场地、道路广场以及绿地等			
	红线内面积（m²）	65667.00	总建筑面积（m²）	41432.96	容积率（%）	0.49	绿化率（%）	35.02

概况简述	项目特征值 科目名称	人防地下室	J—1 行政楼与J—2、J—3 公共康复楼	J—4 初中与职业教学楼、J—5 公共康复用房	J—6 学前与小学教学楼	J—7 食堂与教工宿舍	J—8 初中与培训部学生宿舍	备注
	栋数	1	1	1	1	1	1	
	层数	1	4	4	4	8	7	
	层高（m）	4.90	3.90	3.90	3.90	首层 3.90二层以上 2.80	3.30	
	建筑高度（m）		15.80	15.60	23.10	23.50	23.05	
	户数/床位数/……							
	人防面积（m²）	4172.00						
	塔楼基底面积（m²）	2322.42						

项目特征值 科目名称		人防地下室	J—1行政楼与 J—2、J—3公共 康复楼	J—4初中与职业 教学楼、J—5公共 康复用房	J—6学前与小学 教学楼	J—7食堂与 教工宿舍	J—8初中与培训 部学生宿舍	备注
概况 简述	外立面面积（m²）							
	绿色建筑标准							
	建筑面积（m²）	5047.71	9289.70	8253.62	7352.24	4794.00	5745.56	
结构 简述	抗震烈度	6度						
	结构形式	现浇钢筋混凝土框架结构						
	装配式建筑面积/装配率							
	基础形式及桩长	筏板基础	桩承台基础、桩长26m、24m、31m					
土石 方、 护坡、 地下 连续 墙及 地基 处理	土石方工程	一、二类土，运距10km	一、二类土，运距10km					
	基坑支护、边坡	C30桩板墙护坡；锚索桩板墙护坡；C30框架梁护坡；锚杆格构梁护坡；土体加筋生态护坡；C30扶壁式挡土墙护坡；C25重力式挡墙护坡						
	地下连续墙							
	地基处理							
	其他							
筏形 基础 及基 础桩	筏形基础	C15垫层；C30 P6筏板、电梯基坑、集水坑、地梁等						
	其他基础		C15垫层；C30桩承台、电梯基坑、地梁					
	桩基础	C30旋挖灌注桩φ1200mm	C30旋挖灌注桩φ800mm					
	其他							
主体 结构	钢筋混凝土工程	C35 P6柱；C35柱；C30 P6梁板；C30梁板；C30 P6墙；C30墙；C30楼梯；C25构造柱、圈梁、过梁、其他构件	C30柱；C35柱；C30梁板；C25构造柱、圈梁、过梁	C30柱；C30梁板；C25构造柱、圈梁、过梁		C30柱；C35柱；C30梁板；C25构造柱、圈梁、过梁		

	项目特征值 科目名称		人防地下室	J—1 行政楼与 J—2、J—3 公共 康复楼	J—4 初中与职业 教学楼、J—5 公共 康复用房	J—6 学前与小学 教学楼	J—7 食堂与 教工宿舍	J—8 初中与培训 部学生宿舍	备注
主体 结构		钢板							
		钢结构							
	砌筑工程		蒸压加气混凝土砌块 300mm、200mm、100mm	蒸压加气混凝土砌块 200mm、100mm	蒸压加气混凝土砌块 200mm、100mm，蒸压灰砂砖 250mm	蒸压加气混凝土砌块 200mm、100mm，混凝土实心砖 100mm			
	防火门窗				钢质防火门				
	防火卷帘			成品防火卷帘					
	防水工程		C20 细石混凝土、3mm 厚高聚物改性沥青防水卷材等	2mm 厚聚合物水泥防水涂料	1.2mm 厚合成高分子防水涂料				
	保温工程		30mm 厚聚苯乙烯泡沫塑料板	40mm 玻化微珠保温砂浆、5mm 抗裂砂浆					
	屋面工程		C20 细石混凝土、陶粒混凝土找坡、4mm 厚 SBS 改性沥青耐根穿刺防水卷材、3mm 厚高聚物改性沥青防水卷材等	M15 水泥砂浆、C20 细石混凝土、2mm 厚合成高分子防水涂膜等	M15 水泥砂浆、C20 细石混凝土、2mm 厚合成高分子防水涂膜、3mm 厚聚合物水泥防水涂料（Ⅰ型）、3mm 厚自粘聚合物改性沥青防水卷材等				
	其他								
外 立 面 工 程	门窗工程			铝合金卫浴门、钢塑共挤门窗、铝合金百叶窗、成品复合木门	钢塑共挤门窗、铝合金百叶窗、成品复合木门	铝合金门、钢塑共挤门窗、铝合金百叶窗			
	幕墙								
	外墙涂料								
	外墙块料				240mm×60mm×12mm 劈开砖				
	天窗/天幕								
	雨篷								
	其他								

项目特征值科目名称		人防地下室	J—1 行政楼与 J—2、J—3 公共康复楼	J—4 初中与职业教学楼、J—5 公共康复用房	J—6 学前与小学教学楼	J—7 食堂与教工宿舍	J—8 初中与培训部学生宿舍	备注
装修工程	停车场装修	金刚砂混凝土楼地面、无机涂料墙面、刷白灰水天棚、无机涂料天棚						
	公共区域装修		8mm 厚 600mm×600mm 防滑地砖、无机涂料墙面、无机涂料天棚、石膏板吊顶、穿孔石膏板吊顶	8mm 厚 600mm×600mm 防滑地砖、8mm 厚 600mm×600mm 抛光地砖、无机涂料墙面、无机涂料天棚、石膏板吊顶、穿孔石膏板吊顶				
	户内装修							
	厨房、卫生间装修		6mm 厚 300mm×300mm 防滑地砖、6mm 厚 300mm×300mm 瓷片墙面、铝合金方形板吊顶	6mm 厚 300mm×300mm 防滑地砖、6mm 厚 300mm×300mm 釉面砖墙面、铝合金方形板吊顶				
	功能用房装修							
	屋面装修		12mm 厚 300mm×300mm 广场砖					
固定件及内置家具	标识							
	金属构件							
	家具							
	布幕和窗帘							
	其他							

项目特征值 科目名称		人防地下室	J—1行政楼与 J—2、J—3公共 康复楼	J—4初中与职业 教学楼、J—5公共 康复用房	J—6学前与小学 教学楼	J—7食堂与 教工宿舍	J—8初中与培训 部学生宿舍	备注
机电 工程	通风工程	平时排风设备、消防排烟兼平时排风设备、消声静压箱、防火阀、开防火阀、风管止回阀、电动手动密闭阀门、人防超压自动排气阀、镀锌薄钢板风管、排风百叶、安全监测装置等	壁式排气扇、镀锌薄钢板风管、防雨百叶	壁式排气扇				
	空调工程		新风室内机、新风室外机、四面出风嵌入式室内机、多联机室外机、镀锌薄钢板风管、UPVC排水管、脱氧无缝铜管			新风室内机、新风室外机、四面出风嵌入式室内机、多联机室外机、镀锌薄钢板风管、UPVC排水管、脱氧无缝铜管		
	给排水工程	闸阀、不锈钢管、镀锌钢管、水表、潜污泵、水箱、全数字变频供水设备、紫外线消毒器、防护密闭套管、地漏等	集抄水表、不锈钢管、UPVC排水管、UPVC雨水管、UPVC冷凝水管、洁具、阀门附件等		开式圆形保温水箱、热水回水循环泵、热水供水泵、热泵制热循环泵、集抄水表、不锈钢管、UPVC排水管、UPVC雨水管、UPVC冷凝水管、洁具、阀门附件等	集抄水表、不锈钢管、UPVC排水管、UPVC雨水管、UPVC冷凝水管、洁具、阀门附件等		
	消防水工程	喷淋系统、消防栓系统、消防水泵	喷淋系统、消防栓系统		消防栓系统	喷淋系统、消防栓系统	消防栓系统	
	消防报警及联动工程	火灾自动报警系统、电气火灾监控系统、电源监控系统、防火门监控系统						
	电气工程	成套配电箱、电气配管、电力电缆、防雷接地等	成套配电箱、电气配管、灯具、开关、插座、防雷接地等					

项目特征值 科目名称		人防地下室	J—1 行政楼与 J—2、J—3 公共 康复楼	J—4 初中与职业 教学楼、J—5 公共 康复用房	J—6 学前与小学 教学楼	J—7 食堂与 教工宿舍	J—8 初中与培训 部学生宿舍	备注
机电 工程	弱电工程	综合布线系统、视频监控系统	综合布线系统、视频监控系统、校园广播系统、自动振动叫醒系统、电梯五方通话系统、弱电机房装修	综合布线系统、视频监控系统、校园广播系统、自动振动叫醒系统、电梯五方通话系统				
	电梯工程							
	变配电工程							
	燃气工程							
	外墙灯具/外墙照明工程							
	LED 大屏工程							
	机电抗震支架工程							
	其他					食堂除油烟设备		
室外 工程	地基处理							
	道路工程							
	燃气工程							
	给水工程							
	室外雨污水系统							
	电气工程							
	弱电工程							
	园建工程							
	绿化工程							
	园林灯具及喷灌系统							
	围墙工程							
	大门工程							
	室外游乐设施							
	其他							

项目特征值 科目名称		人防地下室	J—1行政楼与 J—2、J—3公共 康复楼	J—4初中与职业 教学楼、J—5公共 康复用房	J—6学前与小学 教学楼	J—7食堂与 教工宿舍	J—8初中与培训 部学生宿舍	备注
辅助工程	配套用房建筑工程							
	外电接入工程							
	柴油发电机							
	冷源工程							
	污水处理站							
	生活水泵房							
	消防水泵房							
	充电桩							
	运动场地							
	其他工程							
专项工程	擦窗机工程							
	厨房设备							
	舞台设备及视听设备工程							
	溶洞工程							
	医疗专项							
措施项目费								
土建工程措施项目费		包括安全文明施工与环境保护措施费、脚手架、模板、大型机械进退场及安拆、垂直运输等	包括安全文明施工与环境保护措施费、脚手架、模板、垂直运输等	包括安全文明施工与环境保护措施费、脚手架、模板、大型机械进退场及安拆、垂直运输等	包括安全文明施工与环境保护措施费、脚手架、模板、垂直运输等			
其中：模板								
脚手架								
机电工程措施项目费		绿色施工安全防护措施费、脚手架搭拆费						
其他								

序号	科目名称	功能用房或单项工程基数	人防地下室	单项工程±0.00以下			J—1行政楼与J—2、J—3公共康复楼	单项工程±0.00以下			备注
				造价（元）	单位造价（元/单位）	造价占比（%）		造价（元）	单位造价（元/单位）	造价占比（%）	
1	土石方、护坡、地下连续墙及地基处理	建筑面积	5047.71	16389574.43	3246.93	27.63	9289.70				
1.1	土石方工程	土石方体积	1299.85	54415.57	41.86	0.09					
1.2	基坑支护、边坡	垂直投影面积	15962.48	16335158.86	1023.35	27.53					
1.3	地下连续墙	垂直投影面积									
1.4	地基处理	地基处理面积									
1.5	其他										
2	基础	建筑面积	5047.71	19537287.31	3870.52	32.93	9289.70				
2.1	筏形基础	建筑面积	5047.71	4948274.23	980.30	8.34	9289.70				
2.2	其他基础										
2.3	桩基础	建筑面积	5047.71	14589013.08	2890.22	24.59	9289.70				
2.4	其他										
3	主体结构	建筑面积	5047.71	8596561.20	1703.06	14.49	9289.70	11201901.38	1205.84	32.21	
3.1	钢筋混凝土工程	建筑面积	5047.71	5542785.97	1098.08	9.34	9289.70	4884264.41	525.77	14.04	
3.2	钢板	建筑面积									
3.3	钢结构	建筑面积									
3.4	砌筑工程	建筑面积	5047.71	51870.87	10.28	0.09	9289.70	411392.34	44.28	1.18	
3.5	防火门窗	建筑面积	5047.71	419057.65	83.02	0.71	9289.70	63378.95	6.82	0.18	
3.6	防火卷帘	建筑面积					9289.70	16340.76	1.76	0.05	
3.7	防水工程	建筑面积	5047.71	2033434.53	402.84	3.43	9289.70	105432.26	11.35	0.30	
3.8	保温工程	建筑面积	5047.71	85154.70	16.87	0.14	9289.70	176513.78	19.00	0.51	
3.9	屋面工程	屋面面积	2214.86	460638.43	207.98	0.78	2885.54	1180252.56	409.02	3.39	
3.10	其他			3619.06				4364326.31			
4	外立面工程	建筑面积					9289.70	4374927.40	470.94	12.58	

序号	科目名称	功能用房或单项工程基数	人防地下室	单项工程±0.00以下			J—1行政楼与J—2、J—3公共康复楼	单项工程±0.00以下			备注
				造价（元）	单位造价（元/单位）	造价占比（%）		造价（元）	单位造价（元/单位）	造价占比（%）	
4.1	门窗工程	门窗面积					2171.68	1586151.67	730.38	4.56	
4.2	幕墙	垂直投影面积									
4.3	外墙涂料	垂直投影面积									
4.4	外墙块料	垂直投影面积					11673.12	2788775.73	238.91	8.02	
4.5	天窗/天幕	天窗/天幕面积									
4.6	雨篷	雨篷面积									
4.7	其他										
5	装修工程	建筑面积	5047.71	1493920.01	295.96	2.52	9289.70	4598486.48	495.01	13.22	装修标准相近的区域可合并
5.1	停车场装修	停车场面积	5047.71	1388800.73	275.13	2.34					
5.2	公共区域装修	装修面积					9289.70	3071349.55	330.62	8.83	含入户门
5.3	户内装修	装修面积									含户内门
5.4	厨房、卫生间装修	装修面积					595.09	497352.76	835.76	1.43	含厨房、卫生间门
5.5	功能用房装修	装修面积									
5.6	其他			105119.28				1029784.17			
6	固定件及内置家具	建筑面积									可研估算阶段根据历史数据预估
6.1	标识	建筑面积									
6.2	金属构件	建筑面积									
6.3	家具	建筑面积									
6.4	布幕和窗帘	建筑面积									
6.5	其他配套设施										

序号	科目名称	功能用房或单项工程基数	人防地下室	单项工程±0.00以下			J—1行政楼与J—2、J—3公共康复楼	单项工程±0.00以下			备注
				造价（元）	单位造价（元/单位）	造价占比（%）		造价（元）	单位造价（元/单位）	造价占比（%）	
7	机电工程	建筑面积	5047.71	2462424.59	487.83	4.15	9289.70	7632268.59	821.58	21.95	
7.1	通风工程	建筑面积	5047.71	405429.10	80.32	0.68	9289.70	287530.39	30.95	0.83	
7.2	空调工程	建筑面积									
7.3	给排水工程	建筑面积	5047.71	560499.74	111.04	0.94	9289.70	450095.76	48.45	1.29	
7.4	消防水工程	建筑面积	5047.71	770961.73	152.73	1.30	9289.70	332122.87	35.75	0.95	
7.5	消防报警及联动工程	建筑面积	5047.71	119286.38	23.63	0.20	9289.70	356960.57	38.43	1.03	
7.6	电气工程	建筑面积	5047.71	586382.78	116.17	0.99	9289.70	4600733.70	495.25	13.23	
7.7	弱电工程	建筑面积	5047.71	19864.87	3.94	0.03	9289.70	668337.97	71.94	1.92	
7.8	电梯工程	按数量					4.00	936487.33	234121.83	2.69	
7.9	变配电工程	变压器容量（kVA）									
7.10	燃气工程	建筑面积/用气户数									
7.11	外墙灯具/外墙照明工程	建筑面积									
7.12	LED大屏工程	建筑面积									
7.13	机电抗震支架工程	建筑面积									
7.14	其他										
8	室外工程	建筑面积									
8.1	地基处理										
8.2	道路工程	道路面积									需根据填报指引区别于8.8中的园路

序号	科目名称	功能用房或单项工程基数	人防地下室	单项工程±0.00以下			J—1行政楼与J—2、J—3公共康复楼	单项工程±0.00以下			备注
				造价（元）	单位造价（元/单位）	造价占比（%）		造价（元）	单位造价（元/单位）	造价占比（%）	
8.3	燃气工程	建筑面积/接入长度									
8.4	给水工程	室外占地面积									用地面积—建筑物基底面积
8.5	室外雨污水系统	室外占地面积									用地面积—建筑物基底面积
8.6	电气工程	室外占地面积									用地面积—建筑物基底面积
8.7	弱电工程	室外占地面积									用地面积—建筑物基底面积
8.8	园建工程	园建面积									
8.9	绿化工程	绿化面积									
8.10	园林灯具及喷灌系统	园建绿化面积									
8.11	围墙工程	围墙长度（m）									
	大门工程	项									
8.12	室外游乐设施	园建面积									
8.13	其他										
9	辅助工程	建筑面积									
9.1	配套用房建筑工程	建筑面积									
9.2	外电接入工程	接入线路的路径长度									

序号	科目名称	功能用房或单项工程基数	人防地下室	单项工程±0.00以下			J—1行政楼与J—2、J—3公共康复楼	单项工程±0.00以下			备注
				造价（元）	单位造价（元/单位）	造价占比（%）		造价（元）	单位造价（元/单位）	造价占比（%）	
9.3	柴油发电机	kW									
9.4	冷源工程	冷吨									
9.5	污水处理站	m³/d									
9.6	生活水泵房	建筑面积									
9.7	消防水泵房	建筑面积									
9.8	充电桩	按数量									
9.9	运动场地	水平投影面积									
9.10	其他工程										
10	专项工程	建筑面积									各类专项工程内容
10.1	擦窗机工程										
10.2	厨房设备										
10.3	舞台设备及视听设备工程										
10.4	溶洞工程										
10.5	医疗专项										
11	措施项目费	建筑面积	5047.71	6032292.53	1195.06	10.17	9289.70	4206217.98	452.78	12.09	
11.1	土建工程措施项目费	建筑面积	5047.71	5729612.23	1135.09	9.66	9289.70	3781444.27	407.06	10.87	
	其中：模板	建筑面积	5047.71	2980668.26	590.50	5.02	9289.70	1470773.23	158.32	4.23	
	脚手架	建筑面积	5047.71	397565.10	78.76	0.67	9289.70	1021503.96	109.96	2.94	
11.2	机电工程措施项目费	建筑面积	5047.71	302680.30	59.96	0.51	9289.70	424773.70	45.73	1.22	
12	其他	建筑面积	5047.71	4814401.71	953.78	8.12	9289.70	2764611.19	297.60	7.95	
13	合计		5047.71	59326461.79	11753.14	100.00	9289.70	34778413.02	3743.76	100.00	

序号	科目名称	功能用房或单项工程基数	J—4 初中与职业教学楼、J—5 公共康复用房	单项工程±0.00 以上			J—6 学前与小学教学楼	单项工程±0.00 以上			备注
				造价（元）	单位造价（元/单位）	造价占比（%）		造价（元）	单位造价（元/单位）	造价占比（%）	
1	土石方、护坡、地下连续墙及地基处理	建筑面积	8253.62	76458.79	9.26	0.23	7352.24	52860.17	7.19	0.19	
1.1	土石方工程	土石方体积	2248.68	76458.79	34.00	0.23	1371.84	52860.17	38.53	0.19	
1.2	基坑支护、边坡	垂直投影面积									
1.3	地下连续墙	垂直投影面积									
1.4	地基处理	地基处理面积									
1.5	其他										
2	基础	建筑面积	8253.62	3517161.68	426.14	10.73	7352.24	2752623.59	374.39	10.12	
2.1	筏形基础	建筑面积									
2.2	其他基础		8253.62	685496.11	83.05	2.09	7352.24	496875.59	67.58	1.83	
2.3	桩基础	建筑面积	8253.62	2831665.57	343.08	8.64	7352.24	2255748.00	306.81	8.29	
2.4	其他										
3	主体结构	建筑面积	8253.62	10537789.67	1276.75	32.15	7352.24	9085517.30	1235.75	33.40	
3.1	钢筋混凝土工程	建筑面积	8253.62	4621731.76	559.96	14.10	7352.24	3888553.69	528.89	14.30	
3.2	钢板	建筑面积									
3.3	钢结构	建筑面积									
3.4	砌筑工程	建筑面积	8253.62	334008.83	40.47	1.02	7352.24	448444.66	60.99	1.65	
3.5	防火门窗	建筑面积	8253.62	37481.02	4.54	0.11	7352.24	42661.96	5.80	0.16	
3.6	防火卷帘	建筑面积									
3.7	防水工程	建筑面积	8253.62	189401.52	22.95	0.58	7352.24	174724.84	23.76	0.64	
3.8	保温工程	建筑面积	8253.62	232444.04	28.16	0.71	7352.24	147764.09	20.10	0.54	
3.9	屋面工程	屋面面积	2356.27	1018453.80	432.23	3.11	1985.88	911713.90	459.10	3.35	
3.10	其他			4104268.70				3471654.16			
4	外立面工程	建筑面积	8253.62	3900083.83	472.53	11.90	7352.24	3014903.12	410.07	11.08	

序号	科目名称	功能用房或单项工程基数	J—4 初中与职业教学楼、J—5 公共康复用房	单项工程±0.00 以上			J—6 学前与小学教学楼	单项工程±0.00 以上			备注
				造价（元）	单位造价（元/单位）	造价占比（%）		造价（元）	单位造价（元/单位）	造价占比（%）	
4.1	门窗工程	门窗面积	1648.16	1112748.21	675.15	3.40	1403.07	856078.83	610.15	3.15	
4.2	幕墙	垂直投影面积									
4.3	外墙涂料	垂直投影面积									
4.4	外墙块料	垂直投影面积	12533.89	2787335.62	222.38	8.50	10249.22	2158824.28	210.63	7.94	
4.5	天窗/天幕	天窗/天幕面积									
4.6	雨篷	雨篷面积									
4.7	其他										
5	装修工程	建筑面积	8253.62	3848176.23	466.24	11.74	7352.24	3692415.15	502.22	13.58	装修标准相近的区域可合并
5.1	停车场装修	停车场面积									
5.2	公共区域装修	装修面积	8253.62	2626036.29	318.17	8.01	7352.24	2276552.06	309.64	8.37	含入户门
5.3	户内装修	装修面积									含户内门
5.4	厨房、卫生间装修	装修面积	338.99	274271.02	809.08	0.84	429.53	288645.37	672.00	1.06	含厨房、卫生间门
5.5	功能用房装修	装修面积									
5.6	其他			947868.93				1127217.72			
6	固定件及内置家具	建筑面积									可研估算阶段根据历史数据预估
6.1	标识	建筑面积									
6.2	金属构件	建筑面积									
6.3	家具	建筑面积									
6.4	布幕和窗帘	建筑面积									
6.5	其他										

序号	科目名称	功能用房或单项工程基数	J—4初中与职业教学楼、J—5公共康复用房	单项工程±0.00以上			J—6学前与小学教学楼	单项工程±0.00以上			备注
				造价（元）	单位造价（元/单位）	造价占比（%）		造价（元）	单位造价（元/单位）	造价占比（%）	
7	机电工程	建筑面积	8253.62	4209942.65	510.07	12.85	7352.24	3072481.51	417.90	11.30	
7.1	通风工程	建筑面积	8253.62	6116.05	0.74	0.02	7352.24	8477.80	1.15	0.03	
7.2	空调工程	建筑面积									
7.3	给排水工程	建筑面积	8253.62	223336.36	27.06	0.68	7352.24	633361.03	86.15	2.33	
7.4	消防水工程	建筑面积	8253.62	212788.18	25.78	0.65	7352.24	204504.85	27.82	0.75	
7.5	消防报警及联动工程	建筑面积	8253.62	211760.12	25.66	0.65	7352.24	133678.67	18.18	0.49	
7.6	电气工程	建筑面积	8253.62	1578410.63	191.24	4.82	7352.24	1452374.48	197.54	5.34	
7.7	弱电工程	建筑面积	8253.62	406214.63	49.22	1.24	7352.24	146264.02	19.89	0.54	
7.8	电梯工程	按数量	7.00	1571316.68	224473.81	4.79	2.00	493820.66	246910.33	1.82	
7.9	变配电工程	变压器容量（kVA）									
7.10	燃气工程	建筑面积/用气户数									
7.11	外墙灯具/外墙照明工程	建筑面积									
7.12	LED大屏工程	建筑面积									
7.13	机电抗震支架工程	建筑面积									
7.14	其他										
8	室外工程	建筑面积									
8.1	地基处理										
8.2	道路工程	道路面积									需根据填报指引区别于8.8中的园路
8.3	燃气工程	建筑面积/接入长度									

序号	科目名称	功能用房或单项工程基数	J—4 初中与职业教学楼、J—5 公共康复用房	单项工程±0.00 以上			J—6学前与小学教学楼	单项工程±0.00 以上			备注
				造价（元）	单位造价（元/单位）	造价占比（%）		造价（元）	单位造价（元/单位）	造价占比（%）	
8.4	给水工程	室外占地面积									用地面积－建筑物基底面积
8.5	室外雨污水系统	室外占地面积									用地面积－建筑物基底面积
8.6	电气工程	室外占地面积									用地面积－建筑物基底面积
8.7	弱电工程	室外占地面积									用地面积－建筑物基底面积
8.8	园建工程	园建面积									
8.9	绿化工程	绿化面积									
8.10	园林灯具及喷灌系统	园建绿化面积									
8.11	围墙工程	围墙长度（m）									
8.12	大门工程	项									
8.13	室外游乐设施	园建面积									
8.14	其他										
9	辅助工程	建筑面积									
9.1	配套用房建筑工程	建筑面积									
9.2	外电接入工程	接入线路的路径长度									
9.3	柴油发电机	kW									

序号	科目名称	功能用房或单项工程基数	J—4初中与职业教学楼、J—5公共康复用房	单项工程±0.00以上			J—6学前与小学教学楼	单项工程±0.00以上			备注
				造价（元）	单位造价（元/单位）	造价占比（%）		造价（元）	单位造价（元/单位）	造价占比（%）	
9.4	冷源工程	冷吨									
9.5	污水处理站	m³/d									
9.6	生活水泵房	建筑面积									
9.7	消防水泵房	建筑面积									
9.8	充电桩	按数量									
9.9	运动场地	水平投影面积									
9.10	其他工程										
10	专项工程	建筑面积									各类专项工程内容
10.1	擦窗机工程										
10.2	厨房设备										
10.3	舞台设备及视听设备工程										
10.4	溶洞工程										
10.5	医疗专项										
11	措施项目费	建筑面积	8253.62	4153325.12	503.21	12.67	7352.24	3431049.69	466.67	12.61	
11.1	土建工程措施项目费	建筑面积	8253.62	3849049.98	466.35	11.74	7352.24	3185738.84	433.30	11.71	
	其中：模板	建筑面积	8253.62	1442812.60	174.81	4.40	7352.24	1210986.16	164.71	4.45	
	脚手架	建筑面积	8253.62	925366.59	112.12	2.82	7352.24	707610.27	96.24	2.60	
11.2	机电工程措施项目费	建筑面积	8253.62	304275.13	36.87	0.93	7352.24	245310.85	33.37	0.90	
12	其他	建筑面积	8253.62	2530010.83	306.53	7.72	7352.24	2096390.19	285.14	7.71	
13	合计		8253.62	32772948.80	3970.74	100.00	7352.24	27198240.71	3699.31	100.00	

序号	科目名称	功能用房或单项工程基数	J—7 食堂与教工宿舍	单项工程±0.00 以上			J—8 初中与培训部学生宿舍	单项工程±0.00 以上			备注
				造价（元）	单位造价（元/单位）	造价占比（%）		造价（元）	单位造价（元/单位）	造价占比（%）	
1	土石方、护坡、地下连续墙及地基处理	建筑面积	4794.00	32338.81	6.45	0.17	5745.56	26401.79	4.60	0.12	
1.1	土石方工程	土石方体积	854.64	32338.81	37.84	0.17	765.7	26401.79	34.48	0.12	
1.2	基坑支护、边坡	垂直投影面积									
1.3	地下连续墙	垂直投影面积									
1.4	地基处理	地基处理面积									
1.5	其他										
2	基础	建筑面积	4794.00	1889268.87	394.09	9.90	5745.56	2190164.87	381.19	9.66	
2.1	筏形基础	建筑面积									
2.2	其他基础		4794.00	173354.91	36.16	0.91	5745.56	647461.66	112.69	2.86	
2.3	桩基础	建筑面积	4794.00	1715913.96	357.93	9.00	5745.56	1542703.21	268.50	6.81	
2.4	其他										
3	主体结构	建筑面积	4794.00	5401983.84	1126.82	28.32	5745.56	6676039.52	1161.95	29.45	
3.1	钢筋混凝土工程	建筑面积	4794.00	2221161.89	463.32	11.64	5745.56	3335821.71	580.59	14.72	
3.2	钢板	建筑面积									
3.3	钢结构	建筑面积									
3.4	砌筑工程	建筑面积	4794.00	210246.77	43.86	1.10	5745.56	201904.25	35.14	0.89	
3.5	防火门窗	建筑面积	4794.00	42356.64	8.84	0.22	5745.56	46346.55	8.07	0.20	
3.6	防火卷帘	建筑面积									
3.7	防水工程	建筑面积	4794.00	152801.96	31.87	0.80	5745.56	185244.50	32.24	0.82	
3.8	保温工程	建筑面积	4794.00	89968.12	18.77	0.47	5745.56	116743.49	20.32	0.52	
3.9	屋面工程	屋面面积	1176.56	542980.54	461.50	2.85	933.77	499526.02	534.96	2.20	
3.10	其他			2142467.93				2290453.00			
4	外立面工程	建筑面积	4794.00	1893626.16	395.00	9.93	5745.56	2681725.26	466.75	11.83	

序号	科目名称	功能用房或单项工程基数	J—7 食堂与教工宿舍	单项工程±0.00以上			J—8 初中与培训部学生宿舍	单项工程±0.00以上			备注
				造价（元）	单位造价（元/单位）	造价占比（%）		造价（元）	单位造价（元/单位）	造价占比（%）	
4.1	门窗工程	门窗面积	1332.06	915072.01	686.96	4.80	1119.85	758308.24	677.15	3.35	
4.2	幕墙	垂直投影面积									
4.3	外墙涂料	垂直投影面积									
4.4	外墙块料	垂直投影面积	4447.33	978554.16	220.03	5.13	8934.23	1923417.02	215.29	8.49	
4.5	天窗/天幕	天窗/天幕面积									
4.6	雨篷	雨篷面积									
4.7	其他										
5	装修工程	建筑面积	4794.00	1914010.83	399.25	10.03	5745.56	3170286.86	551.78	13.99	装修标准相近的区域可合并
5.1	停车场装修	停车场面积									
5.2	公共区域装修	装修面积	4794.00	1347450.76	281.07	7.06					含入户门
5.3	户内装修	装修面积					5745.56	1636452.68	284.82	7.22	含户内门
5.4	厨房、卫生间装修	装修面积	216.53	221474.56	1022.84	1.16	386.99	389106.30	1005.47	1.72	含厨房、卫生间门
5.5	功能用房装修	装修面积									
5.6	其他			345085.51				1144727.88			
6	固定件及内置家具	建筑面积									可研估算阶段根据历史数据预估
6.1	标识	建筑面积									
6.2	金属构件	建筑面积									
6.3	家具	建筑面积									
6.4	布幕和窗帘	建筑面积									
6.5	其他配套设施										

序号	科目名称	功能用房或单项工程基数	J—7 食堂与教工宿舍	单项工程±0.00 以上			J—8 初中与培训部学生宿舍	单项工程±0.00 以上			备注
				造价（元）	单位造价（元/单位）	造价占比（%）		造价（元）	单位造价（元/单位）	造价占比（%）	
7	机电工程	建筑面积	4794.00	4403590.31	918.56	23.09	5745.56	3481903.17	606.02	18.25	
7.1	通风工程	建筑面积	4794.00	417136.13	87.01	2.19	5745.56	24547.10	4.27	0.13	
7.2	空调工程	建筑面积									
7.3	给排水工程	建筑面积	4794.00	1087408.05	226.83	5.70	5745.56	877011.42	152.64	4.60	
7.4	消防水工程	建筑面积	4794.00	131196.85	27.37	0.69	5745.56	111486.97	19.40	0.58	
7.5	消防报警及联动工程	建筑面积	4794.00	100388.60	20.94	0.53	5745.56	151121.77	26.30	0.79	
7.6	电气工程	建筑面积	4794.00	1565879.97	326.63	8.21	5745.56	1141127.79	198.61	5.98	
7.7	弱电工程	建筑面积	4794.00	389444.01	81.24	2.04	5745.56	438628.23	76.34	2.30	
7.8	电梯工程	按数量	2.00	512136.71	256068.36	2.68	3.00	737979.89	245993.30	3.87	
7.9	变配电工程	变压器容量（kVA）									
7.10	燃气工程	建筑面积/用气户数									
7.11	外墙灯具/外墙照明工程	建筑面积									
7.12	LED 大屏工程	建筑面积									
7.13	机电抗震支架工程	建筑面积									
7.14	其他			200000.00							
8	室外工程	建筑面积									
8.1	地基处理										
8.2	道路工程	道路面积									需根据填报指引区别于 8.8 中的园路

序号	科目名称	功能用房或单项工程基数	J—7 食堂与教工宿舍	单项工程±0.00 以上			J—8 初中与培训部学生宿舍	单项工程±0.00 以上			备注
				造价（元）	单位造价（元/单位）	造价占比（%）		造价（元）	单位造价（元/单位）	造价占比（%）	
8.3	燃气工程	建筑面积/接入长度									
8.4	给水工程	室外占地面积									用地面积－建筑物基底面积
8.5	室外雨污水系统	室外占地面积									用地面积－建筑物基底面积
8.6	电气工程	室外占地面积									用地面积－建筑物基底面积
8.7	弱电工程	室外占地面积									用地面积－建筑物基底面积
8.8	园建工程	园建面积									
8.9	绿化工程	绿化面积									
8.10	园林灯具及喷灌系统	园建绿化面积									
8.11	围墙工程	围墙长度（m）									
8.12	大门工程	项									
8.13	室外游乐设施	园建面积									
8.14	其他										
9	辅助工程	建筑面积									
9.1	配套用房建筑工程	建筑面积									

序号	科目名称	功能用房或单项工程基数	J—7 食堂与教工宿舍	单项工程±0.00以上			J—8 初中与培训部学生宿舍	单项工程±0.00以上			备注
				造价（元）	单位造价（元/单位）	造价占比（%）		造价（元）	单位造价（元/单位）	造价占比（%）	
9.2	外电接入工程	接入线路的路径长度									
9.3	柴油发电机	kW									
9.4	冷源工程	冷吨									
9.5	污水处理站	m³/d									
9.6	生活水泵房	建筑面积									
9.7	消防水泵房	建筑面积									
9.8	充电桩	按数量									
9.9	运动场地	水平投影面积									
9.10	其他工程										
10	专项工程	建筑面积									各类专项工程内容
10.1	擦窗机工程										
10.2	厨房设备										
10.3	舞台设备及视听设备工程										
10.4	溶洞工程										
10.5	医疗专项										
11	措施项目费	建筑面积	4794.00	2017610.17	420.86	10.58	5745.56	2682551.63	466.89	11.83	
11.1	土建工程措施项目费	建筑面积	4794.00	1754019.81	365.88	9.20	5745.56	2404094.63	418.43	10.61	
	其中：模板	建筑面积	4794.00	493362.35	102.91	2.59	5745.56	1061056.55	184.67	4.68	
	脚手架	建筑面积	4794.00	408450.34	85.20	2.14	5745.56	497474.58	86.58	2.19	
11.2	机电工程措施项目费	建筑面积	4794.00	263590.36	54.98	1.38	5745.56	278457.00	48.46	1.23	

序号	科目名称	功能用房或单项工程基数	J—7 食堂与教工宿舍	单项工程±0.00 以上			J—8 初中与培训部学生宿舍	单项工程±0.00 以上			备注
				造价（元）	单位造价（元/单位）	造价占比（%）		造价（元）	单位造价（元/单位）	造价占比（%）	
12	其他	建筑面积	4794.00	1521674.57	317.41	7.98	5745.56	1758660.50	306.09	7.76	
13	合计		4794.00	19074103.56	3978.75	100.00	5745.56	22667733.60	3945.26	100.00	

序号	科目名称	功能用房或单项工程基数	整体	合计			备注
				造价（元）	单位造价（元/单位）	造价占比（%）	
1	土石方、护坡、地下连续墙及地基处理	建筑面积	40482.83	16577634.00	409.50	6.70	
1.1	土石方工程	土石方体积	6540.71	242475.13	37.07	0.10	
1.2	基坑支护、边坡	垂直投影面积	15962.48	16335158.86	1023.35	6.61	
1.3	地下连续墙	垂直投影面积					
1.4	地基处理	地基处理面积					
1.5	其他						
2	基础	建筑面积	40482.83	29886506.32	738.25	12.09	
2.1	筏形基础	建筑面积	14337.41	4948274.23	345.13	2.00	
2.2	其他基础		26145.42	2003188.28	76.62	0.81	
2.3	桩基础	建筑面积	40482.83	22935043.81	566.54	9.28	
2.4	其他						
3	主体结构	建筑面积	40482.83	51499792.92	1272.14	20.83	
3.1	钢筋混凝土工程	建筑面积	40482.83	24494319.42	605.05	9.91	
3.2	钢板	建筑面积					
3.3	钢结构	建筑面积					
3.4	砌筑工程	建筑面积	40482.83	1657867.72	40.95	0.67	
3.5	防火门窗	建筑面积	40482.83	651282.77	16.09	0.26	
3.6	防火卷帘	建筑面积					
3.7	防水工程	建筑面积	40482.83	2841039.62	70.18	1.15	
3.8	保温工程	建筑面积	40482.83	848588.22	20.96	0.34	

序号	科目名称	功能用房或单项工程基数	整体	合计			备注
				造价（元）	单位造价（元/单位）	造价占比（%）	
3.9	屋面工程	屋面面积	11552.88	4613565.26	399.34	1.87	
3.10	其他			16376789.16			
4	外立面工程	建筑面积	35435.12	15865265.77	447.73	6.42	
4.1	门窗工程	门窗面积	7674.82	5228358.96	681.24	2.11	
4.2	幕墙	垂直投影面积					
4.3	外墙涂料	垂直投影面积					
4.4	外墙块料	垂直投影面积	47837.79	10636906.80	222.35	4.30	
4.5	天窗/天幕	天窗/天幕面积					
4.6	雨篷	雨篷面积					
4.7	其他						
5	装修工程	建筑面积	40482.83	18717295.56	462.35	7.57	装修标准相近的区域可合并
5.1	停车场装修	停车场面积	5047.71	1388800.73	275.13	0.56	
5.2	公共区域装修	装修面积	29689.56	9321388.65	313.96	3.77	含入户门
5.3	户内装修	装修面积	5745.56	1636452.68	284.82	0.66	含户内门
5.4	厨房、卫生间装修	装修面积	1967.13	1670850.01	849.38	0.68	含厨房、卫生间门
5.5	功能用房装修	装修面积					
5.6	其他			4699803.49			
6	固定件及内置家具	建筑面积					可研估算阶段根据历史数据预估
6.1	标识	建筑面积					
6.2	金属构件	建筑面积					
6.3	家具	建筑面积					
6.4	布幕和窗帘	建筑面积					
6.5	其他配套设施						
7	机电工程	建筑面积	40482.83	25262610.82	624.03	10.22	

序号	科目名称	功能用房或单项工程基数	整体	合计			备注
				造价（元）	单位造价（元/单位）	造价占比（%）	
7.1	通风工程	建筑面积	40482.83	1149236.56	28.39	0.46	
7.2	空调工程	建筑面积					
7.3	给排水工程	建筑面积	40482.83	3831712.36	94.65	1.55	
7.4	消防水工程	建筑面积	40482.83	1763061.45	43.55	0.71	
7.5	消防报警及联动工程	建筑面积	40482.83	1073196.11	26.51	0.43	
7.6	电气工程	建筑面积	40482.83	10924909.34	269.87	4.42	
7.7	弱电工程	建筑面积	40482.83	2068753.73	51.10	0.84	
7.8	电梯工程	按数量	18.00	4251741.27	236207.85	1.72	
7.9	变配电工程	变压器容量（kVA）					
7.10	燃气工程	建筑面积/用气户数					
7.11	外墙灯具/外墙照明工程	建筑面积					
7.12	LED大屏工程	建筑面积					
7.13	机电抗震支架工程	建筑面积					
7.14	其他			200000.00			
8	室外工程	建筑面积	40482.83	42732613.82	1055.57	17.28	
8.1	地基处理						
8.2	道路工程	道路面积	11661.26	3671950.23	314.88	1.49	需根据填报指引区别于8.8中的园路
8.3	燃气工程	建筑面积/接入长度					
8.4	给水工程	室外占地面积	55241.09	13055471.86	236.34	5.28	用地面积－建筑物基底面积
8.5	室外雨污水系统	室外占地面积	55241.09	106955.05	1.94	0.04	用地面积－建筑物基底面积
8.6	电气工程	室外占地面积	55241.09	6106703.05	110.55	2.47	用地面积－建筑物基底面积
8.7	弱电工程	室外占地面积	55241.09	326182.58	5.90	0.13	用地面积－建筑物基底面积

序号	科目名称	功能用房或单项工程基数	整体	合计			备注
				造价（元）	单位造价（元/单位）	造价占比（%）	
8.8	园建工程	园建面积	12414.53	8696022.30	700.47	3.52	
8.9	绿化工程	绿化面积	21524.00	2173324.86	100.97	0.88	
8.10	园林灯具及喷灌系统	园建绿化面积	21524.00	1027429.50	47.73	0.42	
8.11	围墙工程	围墙长度（m）					
8.12	大门工程	项					
8.13	室外游乐设施						
8.14	其他			7568574.39			
9	辅助工程	建筑面积	950.13	8708407.19	9165.49	3.52	
9.1	配套用房建筑工程	建筑面积	950.13	8708407.19	9165.49	3.52	
9.2	外电接入工程	接入线路的路径长度					
9.3	柴油发电机	kW					
9.4	冷源工程	冷吨					
9.5	污水处理站	m³/d					
9.6	生活水泵房	建筑面积					
9.7	消防水泵房	建筑面积					
9.8	充电桩	按数量					
9.9	运动场地	水平投影面积					
9.10	其他工程						
10	专项工程	建筑面积					各类专项工程内容
10.1	擦窗机工程						
10.2	厨房设备						
10.3	舞台设备及视听设备工程						
10.4	溶洞工程						
10.5	医疗专项						
11	措施项目费	建筑面积	40482.83	22523047.11	556.36	9.11	
11.1	土建工程措施项目费	建筑面积	40482.83	20703959.76	511.43	8.37	

序号	科目名称	功能用房或单项工程基数	整体	合计			备注
				造价（元）	单位造价（元/单位）	造价占比（%）	
	其中：模板	建筑面积	40482.83	8659659.15	213.91	3.50	
	脚手架	建筑面积	40482.83	3957970.85	97.77	1.60	
11.2	机电工程措施项目费	建筑面积	40482.83	1819087.35	44.93	0.74	
12	其他	建筑面积	40482.83	15485748.99	382.53	6.26	
13	合计		40482.83	247258922.50	6107.75	100.00	

序号	科目名称	工程量	单位	用量指标	单位	备注
A	结构材料用量指标					
1	筏形基础					
1.1	混凝土	3965.92	m³	0.67	m³/m²	混凝土工程量/筏形基础底板面积
1.2	模板	457.01	m²	0.08	m²/m²	模板工程量/筏形基础底板面积
1.3	钢筋	267568.00	kg	67.47	kg/m³	钢筋工程量/筏形基础底板混凝土量
1.4	钢材	267568.00	kg	45.15	kg/m²	钢筋工程量/筏形基础底板面积
2	地下室（不含外墙、不含筏形基础）					
2.1	混凝土	1866.49	m³	0.37	m³/m²	混凝土工程量/地下室建筑面积
2.2	模板	8089.54	m²	1.60	m²/m²	模板工程量/地下室建筑面积
2.3	钢筋	318739.00	kg	170.77	kg/m³	钢筋工程量/地下室混凝土量
2.4	钢筋	318739.00	kg	63.15	kg/m²	钢筋工程量/地下室建筑面积
2.5	钢材		kg		kg/m²	钢结构工程量/地下室建筑面积
3	地下室（含外墙、不含筏形基础）					
3.1	混凝土	2795.97	m³	0.55	m³/m²	混凝土工程量/地下室建筑面积
3.2	模板	12252.66	m²	2.43	m²/m²	模板工程量/地下室建筑面积
3.3	钢筋	450897.00	kg	161.27	kg/m³	钢筋工程量/地下室（含外墙）混凝土量
3.4	钢筋	450897.00	kg	89.33	kg/m²	钢筋工程量/地下室建筑面积
3.5	钢材		kg		kg/m²	钢结构工程量/地下室建筑面积
4	裙楼					
4.1	混凝土		m³		m³/m²	混凝土工程量/裙楼建筑面积
4.2	模板		m²		m²/m²	模板工程量/裙楼建筑面积
4.3	钢筋		kg		kg/m³	钢筋工程量/裙楼混凝土量
4.4	钢筋		kg		kg/m²	钢筋工程量/裙楼建筑面积
4.5	钢材		kg		kg/m²	钢筋工程量/裙楼建筑面积
5	塔楼（不含装配式指标）					
5.1	混凝土	11201.99	m³	0.32	m³/m²	混凝土工程量/塔楼建筑面积
5.2	模板	77539.35	m²	2.19	m²/m²	模板工程量/塔楼建筑面积

序号	科目名称	工程量	单位	用量指标	单位	备注
5.3	钢筋	1591077.00	kg	142.04	kg/m³	钢筋工程量/塔楼混凝土量
5.4	钢筋	1591077.00	kg	44.90	kg/m²	钢筋工程量/塔楼建筑面积
5.5	钢材		kg		kg/m²	钢筋工程量/塔楼建筑面积
B	外墙装饰材料用量指标					
1	裙楼					
1.1	玻璃幕墙面积		m²		%	幕墙面积/裙楼外墙面积
1.2	石材幕墙面积		m²		%	石材面积/裙楼外墙面积
1.3	铝板幕墙面积		m²		%	铝板面积/裙楼外墙面积
1.4	铝窗面积		m²		%	铝窗面积/裙楼外墙面积
1.5	百叶面积		m²		%	百叶面积/裙楼外墙面积
1.6	面砖面积		m²		%	面砖面积/裙楼外墙面积
1.7	涂料面积		m²		%	涂料面积/裙楼外墙面积
1.8	外墙面积（1.1+1.2+…+1.7）		m²		m²/m²	裙楼外墙面积/裙楼建筑面积
2	塔楼					
2.1	玻璃幕墙面积		m²		%	幕墙面积/塔楼外墙面积
2.2	石材幕墙面积		m²		%	石材面积/塔楼外墙面积
2.3	铝板幕墙面积		m²		%	铝板面积/塔楼外墙面积
2.4	铝窗面积	7674.82	m²	0.14	%	铝窗面积/塔楼外墙面积
2.5	百叶面积		m²		%	百叶面积/塔楼外墙面积
2.6	面砖面积	47837.79	m²	0.86	%	面砖面积/塔楼外墙面积
2.7	涂料面积		m²		%	涂料面积/塔楼外墙面积
2.8	外墙面积（2.1+2.2+…+2.7）	55512.61	m²	1.53	m²/m²	塔楼外墙面积/塔楼建筑面积
3	外墙总面积（1.8+2.8）	55512.61	m²	1.53	m²/m²	外墙总面积/地上建筑面积

第三章 医院项目案例

案例一　××大学××眼科中心医疗科研综合楼工程

(广东省国际工程咨询有限公司提供)

广东省房屋建筑工程投资估算指标总览表　　表 3-1-1

项目信息	项目名称	××大学××眼科中心医疗科研综合楼工程					项目阶段	结算阶段
	建设类型	医院	建设地点	××路与××路交汇处			价格取定时间	
	计价方式	清单	建设单位名称	××大学××眼科中心			开工时间	2013 年 4 月 7 日
	发承包方式	综合单价包干	设计单位名称	××工程设计有限公司			竣工时间	2017 年 12 月 6 日
	资金来源	财政资金	施工单位名称	××建设集团有限公司			总造价（万元）	62492.04
	地质情况	一、二类土，中风化岩石	工程范围	软基处理、基坑支护工程、桩基础工程、土建工程、装饰工程、给排水工程、消防工程、电气工程、通风空调工程、智能化工程、人防工程、电梯工程、燃气工程、园建工程、室外工程及配套工程等				
	红线内面积（m^2）	12326	总建筑面积（m^2）	81776	容积率（%）	3.47	绿化率（%）	41.2

科目名称 \ 项目特征值		医疗楼	科研楼	地下室	备注
概况简述	栋数				
	层数	19.	9	4	
	层高（m）	4.17	3.88	5.10	
	建筑高度（m）	79.30	34.90	20.40	
	户数/床位数/……	600			
	人防面积（m^2）			4223	
	塔楼基底面积（m^2）	2296	2368		
	外立面面积（m^2）	16308.78	9858.92		
	绿色建筑标准	二星级	二星级	二星级	
	建筑面积（m^2）	30909	12919	12326	

科目名称	项目特征值	医疗楼	科研楼	地下室	备注
结构简述	抗震烈度	7度	7度	7度	
	结构形式	框架结构	框架结构	框架结构	
	装配式建筑面积/装配率				
	基础形式及桩长	筏形基础	筏形基础	筏形基础	
土石方、护坡、地下连续墙及地基处理	土石方工程	一、二类土，强风化岩，运距36km	一、二类土，强风化岩，运距36km	一、二类土，强风化岩，运距36km	
	基坑支护、边坡	150mm锚杆支护，C20喷射混凝土面层钢筋网，混凝土灌注桩$\phi1000$、$\phi1200$	150mm锚杆支护，C20喷射混凝土面层钢筋网，混凝土灌注桩$\phi1000$、$\phi1200$	150mm锚杆支护，C20喷射混凝土面层钢筋网，混凝土灌注桩$\phi1000$、$\phi1200$	
	地下连续墙				
	地基处理				
	其他				
基础	筏形基础	筏形基础	筏形基础	筏形基础	
	其他基础				
	桩基础				
	其他				
主体结构	钢筋混凝土工程	C30、C35、C40、C45、50、C55、C60柱、梁、板	C30、C35、C40、C45、50、C55、C60柱、梁、板	C30、C35、C40、C45、50、C55、C60柱、梁、板	
	钢板				
	钢结构				
	砌筑工程	实心蒸压灰砂砖120、180、240mm	实心蒸压灰砂砖120、180、240mm	实心蒸压灰砂砖120、180、240mm	
	防火门窗	304不锈钢防火门窗	304不锈钢防火门窗	304不锈钢防火门	
	防火卷帘	特级防火卷帘（耐火＞3h)	特级防火卷帘（耐火＞3h)	特级防火卷帘（耐火＞3h)	

科目名称	项目特征值	医疗楼	科研楼	地下室	备注
主体结构	防水工程	卷材防水、涂膜防水、回填陶粒	卷材防水、涂膜防水、回填陶粒	卷材防水、涂膜防水	
	保温工程	30mm 厚挤塑型聚苯乙烯泡沫塑料板、陶粒混凝土	30mm 厚挤塑型聚苯乙烯泡沫塑料板、陶粒混凝土		
	屋面工程	耐碱纤维网、15mm 厚 1:3 水泥砂浆、10mm 厚 1:2 水泥砂浆	耐碱纤维网、15mm 厚 1:3 水泥砂浆、10mm 厚 1:2 水泥砂浆	40mm 厚细石混凝土保护层，2mm 厚聚氨酯	
	人防门			钢筋混凝土密闭门、防爆波悬板活门、防护密闭封堵板	
外立面工程	门窗工程	翼帘型铝合金固定遮阳百叶，双扇灰铝推拉窗，带上亮，一排二十扇灰铝上悬窗、八扇灰铝推拉窗，带上下亮，六扇灰铝推拉窗，带上下亮，双扇平开＋双扉固定＋带上亮灰铝平开窗、灰铝固定窗带百叶，钢质防火门			
	幕墙	铝合金幕墙面层 6mm＋1.14pvb＋6mm、铝材 AA115 级，玻璃 6mm＋1.14pvb＋6mm 夹胶钢化镀膜玻璃			
	外墙涂料				
	外墙块料				
	天窗/天幕				
	雨篷				
	其他				
装修工程	停车场装修				
	公共区域装修	1.2mm 原色拉丝不锈钢板、饰面墙挂板（竖纹）、拉丝不锈钢板踢脚线、抛光砖 600mm×300mm、不锈钢玻璃地弹门		防滑楼地面、刷米白色乳胶漆两遍、踢脚线、双层 9mm 水泥纤维板隔墙、灯箱、8mm 酚醛树脂面饰、1.2mm 米白色（网织纹）木皮	

科目名称＼项目特征值		医疗楼	科研楼	地下室	备注
装修工程	户内装修	美国白麻石 20mm 厚、进口灰麻石 20mm 厚、防滑砖、抛光砖、吊顶 U 型轻钢龙骨、双层 7mm 厚中密度水泥纤维板、蜂窝微孔吸声铝板、2.0mm 厚白色铝单板、防潮吸声棉板天棚、涂膜防水		踢脚线 600mm×100mm 地砖 04、双层 6mm 水泥纤维板错位安装调平、8mm 酚醛树脂面饰、1.2mm 米白色木皮、透光 LED 木棉花造型、12mm 厚成品抗倍特板卫生间隔板、钢质平开门	
	厨房、卫生间装修	抛光砖、304 拉丝成品不锈钢隔板、6mm 厚镜面玻璃、人造石板		瓷砖墙、抛光砖、6mm 厚 1∶1∶6 水泥石膏砂浆打底扫毛或划出纹道、3mm 厚外加剂专用砂浆抹基底	
	功能用房装修				
	其他				
固定件及内置家具	标识	LED 发光字、标识牌、不锈钢房号牌、形象墙		出入口门架（吊牌式）、户外导向牌	
	金属构件	金属栏杆			
	家具				
	布幕和窗帘				
	其他				
机电工程	通风工程	柜式双速离心风机、通风排烟管道、防火阀、排烟防火阀、静压箱等			
	空调工程	变频多联空调室外机、四面出风嵌入式空调室内机、通风管道、紫铜管、镀锌钢管、调节阀门			
	给排水工程	焊接钢管、内外涂塑复合钢管、薄壁不锈钢管、塑料复合管、离心铸铁排水管，阀门、回水泵、洁具、直饮水		焊接钢管、内外涂塑复合钢管、薄壁不锈钢管、塑料复合管、离心铸铁排水管，阀门、水井潜污泵	
	消防水工程	内外壁热浸镀锌钢管、闸阀、灭火器、室内消火栓、玻璃球闭式喷头			
	消防报警及联动工程	火灾探测器、消防广播、消防电话分机、电话插孔、输入/输出模块、楼层显示器、电气配线、配管线槽			

科目名称	项目特征值	医疗楼	科研楼	地下室	备注
机电工程	电气工程	配电箱、控制箱、电力电缆、柔性矿物绝缘电缆、镀锌钢管、镀锌电线、普通桥架、消防桥架、照明灯具、开关、插座、UPVC难燃管、紧定式镀锌钢管、应急照明灯具、均压环、接闪杆、避雷网、避雷引下线			
	弱电工程	安防控制机房、综合布线、机房及弱电一体化、建筑设备、能源监控管理系统、分诊排队叫号系统			
	电梯工程				
	变配电工程			高低压柜、变压器、高压电缆	
	燃气工程				
	外墙灯具/外墙照明工程				
	LED大屏工程				
	机电抗震支架工程				
	其他				
室外工程	地基处理				
	道路工程				
	燃气工程				
	给水工程	管道，水表阀门			
	室外雨污水系统				
	电气工程				
	弱电工程				
	园建工程	100mm×100mm×30mm厚烧面福建青、100mm×100mm×30mm厚烧面芝麻黑、100mm×100mm×30mm厚细凿面芝麻白、300mm×120mm×30mm厚自然面芝麻灰、300mm×120mm×20mm厚烧面芝麻灰、C25、C15混凝土构件			
	绿化工程	木棉、桩景榕、多杆樟树、白玉兰、小叶榄仁、毛杜鹃球、回填土、鸭脚木、亮叶朱蕉、春羽、琴叶珊瑚假植苗			

科目名称	项目特征值	医疗楼	科研楼	地下室	备注
室外工程	园林灯具及喷灌系统				
	围墙工程				
	大门工程				
	室外游乐设施				
	其他				
辅助工程	配套用房建筑工程				
	外电接入工程			高低压柜、变压器、高压电缆	
	柴油发电机				
	冷源工程			水冷螺杆式冷水机组、模块式风冷涡旋热泵机组、空气源热泵机组、主冷源管道	
	污水处理站			污水提升装置	
	生活水泵房			矢量变频泵	
	消防水泵房			消火栓泵、喷淋泵	
	充电桩				
	运动场地				
	其他工程				
专项工程	擦窗机工程				
	厨房设备			汤炉、大炒炉、双层工作台、双门平台雪柜、搅拌机、和面机、大洗菜盆台、消毒柜、低噪声双进风抽风柜、蒸饭柜	
	舞台设备及视听设备工程		学术报告厅、多媒体会议系统		
	溶洞工程				

科目名称		项目特征值	医疗楼	科研楼	地下室	备注
专项工程	医疗专项	手术室、实验室	手术室电气工程、给排水、供应室追溯系统、洁净空调、设备系统、数字化系统、医气项目、自控系统、洁净装修	实验室动物房空调设备、洁净空调设备、冷库设备、气路设备、水电设备、纯水设备、自控系统设备、洁净装修、实验室设备		
		气体设备	管道、阀门、输送设备			
		灭菌炉、洗笼机		灭菌炉、洗笼机		
		自动清洗消毒器		自动清洗消毒器		
		高温高压脉动真空灭菌器		高温高压脉动真空灭菌器		
措施项目费		土建工程措施项目费				
		其中：模板	木模板	木模板	木模板	
		脚手架	综合脚手架	综合脚手架	综合脚手架	
		机电工程措施项目费				
		其他				

序号	科目名称	功能用房或单项工程计算基数	单项工程±0.00以下			单项工程±0.00以上			合计			备注
			造价（元）	单位造价（元/单位）	造价占比（%）	造价（元）	单位造价（元/单位）	造价占比（%）	造价（元）	单位造价（元/单位）	造价占比（%）	
1	土石方、护坡、地下连续墙及地基处理	建筑面积										
1.1	土石方工程	204356.11	24496642.35	119.87	4.31				24496642.35	119.87	4.31	含中风化岩石外运，运距36km
1.2	基坑支护、边坡	81776	30870063.63	377.50	5.43				30870063.63	377.50	5.43	含止水钢板、灌注桩、水泥搅拌桩、锚杆支护、混凝土喷射等
1.3	地下连续墙	垂直投影面积										
1.4	地基处理											此处仅指各单项工程基底面积范围内的地基处理，室外地基处理计入8.1，大型溶洞地基处理计入10
1.5	其他											
2	基础	建筑面积										
2.1	筏形基础	9707.58	6110560.35	629.46	1.08				6110560.35	629.46	1.08	
2.2	其他基础											
2.3	桩基础	建筑面积										
2.4	其他											
3	主体结构	建筑面积										
3.1	钢筋混凝土工程	83521.39	34392650.29	885.72	6.05	36025354.68	806.10	6.34	70418004.97	843.11	12.39	
3.2	钢板	建筑面积										

続表

序号	科目名称	功能用房或单项工程计算基数	单项工程±0.00以下			单项工程±0.00以上			合计			备注
			造价（元）	单位造价（元/单位）	造价占比（%）	造价（元）	单位造价（元/单位）	造价占比（%）	造价（元）	单位造价（元/单位）	造价占比（%）	
3.3	钢结构	建筑面积										
3.4	砌筑工程	83521.39	1799472.50	46.34	0.32	2774057.93	62.07	0.49	4573530.43	54.76	0.80	
3.5	防火门窗	83521.39	3174074.79	38.00	0.56				3174074.79	38.00	0.56	
3.6	防火卷帘	83521.39										
3.7	防水工程	83521.39	6801849.45	175.17	1.20	4346551.34	99.17	0.76	11148400.79	133.48	1.96	
3.8	保温工程	83521.39	198422.83	5.11	0.03	152635.12	2.69	0.02	316319.35	3.79	0.06	
3.9	屋面工程	83521.39	118432.42	3.05	0.02	152635.12	3.48	0.03	271067.54	3.25	0.05	
3.10	人防门	83521.39	1327190.00	34.18	0.23				1327190.00	34.18	0.23	
3.11	其他											
4	外立面工程	建筑面积										
4.1	门窗工程	6198.30				6081153.65	981.10	1.07	6081153.65	981.10	1.07	外窗面积根据窗墙比经验值预估，外门面积根据平面图预估
4.2	幕墙	26167.70				32119883.28	1227.46	5.65	32119883.28	1227.46	5.65	含支架，挂板
4.3	外墙涂料	垂直投影面积										
4.4	外墙块料	垂直投影面积										
4.5	天窗/天幕	天窗/天幕面积										根据平面图预估面积
4.6	雨篷	雨篷面积										
4.7	其他											
5	装修工程	83521.39										装修标准相近的区域可合并
5.1	停车场装修	38830.30	3439116.83	88.57	0.61				3439116.83	88.57	0.61	
5.2	公共区域装修	装修面积										含入户门
5.3	户内装修	74600.39	7140934.13	183.90	1.26	10891034.46	243.70	1.92	18031968.59	241.71	3.17	含户内门

— 212 —

序号	科目名称	功能用房或单项工程计算基数	单项工程±0.00以下			单项工程±0.00以上			合计			备注
			造价（元）	单位造价（元/单位）	造价占比（%）	造价（元）	单位造价（元/单位）	造价占比（%）	造价（元）	单位造价（元/单位）	造价占比（%）	
5.4	厨房、卫生间装修	1924.90				871017.25	452.50	0.15	871017.25	452.50	0.15	含厨房、卫生间门
5.5	功能用房装修	装修面积										
5.6	其他											
6	固定件及内置家具	建筑面积										可研估算阶段根据历史数据预估
6.1	标识	83521.39	256039.33	6.59	0.05	1593267.52	35.65	0.28	1849306.85	22.14	0.33	
6.2	金属构件	83521.39	38053.69	0.98	0.01	74187.21	1.66	0.01	112240.90	1.34	0.02	
6.3	家具	建筑面积										
6.4	布幕和窗帘	建筑面积										
6.5	其他											
7	机电工程	建筑面积										
7.1	通风工程	83530.39	1977606.32	50.93	0.35	2203351.56	50.27	0.39	4180957.88	50.58	0.74	
7.2	空调工程	83530.39				10938298.60	249.57	1.92	10938298.60	132.33	1.92	
7.3	给排水工程	83530.39	4043775.50	104.14	0.71	8765667.71	200.00	1.54	12809443.22	154.97	2.25	
7.4	消防水工程	83530.39	7967022.84	205.18	1.37	5063011.92	115.52	0.89	13030034.77	157.64	2.29	
7.5	消防报警及联动工程	83530.39	3054439.13	78.66	6.52	3193443.13	72.86	0.56	6247882.27	75.59	1.10	
7.6	电气工程	83530.39	13308869.21	342.75	2.29	40644742.72	927.37	7.15	53953611.93	652.73	9.49	医疗及照明设备供电均为双回路供电
7.7	弱电工程	83530.39	9183883.40	236.52	1.58	27935411.45	637.39	4.92	37112994.86	449.07	6.53	
7.8	电梯工程	48.00				12244808.55	255100.18	2.15	12244808.55	255100.18	2.15	
7.9	变配电工程	7700kAV				16923693.91	2197.88	2.98	16923693.91	2197.88	2.98	
7.10	燃气工程	7700kAV										
7.11	外墙灯具/外墙照明工程	7700kAV										

続表

序号	科目名称	功能用房或单项工程计算基数	单项工程±0.00以下			单项工程±0.00以上			合计			备注
			造价（元）	单位造价（元/单位）	造价占比（%）	造价（元）	单位造价（元/单位）	造价占比（%）	造价（元）	单位造价（元/单位）	造价占比（%）	
7.12	LED大屏工程	82658.00										
7.13	机电抗震支架工程	82658.00										
7.14	其他											
8	室外工程	总建筑面积										
8.1	地基处理											
8.2	道路工程	2600.00				1067290.00	410.50	0.19	1067290.00	410.50	0.19	需根据填报指引区别于8.8中的园路
8.3	燃气工程	建筑面积/接入长度										
8.4	给水工程	室外占地面积	500.00			346820.06	693.64	0.06	346820.06	693.64	0.06	用地面积－建筑物基底面积
8.5	室外雨污水系统	室外占地面积	1000.00			1622827.88	1622.83	0.28	1622827.88	1622.83	0.29	用地面积－建筑物基底面积
8.6	电气工程	室外占地面积										用地面积－建筑物基底面积
8.7	弱电工程	室外占地面积										用地面积－建筑物基底面积
8.8	园建工程	3598.70				4099674.30	1139.21	0.72	4099674.30	1139.21	0.72	园建总面积在可研阶段可根据总占地面积、道路面积、塔楼基底面积和绿化率推导求出，其他阶段按实计算
8.9	绿化工程	3457.00				2578855.75	745.98	0.45	2578855.75	745.98	0.45	可研阶段可根据绿化率推导求出，其他阶段按实计算

序号	科目名称	功能用房或单项工程计算基数	单项工程±0.00以下			单项工程±0.00以上			合计			备注
			造价（元）	单位造价（元/单位）	造价占比（%）	造价（元）	单位造价（元/单位）	造价占比（%）	造价（元）	单位造价（元/单位）	造价占比（%）	
8.10	园林灯具及喷灌系统	园建绿化面积										
8.11	围墙工程	围墙长度（m）										
8.12	大门工程	项										
8.13	室外游乐设施	园建面积										
8.14	其他											
9	辅助工程	建筑面积										
9.1	配套用房建筑工程	建筑面积										仅指独立的配套用房，非独立的含在各业态中
9.2	外电接入工程	接入线路的路径长度										接入长度为从红线外市政变电站接入红线内线路的路径长度
9.3	柴油发电机	kW										发电机功率
9.4	冷源工程	9640（冷吨）				11991513.79	1243.93	2.11	11991513.79	1243.93	2.11	
9.5	污水处理站	m³/d										日处理污水量
9.6	生活水泵房	建筑面积										
9.7	消防水泵房	建筑面积										
9.8	充电桩	按数量										
9.9	运动场地	水平投影面积										
9.10	其他工程											
10	专项工程	建筑面积										各类专项工程内容
10.1	擦窗机工程											
10.2	厨房设备											

序号	科目名称	功能用房或单项工程计算基数	单项工程±0.00以下			单项工程±0.00以上			合计			备注
			造价（元）	单位造价（元/单位）	造价占比（%）	造价（元）	单位造价（元/单位）	造价占比（%）	造价（元）	单位造价（元/单位）	造价占比（%）	
10.3	舞台设备及视听设备工程	863.00				6520053.10	7555.10	1.15	6520053.10	7555.1	1.15	
10.4	溶洞工程											
10.5	医疗专项											
10.5.1	手术室、试验室	11577.00				96901901.11	8370.21	17.05	96901901.11	8370.21	17.05	含洁净装修、水电、气体、空调等
10.5.2	气体设备	83530.39				4611580.46	55.79	0.81	4611580.46	55.79	0.81	
10.5.3	灭菌炉、洗笼机	83530.39				1858000.00	22.48	0.33	1858000.00	22.48	0.33	
10.5.4	自动清洗消毒器	83530.39				2050000.00	24.80	0.36	2050000.00	24.80	0.36	
10.5.5	高温高压脉动真空灭菌器	83530.39				2336000.00	28.26	0.41	2336000.00	28.26	0.41	
11	措施项目费	建筑面积										
11.1	土建工程措施项目费	83530.39	7874918.88	202.80	1.39	17851664.39	399.45	3.14	25726583.27	308.02	4.53	
	其中：模板	建筑面积										
	脚手架	建筑面积										
11.2	机电工程措施项目费	建筑面积	6281404.40	161.77	1.11	9422106.60	210.83	1.66	15703511	210.83	2.76	
12	其他	建筑面积										
13	合计								568280046.32			

序号	科目名称	工程量	单位	用量指标	单位	备注
A	结构材料用量指标					
1	筏形基础					
1.1	混凝土	13711.13	m³	1.41	m³/m²	混凝土工程量/筏形基础底板面积
1.2	模板	3443.41	m²	0.35	m²/m²	模板工程量/筏形基础底板面积
1.3	钢筋	744367.00	kg	54.29	kg/m³	钢筋工程量/筏形基础底板混凝土量
1.4	钢筋	744367.00	kg	76.52	kg/m²	钢筋工程量/筏形基础底板面积
2	地下室（不含外墙、不含筏形基础）					
2.1	混凝土	12072.01	m³	0.31	m³/m²	混凝土工程量/地下室建筑面积
2.2	模板	73780.88	m²	1.90	m²/m²	模板工程量/地下室建筑面积
2.3	钢筋	2898039.00	kg	240.06	kg/m³	钢筋工程量/地下室混凝土量
2.4	钢筋	2898039.00	kg	74.63	kg/m²	钢筋工程量/地下室建筑面积
2.5	钢材		kg		kg/m²	钢结构工程量/地下室建筑面积
3	地下室（含外墙、不含筏形基础）					
3.1	混凝土	16558.23	m³	0.43	m³/m²	混凝土工程量/地下室建筑面积
3.2	模板	95842.35	m²	2.47	m²/m²	模板工程量/地下室建筑面积
3.3	钢筋	3683283.00	kg	222.44	kg/m³	钢筋工程量/地下室（含外墙）混凝土量
3.4	钢筋	3683283.00	kg	94.86	kg/m²	钢筋工程量/地下室建筑面积
3.5	钢材		kg		kg/m²	钢结构工程量/地下室建筑面积
4	裙楼					
4.1	混凝土		m³		m³/m²	混凝土工程量/裙楼建筑面积
4.2	模板		m²		m²/m²	模板工程量/裙楼建筑面积
4.3	钢筋		kg		kg/m³	钢筋工程量/裙楼混凝土量
4.4	钢筋		kg		kg/m²	钢筋工程量/裙楼建筑面积
4.5	钢材		kg		kg/m²	钢筋工程量/裙楼建筑面积
5	塔楼					

序号	科目名称	工程量	单位	用量指标	单位	备注
5.1	混凝土	15869.89	m³	0.36	m³/m²	混凝土工程量/塔楼建筑面积
5.2	模板	118954.18	m²	2.66	m²/m²	模板工程量/塔楼建筑面积
5.3	钢筋	2933768.34	kg	184.36	kg/m³	钢筋工程量/塔楼混凝土量
5.4	钢筋	2933768.34	kg	65.65	kg/m²	钢筋工程量/塔楼建筑面积
5.5	钢材		kg		kg/m²	钢筋工程量/塔楼建筑面积
B	外墙装饰材料用量指标					
1	裙楼					
1.1	玻璃幕墙面积		m²		%	幕墙面积/裙楼外墙面积
1.2	石材幕墙面积		m²		%	石材面积/裙楼外墙面积
1.3	铝板幕墙面积		m²		%	铝板面积/裙楼外墙面积
1.4	铝窗面积		m²		%	铝窗面积/裙楼外墙面积
1.5	百叶面积		m²		%	百叶面积/裙楼外墙面积
1.6	面砖面积		m²		%	面砖面积/裙楼外墙面积
1.7	涂料面积		m²		%	涂料面积/裙楼外墙面积
1.8	外墙面积（1.1+1.2+…+1.7）		m²		m²/m²	裙楼外墙面积/裙楼建筑面积
2	塔楼					
2.1	玻璃幕墙面积	4110.54	m²	0.16	%	幕墙面积/塔楼外墙面积
2.2	石材幕墙面积		m²		%	石材面积/塔楼外墙面积
2.3	铝板幕墙面积	22334.18	m²	0.84	%	铝板面积/塔楼外墙面积
2.4	铝窗面积		m²		%	铝窗面积/塔楼外墙面积
2.5	百叶面积		m²		%	百叶面积/塔楼外墙面积
2.6	面砖面积		m²		%	面砖面积/塔楼外墙面积
2.7	涂料面积		m²		%	涂料面积/塔楼外墙面积
2.8	外墙面积（2.1+2.2+…+2.7）	26444.72	m²	0.59	m²/m²	塔楼外墙面积/塔楼建筑面积
3	外墙总面积（1.8+2.8）	26444.72	m²	0.32	m²/m²	外墙总面积/地上建筑面积

案例二 ××区医院建设项目

(广东省建筑设计研究院有限公司提供)

广东省房屋建筑工程投资估算指标总览表

项目信息	项目名称	××区医院建设项目				项目阶段	预算
	建设类型	医院	建设地点	广东省广州市××区		价格取定时间	2021年8月
	计价方式	清单计价	建设单位名称	广州市××区重点工程项目建设中心		开工时间	
	发承包方式		设计单位名称	广东省××设计研究院有限公司		竣工时间	
	资金来源	财政资金	施工单位名称			总造价（万元）	41221.01
	地质情况	良好	工程范围	基坑土石方工程、主体建筑装饰工程、安装工程及室外配套工程			
	红线内面积（m²）	48850	总建筑面积（m²）	48850	容积率（%）	3.59	绿化率（%）	40.06

科目名称 \ 项目特征值		地下室	地上	备注
概况简述	栋数	1	1	
	层数	3.00	18.00	
	层高（m）	5.40~4.20	4.50	
	建筑高度（m）	15.60	44.85	
	户数/床位数/……			
	人防面积（m²）	2916		
	塔楼基底面积（m²）		1598	
	外立面面积（m²）		26815	
	绿色建筑标准	二星级	二星级	
	建筑面积（m²）	20090	28760	
结构简述	抗震烈度	7度	7度	
	结构形式	框架结构	框架—剪力墙结构	
	装配式建筑面积/装配率			
	基础形式及桩长	旋挖钻（冲）孔灌注桩29m		

科目名称 \ 项目特征值		地下室	地上	备注
土石方、护坡、地下连续墙及地基处理	土石方工程	挖基坑土方、回填方、余方弃置等		
	基坑支护、边坡			
	地下连续墙	地下连续墙 1000mm 厚，混凝土 C35、P8		
	地基处理			
	其他			
基础	筏形基础			
	其他基础			
	桩基础	ϕ1000、ϕ1200、ϕ1400、ϕ1600 旋挖灌注桩，桩长 29m		
	其他			
主体结构	钢筋混凝土工程	钢筋混凝土主体结构（钢筋、混凝土、模板）中，地下室混凝土强度等级为：柱 C35，墙 C35，地下室外墙 C40、P8，混凝土水池 C35、P6，梁板 C35，地下室顶板 C40、P8	钢筋混凝土主体结构（钢筋、混凝土、模板）中，混凝土强度等级为：柱 C30～C60，墙 C30～C60，梁板 C30～C35	
	钢板			
	钢结构			
	砌筑工程	非承重砌体（含二次结构、精装的砖墙，加气混凝土砌块、MU10 水泥砖，墙厚 100～200mm；陶粒加气混凝土砌块，墙厚 200mm）	非承重砌体（含二次结构、精装的砖墙，加气混凝土砌块、MU10 水泥砖，墙厚 100～200mm；陶粒加气混凝土砌块，墙厚 200mm）	
	防火门窗	所有防火门及五金	所有防火门及五金	
	防火卷帘	所有防火卷帘及五金		
	防水工程	地下室底板防水层：4mm 厚预铺反粘（砂面）沥青防水卷材；地下室外墙：4mm 厚弹性体改性沥青防水卷材	屋面防水层：1.5mm＋1.5mm 厚合成高分子改性沥青防水卷材；地面墙面防水层：聚合物水泥防水涂料	
	保温工程		挤塑聚苯乙烯板 50mm 厚	

科目名称	项目特征值	地下室	地上	备注
主体结构	屋面工程		8mm 厚防滑地砖，细石混凝土层按面层位置设分隔缝 10mm×25mm（深）：普通型细石混凝土 40mm 厚 C20 普通型细石混凝土（掺减水剂），内配 φ6@200 双向钢筋网，土工布隔离层，25mm 厚 1：2.5 水泥砂浆找平层，20mm 厚 1：2 水泥砂浆（WSM20 水泥砂浆）找平层，C20 细石混凝土找坡层，最薄处厚 50mm，坡度不小于 3‰	
	其他			
外立面工程	门窗工程	铝合金固定窗（6mm 透明＋12A＋6mm 钢化中空玻璃）、金属百叶窗	铝合金平开窗（钢化中空玻璃 6mm＋12mm＋6mm）、铝合金固定窗（钢化中空玻璃 6mm＋12mm＋6mm）	
	幕墙		平面铝板幕墙	
	外墙涂料			
	外墙块料		刷专用界面剂一遍，10mm 厚 P6 防水砂浆找平层（砂浆强度为 M15），5mm 厚 1：2.5 水泥砂浆掺建筑胶，5mm 厚专用粘结剂贴饰面层：95mm×45mm	
	天窗/天幕			
	雨篷			
	其他			
装修工程	停车场装修	自流平楼地面		
	公共区域装修		2mm 厚聚氯乙烯塑料（PVC）卷材、墙面喷刷涂料、吊顶	
	户内装修			
	厨房、卫生间装修		地面耐磨地砖规格：300mm×300mm，墙面釉面砖，天棚 600mm×600mm×8mm 厚铝扣板	

科目名称	项目特征值	地下室	地上	备注
装修工程	功能用房装修		地面水磨石地板胶，仿大理石瓷砖，墙面砖材，吊顶	
	机房装修		地面耐磨地砖规格：300mm×300mm，墙面无机涂料，天棚无机涂料	
	其他			
固定件及内置家具	标识	标记、倒车防撞架、减速垄、立面标（橡胶）、限高杆等	楼层标识字、门牌号	
	金属构件			
	家具			
	布幕和窗帘			
	其他			
机电工程	通风工程	全部通风工程，包含防排烟	全部通风工程，包含防排烟	
	空调工程		多联机空调、风管、风口等	
	给排水工程	全部给排水，包括给水系统、排水系统、压力排水系统		
	消防水工程	全部消防水，包括所有消防设备、气体灭火系统		
	消防报警及联动工程	消防报警和消防广播、防火门监控，包括所有消防设备		
	电气工程	从低压柜下口出线全部电气工程，包括漏电报警、消防电监控、智能疏散工程、配电箱（含户内配电箱，叠墅用施耐德、高层用良信）供应等所有设备及配线、配电缆电线等，防雷接地（含总包及幕墙）		
	弱电工程	光纤入户、综合布线系统、计算机网络系统、视频监控系统、有线电视系统、可视对讲系统、五方通话系统、能耗计量系统、停车场管理系统、公共广播、一卡通系统、建筑设备监控系统、计算机房等		
	电梯工程		电梯设备、安装等	
	变配电工程	高压柜、变压器、低压柜全部变配电室内设备及相应二次设备和安装		
	燃气工程			
	外墙灯具/外墙照明工程			

科目名称	项目特征值	地下室	地上	备注
机电工程	LED 大屏工程			
	机电抗震支架工程		电气、给排水、通风空调抗震吊架	
	其他			
室外工程	地基处理			
	道路工程			
	燃气工程			
	给水工程			
	室外雨污水系统			
	电气工程			
	弱电工程			
	园建工程			
	绿化工程		乔木、灌木、地被等种植及养护（养护期两年）	
	园林灯具及喷灌系统		园林景观照明、灌溉给水系统、排水系统、雨水口、下沉绿地溢流井、装饰井盖	
	围墙工程		围墙	
	大门工程			
	室外游乐设施			
	其他			
辅助工程	配套用房建筑工程			
	外电工程			
	柴油发电机	柴油发电机及机房的环保工程、低压柜等配电设备、电缆、规范所需的配套设施及附属内容		
	冷源工程			
	污水处理站			
	生活水泵房			

科目名称 \ 项目特征值		地下室	地上	备注
辅助工程	消防水泵房			
	充电桩			
	运动场地			
	其他工程			
专项工程	擦窗机工程			
	厨房设备			
	舞台设备及视听设备工程			
	溶洞工程			
	医疗专项			
	泛光照明		轨道物流工程、洁净、医气工程、辐射防护工程	
措施项目费	土建工程措施项目费			
	其中：模板	基础、柱、梁、板等模板	柱、梁、板等模板	
	脚手架	综合脚手架、满堂脚手架、里脚手架		
	机电工程措施项目费			
	其他			

序号	科目名称	功能用房或单项工程计算基数	综合楼单项工程±0.00以下			综合楼单项工程±0.00以上			合计			备注
			造价（元）	单位造价（元/单位）	造价占比（%）	造价（元）	单位造价（元/单位）	造价占比（%）	造价（元）	单位造价（元/单位）	造价占比（%）	
1	土石方、护坡、地下连续墙及地基处理	建筑面积	46345900.79	2306.92	23.45				46345900.79	948.74	11.24	
1.1	土石方工程	土石方体积	9625364.36	83.59	4.87				9625364.36	197.04	2.34	可研阶段实方量=地下室面积×挖深×系数（预估）
1.2	基坑支护、边坡	垂直投影面积										基坑支护周长根据地下室边线预估，垂直投影面积=基坑支护周长×地下室深度
1.3	地下连续墙	垂直投影面积	36720536.43	6877.79	18.58							
1.4	地基处理	地基处理面积										此处仅指各单项工程基底面积范围内的地基处理，室外地基处理计入8.1，大型溶洞地基处理计入10
1.5	其他											
2	基础	建筑面积	20904894.36	1040.56	10.58				20904894.36	427.94	5.07	
2.1	筏形基础	建筑面积										
2.2	其他基础											
2.3	桩基础	建筑面积	20904894.36	1040.56	10.58				20904894.36	427.94	5.07	
2.4	其他											
3	主体结构	建筑面积	40899466.44	2035.81	20.69	28893965.58	1004.66	13.47	69793432.02	1428.73	16.93	
3.1	钢筋混凝土工程	建筑面积	34993455.48	1741.84	17.70	23453956.98	815.51	10.93	58447412.46	1196.47	14.18	
3.2	钢板	建筑面积										

序号	科目名称	功能用房或单项工程计算基数	综合楼单项工程±0.00以下			综合楼单项工程±0.00以上			合计			备注
			造价（元）	单位造价（元/单位）	造价占比（%）	造价（元）	单位造价（元/单位）	造价占比（%）	造价（元）	单位造价（元/单位）	造价占比（%）	
3.3	钢结构	建筑面积										
3.4	砌筑工程	建筑面积	1598052.49	79.54	0.81	2981351.81	103.66	1.39	4579404.30	93.74	1.11	
3.5	防火门窗	建筑面积	433916.87	21.60	0.22	1187060.70	41.27	0.55	1620977.57	33.18	0.39	
3.6	人防门	建筑面积	1293686.57	64.39	0.65				1293686.57	26.48	0.31	
3.7	防水工程	建筑面积	2008628.11	99.98	1.02	314249.58	10.93	0.15	2322877.69	47.55	0.56	
3.8	保温工程	建筑面积	571726.92	28.46	0.29	114410.19	3.98	0.05				
3.9	屋面工程	屋面面积				842936.32	302.00	0.39	842936.32	17.26	0.20	
3.10	其他											
4	外立面工程	建筑面积	128987.63	6.42	0.07	15824644.09	550.23	7.38	15953631.72	326.59	3.87	
4.1	门窗工程	门窗面积	128987.63	523.74	0.07	6342740.44	531.48	2.96	6471728.07	132.48	1.57	外窗面积根据窗墙比经验值预估，外门面积根据平面图预估
4.2	幕墙	垂直投影面积				8357301.82	311.67	3.90	8357301.82	171.08	2.03	垂直投影面积根据平面图、立面图、效果图结合外门窗面积匡算
4.3	外墙涂料	垂直投影面积				279995.97	10.44	0.13	279995.97	5.73	0.07	
4.4	外墙块料	垂直投影面积				638136.33	23.80					
4.5	天窗/天幕	天窗/天幕面积										根据平面图预估面积
4.6	雨篷	雨篷面积				206469.53	966.71					
4.7	其他											
5	装修工程	建筑面积	12136217.19	604.09	6.14	19356267.87	673.03	9.02	31492485.06	644.68	7.64	装修标准相近的区域可合并
5.1	停车场装修	停车场面积	11606507.02	593.84	5.87				11606507.02	237.60	2.82	
5.2	公共区域装修	装修面积				7266733.66	1173.25					含入户门

续表

序号	科目名称	功能用房或单项工程计算基数	综合楼单项工程±0.00以下			综合楼单项工程±0.00以上			合计			备注
			造价(元)	单位造价(元/单位)	造价占比(%)	造价(元)	单位造价(元/单位)	造价占比(%)	造价(元)	单位造价(元/单位)	造价占比(%)	
5.3	户内装修	装修面积										含户内门
5.4	厨房、卫生间装修	装修面积				2126887.67	616.72	0.99	2126887.67	43.54	0.52	含厨房、卫生间门
5.5	功能用房装修	装修面积	529710.17	971.78		9842318.55	911.16	4.59	10372028.55	212.32	2.52	
5.6	机房装修	装修面积				120328.16	560.94					
5.7	其他											
6	固定件及内置家具	建筑面积	415405.22	20.68	0.21	575197.40	20.00	0.27	990602.62	20.28	0.24	可研估算阶段根据历史数据预估
6.1	标识	建筑面积	415405.22	20.68	0.21	575197.40	20.00	0.27	990602.62	20.28	0.24	
6.2	金属构件	建筑面积										
6.3	家具	建筑面积										
6.4	布幕和窗帘	建筑面积										
6.5	其他											
7	机电工程	建筑面积	33315355.57	1658.31	16.85	43895832.08	1526.29	20.46	77211187.65	1580.58	18.73	
7.1	通风工程	建筑面积	3531270.13	175.77	1.79	2224136.77	77.33	1.04	5755406.90	117.82	1.40	
7.2	空调工程	建筑面积	736344.68	36.65	0.37	8939282.68	310.82	4.17	9675627.36	198.07	2.35	
7.3	给排水工程	建筑面积	2158027.05	107.42	1.09	4445343.42	154.57	2.07	6603370.47	135.18	1.60	
7.4	消防水工程	建筑面积	4056925.54	201.94	2.05	2516773.42	87.51	1.17	6573698.96	134.57	1.59	
7.5	消防报警及联动工程	建筑面积	332887.74	16.57	0.17	1723144.87	59.91	0.80	2056032.61	42.09	0.50	
7.6	电气工程	建筑面积	11347847.68	564.85	5.74	9695975.79	337.14	4.52	21043823.47	430.79	5.11	
7.7	弱电工程	建筑面积	9422205.31	469.00	4.77	13488379.03	469.00	6.29	22910584.34	469.00	5.56	
7.8	电梯工程	按数量										
7.9	变配电工程	变压器容量(kVA)										
7.10	燃气工程	建筑面积/用气户数										

序号	科目名称	功能用房或单项工程计算基数	综合楼单项工程±0.00以下			综合楼单项工程±0.00以上			合计			备注
			造价（元）	单位造价（元/单位）	造价占比（%）	造价（元）	单位造价（元/单位）	造价占比（%）	造价（元）	单位造价（元/单位）	造价占比（%）	
7.11	外墙灯具/外墙照明工程	建筑面积										
7.12	LED大屏工程	建筑面积										
7.13	机电抗震支架工程	建筑面积	1729847.44	86.10	0.88	862796.10	30.00	0.40	2592643.54	53.07	0.63	
7.14	其他											
8	室外工程	建筑面积				4923567.12	171.20	2.29	4923567.12	100.79	1.19	
8.1	地基处理											
8.2	道路工程	道路面积										需根据填报指引区别于8.8中的园路
8.3	燃气工程	建筑面积/接入长度										
8.4	给水工程	室外占地面积				155199.44	26.11		155199.44	3.18	0.04	用地面积－建筑物基底面积
8.5	室外雨污水系统	室外占地面积				743612.39	125.11	0.35	743612.39	15.22	0.18	用地面积－建筑物基底面积
8.6	电气工程	室外占地面积										用地面积－建筑物基底面积
8.7	弱电工程	室外占地面积										用地面积－建筑物基底面积
8.8	园建工程	园建面积				3363863.91	423.23	1.57	3363863.91	68.86	0.82	园建总面积在可研阶段可根据总占地面积、道路面积、塔楼基底面积和绿化率推导求出，其他阶段按实计算

续表

序号	科目名称	功能用房或单项工程计算基数	综合楼单项工程±0.00以下			综合楼单项工程±0.00以上			合计			备注
			造价（元）	单位造价（元/单位）	造价占比（%）	造价（元）	单位造价（元/单位）	造价占比（%）	造价（元）	单位造价（元/单位）	造价占比（%）	
8.9	围墙工程	围墙长度（m）				414515.73	1161.11	0.19	414515.73	8.49	0.10	
8.10	大门工程	项										
8.11	绿化工程	绿化面积										可研阶段可根据绿化率推导求出，其他阶段按实计算
8.12	园林灯具及喷灌系统	园建绿化面积				246375.65	19.86	0.11	246375.65	5.04	0.06	
8.13	室外游乐设施	园建面积										
8.14	其他											
9	辅助工程	建筑面积	2244728.26	111.73	1.14	4206010.49	146.25	1.96	6450738.75	132.05	1.56	
9.1	配套用房建筑工程	建筑面积										仅指独立的配套用房，非独立的含在各业态中
9.2	外电接入工程	接入线路的路径长度										接入长度为从红线外市政变电站接入红线内线路的路径长度
9.3	柴油发电机	kW	2244728.26	1870.61	1.14				2244728.26	45.95	0.54	发电机功率
9.4	冷源工程	冷吨										
9.5	污水处理站	m³/d				2441513.35	6103.78	1.14	2441513.35	49.98	0.59	日处理污水量
9.6	生活水泵房	建筑面积										
9.7	消防水泵房	建筑面积										
9.8	充电桩	按数量				1764497.14	14704.14	0.82	1764497.14	36.12	0.43	
9.9	运动场地	水平投影面积										
9.10	其他工程											
10	专项工程	建筑面积				50711945.48	1763.29	23.64	50711945.48	1038.12	12.30	各类专项工程内容

229

序号	科目名称	功能用房或单项工程计算基数	综合楼单项工程±0.00以下			综合楼单项工程±0.00以上			合计			备注
			造价（元）	单位造价（元/单位）	造价占比（%）	造价（元）	单位造价（元/单位）	造价占比（%）	造价（元）	单位造价（元/单位）	造价占比（%）	
10.1	擦窗机工程											
10.2	厨房设备					794522.96		0.37	794522.96	16.26	0.19	
10.3	舞台设备及视听设备工程											
10.4	溶洞工程											
10.5	医疗专项					49226226.33		22.94	49226226.33	1007.70	11.94	
10.6	泛光照明					691196.19		0.32	691196.19	14.15	0.17	
11	措施项目费	建筑面积	16229011.20	807.82	8.21	19903450.64	692.06	9.28	36132461.84	739.66	8.77	
11.1	土建工程措施项目费	建筑面积	14151500.83	704.41	7.16	14406037.41	500.91	6.71	28557538.24	584.60	6.93	
	其中：模板	建筑面积	4939660.94	245.88	2.50	7013723.77	243.87	3.27	11953384.71	244.70	2.90	
	脚手架	建筑面积	3795826.02	188.94	1.92	2888515.15	100.44	1.35	6684341.17	136.83	1.62	
11.2	机电工程措施项目费	建筑面积	2077510.37	103.41	1.05	5497413.23	191.15	2.56	7574923.60	155.07	1.84	
12	其他	建筑面积	25043310.74	1246.56	12.67	26255905.34	912.94	12.24	51299216.08	1050.14	12.44	
13	合计		197663277.40	9838.89	100.00	214546786.10	7459.94	100.00	412210063.50	8438.31	100.00	

序号	科目名称	工程量	单位	用量指标	单位	备注
A	结构材料用量指标					
1	筏形基础					
1.1	混凝土		m³		m³/m²	混凝土工程量/筏形基础底板面积
1.2	模板		m²		m²/m²	模板工程量/筏形基础底板面积
1.3	钢筋		kg		kg/m³	钢筋工程量/筏形基础底板混凝土量
1.4	钢筋		kg		kg/m²	钢筋工程量/筏形基础底板面积
2	地下室（不含外墙、不含筏形基础）					
2.1	混凝土	25577.17	m³	1.27	m³/m²	混凝土工程量/地下室建筑面积
2.2	模板	53181.46	m²	2.65	m²/m²	模板工程量/地下室建筑面积
2.3	钢筋	2368147.40	kg	92.59	kg/m³	钢筋工程量/地下室混凝土量
2.4	钢筋	2368147.40	kg	117.88	kg/m²	钢筋工程量/地下室建筑面积
2.5	钢材		kg		kg/m²	钢结构工程量/地下室建筑面积
3	地下室（含外墙、不含筏形基础）					
3.1	混凝土	27840.01	m³	1.39	m³/m²	混凝土工程量/地下室建筑面积
3.2	模板	56915.15	m²	2.83	m²/m²	模板工程量/地下室建筑面积
3.3	钢筋	2684945.00	kg	96.44	kg/m³	钢筋工程量/地下室（含外墙）混凝土量
3.4	钢筋	2684945.00	kg	133.65	kg/m²	钢筋工程量/地下室建筑面积
3.5	钢材		kg		kg/m²	钢结构工程量/地下室建筑面积
4	裙楼					
4.1	混凝土		m³		m³/m²	混凝土工程量/裙楼建筑面积
4.2	模板		m²		m²/m²	模板工程量/裙楼建筑面积
4.3	钢筋		kg		kg/m³	钢筋工程量/裙楼混凝土量
4.4	钢筋		kg		kg/m²	钢筋工程量/裙楼建筑面积
4.5	钢材		kg		kg/m²	钢筋工程量/裙楼建筑面积
5	塔楼					

序号	科目名称	工程量	单位	用量指标	单位	备注
5.1	混凝土	12470.21	m³	0.43	m³/m²	混凝土工程量/塔楼建筑面积
5.2	模板	89035.20	m²	3.10	m²/m²	模板工程量/塔楼建筑面积
5.3	钢筋	1988210.00	kg	159.44	kg/m³	钢筋工程量/塔楼混凝土量
5.4	钢筋	1988210.00	kg	69.13	kg/m²	钢筋工程量/塔楼建筑面积
5.5	钢材		kg		kg/m²	钢筋工程量/塔楼建筑面积
B	外墙装饰材料用量指标					
1	裙楼					
1.1	玻璃幕墙面积		m²		%	幕墙面积/裙楼外墙面积
1.2	石材幕墙面积		m²		%	石材面积/裙楼外墙面积
1.3	铝板幕墙面积		m²		%	铝板面积/裙楼外墙面积
1.4	铝窗面积		m²		%	铝窗面积/裙楼外墙面积
1.5	百叶面积		m²		%	百叶面积/裙楼外墙面积
1.6	面砖面积		m²		%	面砖面积/裙楼外墙面积
1.7	涂料面积		m²		%	涂料面积/裙楼外墙面积
1.8	外墙面积（1.1+1.2+…+1.7）		m²		m²/m²	裙楼外墙面积/裙楼建筑面积
2	塔楼					
2.1	玻璃幕墙面积		m²		%	幕墙面积/塔楼外墙面积
2.2	石材幕墙面积		m²		%	石材面积/塔楼外墙面积
2.3	铝板幕墙面积	11651.43	m²	43.45	%	铝板面积/塔楼外墙面积
2.4	铝窗面积	11934.05	m²	44.51	%	铝窗面积/塔楼外墙面积
2.5	百叶面积		m²		%	百叶面积/塔楼外墙面积
2.6	面砖面积	3229.13	m²	12.04	%	面砖面积/塔楼外墙面积
2.7	涂料面积		m²		%	涂料面积/塔楼外墙面积
2.8	外墙面积（2.1+2.2+…+2.7）	26814.61	m²	0.93	m²/m²	塔楼外墙面积/塔楼建筑面积
3	外墙总面积（1.8+2.8）	26814.61	m²	0.93	m²/m²	外墙总面积/地上建筑面积

案例三 ××××医院建设工程

(华联世纪工程咨询股份有限公司提供)

广东省房屋建筑工程投资估算指标总览表

表 3-3-1

项目信息	项目名称	××××医院建设工程				项目阶段	预算阶段
	建设类型	医院	建设地点	佛山市禅城区		价格取定时间	2019 年第二季度
	计价方式	清单计价	建设单位名称	佛山市×××医院		开工时间	
	发承包方式		设计单位名称	广东×××设计院有限公司		竣工时间	
	资金来源	财政资金	施工单位名称			总造价（万元）	5032.84
	地质情况	一般	工程范围	土建工程包含地下室、综合楼部分，安装工程包括电气、防雷、消防、给排水、通风等，室外配套工程包括园建铺装、海岸城市、绿化等			
	红线内面积（m²）	4429.93	总建筑面积（m²）	8208.84	容积率（%）	131.48	绿化率（%）	13.57

科目名称	项目特征值	单项工程±0.00 以下	单项工程±0.00 以上	备注
概况简述	栋数	1		
	层数	地下 2 层	地上 11 层	
	层高（m）	一1 层 4.70m 高，一2 层 3.50m 高	标准层 3.60m 高	
	建筑高度（m）	46.45		
	户数/床位数/……			
	人防面积（m²）			
	塔楼基底面积（m²）	818.62		
	外立面面积（m²）	4253.54		
	绿色建筑标准			
	建筑面积（m²）	2378.55	5824.29	
结构简述	抗震烈度	7 度		
	结构形式	框架结构		

科目名称	项目特征值	单项工程±0.00以下	单项工程±0.00以上	备注
结构简述	装配式建筑面积/装配率			
	基础形式及桩长	ϕ800mm～ϕ1400mm旋挖成孔灌注桩、桩长20m		
土石方、护坡、地下连续墙及地基处理	土石方工程	土壤类别：综合考虑运距：18km		
	基坑支护、边坡	ϕ1000mm、ϕ1500mm钻孔灌注桩；ϕ850mm三轴搅拌桩		
	地下连续墙			
	地基处理			
	其他			
基础	筏形基础			
	其他基础	桩承台、设备基础：C30混凝土		
	桩基础	ϕ800mm～ϕ1400mm旋挖成孔灌注桩、桩长20m		
	其他			
主体结构	钢筋混凝土工程	框架结构：C40、C30混凝土	框架结构：C35、C30混凝土	
	钢板			
	钢结构			
	砌筑工程	蒸压加气混凝土砌块、灰砂砖	蒸压加气混凝土砌块、灰砂砖	
	防火门窗	钢质防火门	钢质防火门、甲级防火窗、乙级防火窗	
	防火卷帘			
	防水工程	墙面砂浆防水（防潮）、楼（地）面卷材防水		
	保温工程			
	屋面工程	细石混凝土楼地面、屋面卷材防水	水泥砂浆楼地面、屋面卷材防水、屋面涂膜防水、保温隔热屋面	
	人防门			
	其他			

科目名称	项目特征值	单项工程±0.00以下	单项工程±0.00以上	备注
外立面工程	门窗工程		不锈钢门、铝合金门、铝合金窗	
	幕墙			
	外墙涂料		白色外墙漆	
	外墙块料			
	天窗/天幕			
	雨篷		C30 混凝土	
	其他			
装修工程	停车场装修	环氧砂浆自流平面层		
	公共区域装修	顶棚：满刮腻子； 内墙面：抹灰面油漆； 楼地面：细石混凝土楼地面、块料楼地面	内墙面：墙面装饰板； 楼地面：块料楼地面	
	户内装修			
	厨房、卫生间装修		顶棚：铝扣板吊顶； 内墙面：无机涂料，釉面砖； 楼地面：耐磨砖	
	功能用房装修			
	医院内装修		顶棚：硅酸钙板、铝扣板、刮腻子； 内墙面：进口白麻花岗石、抛釉砖、瓷砖、无机装修涂料； 楼地面：花岗石地砖、抛光砖、高级地坪漆、仿古砖、进口同质透芯卷材地板胶、木质复合防静电地板	
	其他			
固定件及内置家具	标识	铝板标识板		
	金属构件	钢梯、钢梁、砌块墙钢丝网加固	砌块墙钢丝网加固、不锈钢栏杆	
	家具		钢梯、钢梁、砌块墙钢丝网加固、不锈钢栏杆	
	布幕和窗帘			
	其他			

科目名称	项目特征值	单项工程±0.00以下	单项工程±0.00以上	备注
机电工程	通风工程	镀锌钢板 $\delta=0.5\sim1.0mm$，304不锈钢排烟管 $\delta=0.75mm$，碳钢阀门、碳钢风口、消声器、通风机、风扇		
	空调工程		无缝钢管 DN20～DN200，碳钢通风管道 $\delta=0.5\sim1.0mm$，管道：绝热难燃 B_1 级橡塑发泡保温管套28mm，全自动软水器、蝶阀、压差电动旁通阀、静态平衡阀、电动二通阀、风机盘管、方形散流器、风机、冷水机组	
	给排水工程	潜水泵、水箱，衬塑镀锌钢管 DN20～DN150，镀锌钢管 DN80～DN100，UPVC 管 DN110～DN200，法兰阀门、螺纹阀门、水锤消除器、Y形过滤器、可调式减压阀、水表、套管	水箱，衬塑镀锌钢管 DN15～DN100，PPR 管 DN15～DN50，UPVC 管 DN50～DN160，螺纹阀门、减压阀、Y形过滤器、倒流防止器、消声止回阀、可调式减压阀、水表、蹲式大便器、坐式大便器、挂式小便器、洗手盆、淋浴器、地面扫除口、水龙头、套管	
	消防水工程	消火栓钢管 DN65～DN100，焊接法兰阀门、倒流防止器、室内消火栓、消防水泵接合器、灭火器、消防水炮、套管	消火栓钢管 DN65～DN100，焊接法兰阀门、倒流防止器、室内消火栓、消防水泵接合器、灭火器、套管	
	消防报警及联动工程	线槽、灯具、报警信号总线 WDZN-RYJS-2×1.5、电源线 ZN-RVV-2×2.5、电线管 SC20、智能式感烟探测器、智能式感温探测器、消火栓按钮、报警按钮、电话插孔、声光报警器、报警电话分机、输入输出模块	线槽、风扇、灯具报警系统主机、消防联动控制器、消防广播控制盘、消防专用电话总机、报警信号总线 WDZN-RYJS-2×1.5mm²、电源线 ZN-RVV-2×2.5mm²、电线管 SC20、可燃气体探测器、电气火灾监控模块、消防电源监控模块、防火门监控模块、智能式感烟探测器、智能式感温探测器、消火栓按钮、报警按钮、电话插孔、声光报警器、报警电话分机、输入输出模块	
	电气工程	配电箱、金属线槽、电缆桥架、密集式母线槽、电表、镀锌电线管 DN20～DN100、电线、电力电缆、矿物绝缘电缆、电缆头、插座、开关、灯具	配电箱、插接箱、金属线槽、电缆桥架、密集式母线槽、电表、镀锌电线管 DN20～DN100、电线、电力电缆、矿物绝缘电缆、电缆头、插座、开关、灯具	

科目名称	项目特征值	单项工程±0.00以下	单项工程±0.00以上	备注
机电工程	弱电工程			
	电梯工程		载重量：1600kg，额定速度1.00m/s，11层/11站/11门；载重量：1600kg，额定速度1.00m/s，13层/13站/13门；载重量：1000kg，额定速度0.4m/s，2层/2站/2门	
	变配电工程			
	燃气工程			
	外墙灯具/外墙照明工程			
	LED大屏工程			
	机电抗震支架工程		成品侧向抗震支架、成品纵向抗震支架	
	其他	机械停车气体灭火	接地防雷：接闪杆 $\phi12$ 镀锌圆钢、避雷网 $\phi12$ 镀锌圆钢、接地引线热镀锌扁钢－40mm×4mm、总等电位联结端子箱、局部等电位联结端子板	
室外工程	地基处理			
	道路工程			
	燃气工程			
	给水工程		球墨铸铁管 $DN65 \sim DN150$、螺纹截止阀、水表组	
	室外雨污水系统			
	电气工程			
	弱电工程			
	园建工程		透水砖、花岗石砖、混凝土路面、车行沥青路面	
	绿化工程		栽植乔木：香樟、黄花鸡蛋花等；栽植灌木：四季桂（D）、巴西野牡丹、毛杜鹃、狗牙花等；栽植地被：栀子花、黄金叶、红花葱兰、红花继木、台湾草等	

科目名称 \\ 项目特征值		单项工程±0.00 以下	单项工程±0.00 以上	备注
室外工程	园林灯具及喷灌系统			
	围墙工程			
	大门工程			
	室外游乐设施			
	其他			
辅助工程	配套用房建筑工程			
	外电接入工程			
	柴油发电机			
	冷源工程			
	污水处理站			
	生活水泵房		镀锌钢管 $DN80\sim DN100$，活变频给水设备、水系统自洁消毒器、不锈钢生活水箱、气压罐 $\phi600$、潜水泵	
	消防水泵房	镀锌钢管 $DN32\sim DN200$，镀锌衬塑复合钢管 $DN25\sim DN150$、离心式泵、稳压给水设备、泡沫液贮罐、防水套管法兰阀门、Y 形过滤器、水锤吸纳器、安全泄压阀、信号阀、消声止回阀、压力表、流量计、液位信号计		
	充电桩			
	运动场地			
	其他工程			
专项工程	擦窗机工程			
	厨房设备			
	舞台设备及视听设备工程			
	溶洞工程			

科目名称	项目特征值	单项工程±0.00 以下	单项工程±0.00 以上	备注
专项工程	医疗专项		顶棚：玻镁彩钢板面层吊顶； 内墙面：玻镁彩钢板隔墙、瓷片、无机装修涂料； 楼地面：水磨石地面；防滑砖脱脂安装；紫铜管 $De8 \sim De16$；液氧罐、汇流排、自动切换控制台、稳压装置、阀门、二级减压箱、流量计、自动排放阀、气体浓度探测仪医疗设备带、氧气气体终端、真空泵，碳钢储气罐，容积 $1.5m^3$，集污罐，容积 $0.25m^3$，玻璃钢水箱，容积 $0.4m^3$，不间断电源、控制箱、管道式细菌过滤器、维修阀，净化室的监控、电话、网络、可视对讲门禁系统、电气、给排水、通风空调	
措施项目费	土建工程措施项目费	绿色施工安全防护措施费、模板、脚手架、垂直运输		
	其中：模板	模板、模板支撑		
	脚手架	综合钢脚手架、满堂脚手架、里脚手架		
	机电工程措施项目费	绿色施工安全防护措施费、脚手架搭拆费		
	其他			

序号	科目名称	功能用房或单项工程计算基数	单项工程±0.00 以下			单项工程±0.00 以上			合计			备注
			造价（元）	单位造价（元/单位）	造价占比（%）	造价（元）	单位造价（元/单位）	造价占比（%）	造价（元）	单位造价（元/单位）	造价占比（%）	
1	土石方、护坡、地下连续墙及地基处理	建筑面积	8542973.88	1041.47	16.97				8542973.88	1041.47	16.97	
1.1	土石方工程	土石方体积	1027760.35	83.23	2.04				1027760.35	83.23	2.04	可研阶段实方量＝地下室面积×挖深×系数（预估）
1.2	基坑支护、边坡	垂直投影面积	7515213.53	6500.82	14.93				7515213.53	6500.82	14.93	基坑支护周长根据地下室边线预估，垂直投影面积＝基坑支护周长×地下室深度
1.3	地下连续墙	垂直投影面积										
1.4	地基处理	地基处理面积										此处仅指各单项工程基底面积范围内的地基处理，室外地基处理计入 8.1，大型溶洞地基处理计入 10
1.5	其他											
2	基础	建筑面积	3357657.87	1411.64	6.67				3357657.87	409.33	6.67	
2.1	筏形基础	建筑面积										
2.2	其他基础	建筑面积	1440310.57	605.54	2.86				1440310.57	175.59	2.86	
2.3	桩基础	建筑面积	1917347.30	806.10	3.81				1917347.30	233.74	3.81	
2.4	其他											
3	主体结构	建筑面积	2967927.40	1247.79	5.90	4081068.33	700.70	8.11	7048995.73	859.34	14.01	
3.1	钢筋混凝土工程	建筑面积	2033316.29	854.86	4.04	2963470.90	508.81	5.89	4996787.19	609.15	9.93	
3.2	钢板	建筑面积										

序号	科目名称	功能用房或单项工程计算基数	单项工程±0.00以下			单项工程±0.00以上			合计			备注
			造价（元）	单位造价（元/单位）	造价占比（%）	造价（元）	单位造价（元/单位）	造价占比（%）	造价（元）	单位造价（元/单位）	造价占比（%）	
3.3	钢结构	建筑面积										
3.4	砌筑工程	建筑面积	104629.49	43.99	0.21	703509.52	120.79	1.40	808139.01	98.52	1.61	
3.5	防火门窗	建筑面积	45269.45	19.03	0.09	272581.41	46.80	0.54	317850.86	38.75	0.63	
3.6	防火卷帘	建筑面积										
3.7	防水工程	建筑面积	635784.17	267.30	1.26				635784.17	77.51	1.26	
3.8	保温工程	建筑面积										
3.9	屋面工程	屋面面积	148928.00	550.73	0.30	141506.50	301.21	0.28	290434.50	392.37	0.58	
3.10	人防门	建筑面积										
3.11	其他											
4	外立面工程	建筑面积				878993.60	150.92	1.75	878993.60	107.16	1.75	
4.1	门窗工程	门窗面积				529335.29	575.36	1.05	529335.29	575.36	1.05	外窗面积根据窗墙比经验值预估，外门面积根据平面图预估
4.2	幕墙	垂直投影面积										垂直投影面积根据平面图、立面图、效果图结合外门窗面积匡算
4.3	外墙涂料	垂直投影面积				346811.61	102.71	0.69	346811.61	102.71	0.69	
4.4	外墙块料	垂直投影面积										
4.5	天窗/天幕	天窗/天幕面积										根据平面图预估面积
4.6	雨篷	雨篷面积				2846.70	201.04		2846.70	201.04		
4.7	其他											
5	装修工程	建筑面积	504386.66	212.06	1.00	4312812.40	740.49	8.57	4817199.06	587.26	9.57	装修标准相近的区域可合并
5.1	停车场装修	停车场面积	88566.37	122.60	0.18				88566.37	10.80	0.18	
5.2	公共区域装修	装修面积	415820.29	53.92	0.83	250216.87	351.04	0.50	666037.16	81.20	1.32	含入户门
5.3	户内装修	装修面积										含户内门

序号	科目名称	功能用房或单项工程计算基数	单项工程±0.00以下			单项工程±0.00以上			合计			备注
			造价（元）	单位造价（元/单位）	造价占比（%）	造价（元）	单位造价（元/单位）	造价占比（%）	造价（元）	单位造价（元/单位）	造价占比（%）	
5.4	厨房、卫生间装修	装修面积				342601.18	185.34	0.68	342601.18	41.77	0.68	含厨房、卫生间门
5.5	功能用房装修	装修面积										
5.6	医院内装修	装修面积				3719994.35	176.74	7.39	3719994.35	453.50	7.39	
5.7	其他											
6	固定件及内置家具	建筑面积	26894.32	11.31	0.05	725729.97	124.60	1.44	752624.29	91.75	1.50	可研估算阶段根据历史数据预估
6.1	标识	建筑面积	12540.18	5.27	0.02				12540.18	1.53	0.02	
6.2	金属构件	建筑面积	14354.14	6.03	0.03	328303.51	56.37	0.65	342657.65	41.77	0.68	
6.3	家具	建筑面积				397426.46	68.24	0.79	397426.46	48.45	0.79	
6.4	布幕和窗帘	建筑面积										
6.5	其他											
7	机电工程	建筑面积	2882555.81	1211.90	5.73	12655698.40	2172.92	25.15	15538254.21	1894.25	30.87	
7.1	通风工程	建筑面积	522853.20	219.82	1.04	631527.98	108.43	1.25	1154381.18	140.73	2.29	
7.2	空调工程	建筑面积				2831519.40	486.16	5.63	2831519.40	345.19	5.63	
7.3	给排水工程	建筑面积	577129.57	242.64	1.15	1072715.97	184.18	2.13	1649845.54	201.13	3.28	
7.4	消防水工程	建筑面积	205865.85	86.55	0.41	520923.50	89.44	1.04	726789.35	88.60	1.44	
7.5	消防报警及联动工程	建筑面积	459468.56	193.17	0.91	175939.87	30.21	0.35	635408.43	77.46	1.26	
7.6	电气工程	建筑面积	697746.08	293.35	1.39	1453190.41	249.51	2.89	2150936.49	262.22	4.27	
7.7	弱电工程	建筑面积	215371.22	90.55	0.43	3549762.72	609.48	7.05	3765133.94	459.00	7.48	
7.8	电梯工程	按数量				1446264.41	361566.10	2.87	1446264.41	361566.10	2.87	
7.9	变配电工程	变压器容量（kVA）										
7.10	燃气工程	建筑面积/用气户数										

序号	科目名称	功能用房或单项工程计算基数	单项工程±0.00以下			单项工程±0.00以上			合计			备注
			造价（元）	单位造价（元/单位）	造价占比（%）	造价（元）	单位造价（元/单位）	造价占比（%）	造价（元）	单位造价（元/单位）	造价占比（%）	
7.11	外墙灯具/外墙照明工程	建筑面积										
7.12	LED大屏工程	建筑面积										
7.13	机电抗震支架工程	建筑面积				904485.84	155.30	1.80	904485.84	110.26	1.80	
7.14	其他		204121.33	85.82	0.41	69368.30	11.91	0.14	273489.63	33.34	0.54	
8	室外工程	建筑面积				1127859.35	137.50	2.24	1127859.35	137.50	2.24	
8.1	地基处理											
8.2	道路工程	道路面积										需根据填报指引区别于8.8中的园路
8.3	燃气工程	建筑面积/接入长度										
8.4	给水工程	室外占地面积				232528.78	64.39	0.46	232528.78	64.39	0.46	用地面积－建筑物基底面积
8.5	室外雨污水系统	室外占地面积				255875.78	70.86	0.51	255875.78	70.86	0.51	
8.6	电气工程	室外占地面积				129477.17	35.86	0.26	129477.17	35.86	0.26	
8.7	弱电工程	室外占地面积				76793.10	21.27	0.15	76793.10	21.27	0.15	
8.8	园建工程	园建面积				357362.83	118.72	0.71	357362.83	118.72	0.71	园建总面积在可研阶段可根据总占地面积、道路面积、塔楼基底面积和绿化率推导求出，其他阶段按实计算

序号	科目名称	功能用房或单项工程计算基数	单项工程±0.00以下			单项工程±0.00以上			合计			备注
			造价（元）	单位造价（元/单位）	造价占比（%）	造价（元）	单位造价（元/单位）	造价占比（%）	造价（元）	单位造价（元/单位）	造价占比（%）	
8.9	绿化工程	绿化面积				70558.53	117.39	0.14	70558.53	117.39	0.14	可研阶段可根据绿化率推导求出，其他阶段按实计算
8.10	园林灯具及喷灌系统	园建绿化面积				5263.16	1.46	0.01	5263.16	1.46	0.01	
8.11	围墙工程	围墙长度（m）										
8.12	大门工程	项										
8.13	室外游乐设施	园建面积										
8.14	其他											
9	辅助工程	总建筑面积	316165.72	38.54	0.63	281023.21	34.26	0.56	597188.93	72.80	1.19	
9.1	配套用房建筑工程	建筑面积										仅指独立的配套用房，非独立的含在各业态中
9.2	外电接入工程	接入线路的路径长度										接入长度为从红线外市政变电站接入红线内线路的路径长度
9.3	柴油发电机	kW										发电机功率
9.4	冷源工程	冷吨										
9.5	污水处理站	m³/d										日处理污水量
9.6	生活水泵房	建筑面积				281023.21	118.15	0.56	281023.21	34.26	0.56	
9.7	消防水泵房	建筑面积	316165.72	132.92	0.63				316165.72	38.54	0.63	
9.8	充电桩	按数量										
9.9	运动场地	水平投影面积										
9.10	其他工程											
10	专项工程	建筑面积				2456637.88	421.79	4.88	2456637.88	299.49	4.88	各类专项工程内容

序号	科目名称	功能用房或单项工程计算基数	单项工程±0.00以下			单项工程±0.00以上			合计			备注
			造价（元）	单位造价（元/单位）	造价占比（%）	造价（元）	单位造价（元/单位）	造价占比（%）	造价（元）	单位造价（元/单位）	造价占比（%）	
10.1	擦窗机工程											
10.2	厨房设备											
10.3	舞台设备及视听设备工程											
10.4	溶洞工程											
10.5	医疗专项	建筑面积				2456637.88	421.79	4.88	2456637.88	299.49	4.88	
11	措施项目费	建筑面积	2140561.99	899.94	4.25	3069442.08	527.01	6.10	5210004.07	635.15	10.35	
11.1	土建工程措施项目费	建筑面积	1906530.19	801.55	3.79	2107281.99	361.81	4.19	4013812.18	489.32	7.98	
	其中：模板	建筑面积	722924.05	303.93	1.44	1061702.20	182.29	2.11	1784626.25	217.56	3.55	
	脚手架	建筑面积	40836.57	17.17	0.08	586223.31	100.65	1.16	627059.88	76.44	1.25	
11.2	机电工程措施项目费	建筑面积	234031.80	98.39	0.47	962160.09	165.20	1.91	1196191.89	145.83	2.38	
12	其他	建筑面积										
13	合计		20739123.65	2528.29	41.21	29589265.22	3607.20	58.79	50328388.87	6135.48	100.00	

广东省房屋建筑工程投资估算用量指标表

表 3-3-3

序号	科目名称	工程量	单位	用量指标	单位	备注
A	结构材料用量指标					
1	筏形基础					
1.1	混凝土		m^3		m^3/m^2	混凝土工程量/筏形基础底板面积
1.2	模板		m^2		m^2/m^2	模板工程量/筏形基础底板面积
1.3	钢筋		kg		kg/m^3	钢筋工程量/筏形基础底板混凝土量
1.4	钢筋		kg		kg/m^2	钢筋工程量/筏形基础底板面积
2	地下室（不含外墙、不含筏形基础）					
2.1	混凝土	65.58	m^3	0.03	m^3/m^2	混凝土工程量/地下室建筑面积
2.2	模板	421.80	m^2	0.18	m^2/m^2	模板工程量/地下室建筑面积
2.3	钢筋	8399.27	kg	128.08	kg/m^3	钢筋工程量/地下室混凝土量
2.4	钢筋	8399.27	kg	3.53	kg/m^2	钢筋工程量/地下室建筑面积
2.5	钢材		kg		kg/m^2	钢结构工程量/地下室建筑面积
3	地下室（含外墙、不含筏形基础）					
3.1	混凝土	347.02	m^3	0.15	m^3/m^2	混凝土工程量/地下室建筑面积
3.2	模板	1944.45	m^2	0.82	m^2/m^2	模板工程量/地下室建筑面积
3.3	钢筋	47638.81	kg	137.28	kg/m^3	钢筋工程量/地下室（含外墙）混凝土量
3.4	钢筋	47638.81	kg	20.03	kg/m^2	钢筋工程量/地下室建筑面积
3.5	钢材		kg		kg/m^2	钢结构工程量/地下室建筑面积
4	裙楼					
4.1	混凝土		m^3		m^3/m^2	混凝土工程量/裙楼建筑面积
4.2	模板		m^2		m^2/m^2	模板工程量/裙楼建筑面积
4.3	钢筋		kg		kg/m^3	钢筋工程量/裙楼混凝土量
4.4	钢筋		kg		kg/m^2	钢筋工程量/裙楼建筑面积
4.5	钢材		kg		kg/m^2	钢筋工程量/裙楼建筑面积
5	塔楼					
5.1	混凝土	1637.04	m^3	0.28	m^3/m^2	混凝土工程量/塔楼建筑面积

— 246 —

序号	科目名称	工程量	单位	用量指标	单位	备注
5.2	模板	15069.64	m²	2.59	m²/m²	模板工程量/塔楼建筑面积
5.3	钢筋	270171.00	kg	165.04	kg/m³	钢筋工程量/塔楼混凝土量
5.4	钢筋	270171.00	kg	46.39	kg/m²	钢筋工程量/塔楼建筑面积
5.5	钢材		kg		kg/m²	钢筋工程量/塔楼建筑面积
B	外墙装饰材料用量指标					
1	裙楼					
1.1	玻璃幕墙面积		m²		%	幕墙面积/裙楼外墙面积
1.2	石材幕墙面积		m²		%	石材面积/裙楼外墙面积
1.3	铝板幕墙面积		m²		%	铝板面积/裙楼外墙面积
1.4	铝窗面积		m²		%	铝窗面积/裙楼外墙面积
1.5	百叶面积		m²		%	百叶面积/裙楼外墙面积
1.6	面砖面积		m²		%	面砖面积/裙楼外墙面积
1.7	涂料面积		m²		%	涂料面积/裙楼外墙面积
1.8	外墙面积（1.1+1.2+…+1.7）		m²		m²/m²	裙楼外墙面积/裙楼建筑面积
2	塔楼					
2.1	玻璃幕墙面积		m²		%	幕墙面积/塔楼外墙面积
2.2	石材幕墙面积		m²		%	石材面积/塔楼外墙面积
2.3	铝板幕墙面积		m²		%	铝板面积/塔楼外墙面积
2.4	铝窗面积	873.33	m²	22.10	%	铝窗面积/塔楼外墙面积
2.5	百叶面积	16.80	m²	0.43	%	百叶面积/塔楼外墙面积
2.6	面砖面积		m²		%	面砖面积/塔楼外墙面积
2.7	涂料面积	3061.75	m²	77.48	%	涂料面积/塔楼外墙面积
2.8	外墙面积（2.1+2.2+…+2.7）	3951.88	m²	0.68	m²/m²	塔楼外墙面积/塔楼建筑面积
3	外墙总面积（1.8+2.8）	3951.88	m²	0.68	m²/m²	外墙总面积/地上建筑面积

案例四　××医院心血管病大楼建设项目

（建成工程咨询股份有限公司提供）

广东省房屋建筑工程投资估算指标总览表

项目信息	项目名称		××医院心血管病大楼建设项目			项目阶段	概算
	建设类型	医院	建设地点	××市××区		价格取定时间	2021年1月
	计价方式	清单	建设单位名称	××医院		开工时间	
	发承包方式		设计单位名称			竣工时间	
	资金来源	区政府资金	施工单位名称			总造价（万元）	59420.14
	地质情况		工程范围	地上16层、地下2层的心血管病大楼，配套建设污水处理站和变配电中心			
	红线内面积（m²）		总建筑面积（m²）		容积率（%）	2.52	绿化率（%）	27.94

科目名称 \ 项目特征值		心血管病大楼地下室建筑工程	心血管病大楼地上建筑工程	备注
概况简述	栋数	1	1	
	层数	2	16	
	层高（m）			
	建筑高度（m）	9.45	74.70	
	户数/床位数/……		500.0	
	人防面积（m²）	4404.66		
	塔楼基底面积（m²）			
	外立面面积（m²）		18763.15	
	绿色建筑标准			
	建筑面积（m²）	13213.97	59220.54	
结构简述	抗震烈度	7度	7度	
	结构形式	框架—剪力墙结构	框架—剪力墙结构	
	装配式建筑面积/装配率			
	基础形式及桩长	桩基础＋筏形基础，桩长约28m		

科目名称	项目特征值	心血管病大楼地下室建筑工程	心血管病大楼地上建筑工程	备注
土石方、护坡、地下连续墙及地基处理	土石方工程	一、二类土		
	基坑支护、边坡	基坑挖深约 11.5m		
	地下连续墙			
	地基处理			
	其他			
基础	筏形基础	C35 抗渗混凝土，板厚 600mm		
	其他基础			
	桩基础			
	其他			
主体结构	钢筋混凝土工程	C60 混凝土框架柱、C60 及 C35 混凝土剪力墙、C35 混凝土有梁板	C60/C55/C35 混凝土框架柱、C60 混凝土剪力墙、C40/C30 混凝土有梁板	
	钢板			
	钢结构		Q345B 1300mm×500mm×24mm 工字梁、Q345B 600mm×600mm×24mm 及 400mm×400mm×24mm 钢柱	
	砌筑工程		蒸压加气混凝土砌块 A5.0、MU10 灰砂砖	
	防火门窗	钢筋混凝土连通口双向受力防护密闭门、甲级防火门、隔声门	钢筋混凝土连通口双向受力防护密闭门、甲级防火门、隔声门	
	防火卷帘	钢质防火卷帘单片	钢质防火卷帘单片	
	防水工程	2.0mm 厚单组分聚氨酯防水涂料（Ⅰ型）	2.0mm 厚单组分聚氨酯防水涂料（Ⅰ型）	
	保温工程		125mm 现浇泡沫混凝土保温	
	屋面工程		1.2mm 厚双层三元乙丙橡胶防水卷材、1.5mm 厚聚合物水泥防水涂料	
	其他			
外立面工程	门窗工程			
	幕墙		（6mm 中透光 Low-E＋12A＋6mm 透明玻璃）low-E 中空玻璃、氟碳喷涂铝板	

科目名称	项目特征值	心血管病大楼地下室建筑工程	心血管病大楼地上建筑工程	备注
外立面工程	外墙涂料			
	外墙块料		白色外墙砖 300mm×300mm	
	天窗/天幕			
	雨篷			
	其他			
装修工程	停车场装修	卷材面层缝隙焊缝（或胶封）密闭处理，打蜡出光，6mm 厚半通体（或复合）聚氯乙烯卷材面层，专用胶粘剂粘铺，接缝处及四周边用专用滚轮压实		
	公共区域装修	20mm 厚磨光大理石板（或花岗石板）、8～10mm 厚防滑地砖		
	户内装修	穿孔吸声复合板 600mm×600mm×15mm、铝合金方板 600mm×600mm 与配套专用龙骨固定吊顶		
	厨房、卫生间装修			
	功能用房装修			
	其他			
固定件及内置家具	标识			
	金属构件			
	家具			
	布幕和窗帘			
	其他			
机电工程	通风工程	MNS 冷水机组自带变频柜 1AP3～6、SC 电线配管、WDZN-YJV 电力电缆	P(S)-2F-2 柜式风机、FC1 风机盘管、DHU 吊顶式空调器、门铰式回风口（配滤网）、回风静压箱、空气源热泵热水机、热镀锌钢板通风管道	

科目名称	项目特征值	心血管病大楼地下室建筑工程	心血管病大楼地上建筑工程	备注
机电工程	空调工程	螺杆式冷水机组、Y形过滤器、压差旁通阀、闸阀、P(Y)-B2-F1-1柜式风机、JS-1-B1-5～6轴流式通风机	P(S)-2F-2柜式风机、FC1风机盘管、DHU吊顶式空调器、门铰式回风口（配滤网）、回风静压箱、空气源热泵热水机、热镀锌钢板通风管道	
	给排水工程	内衬钢塑复合管、$Q=36m/h$、$H=18m$、$N=3.0kW$潜水排污泵、储水箱、生活变频泵	内衬钢塑复合管、闸阀、液动阀、PPR给水管、紫外线光催化二氧化钛（AOT）消毒装置	
	消防水工程	水喷淋钢管、遥控信号阀、直立喷头、自动排气阀、末端试水装置		
	消防报警及联动工程	ZCN-RVS电线配线、金属线槽、JBF-3100智能感烟探测器、吸顶式消防广播、消防固定电话	ZCN-BV电线配线、SC电线配管、JBF-3100智能感烟探测器、吸顶式消防广播	
	电气工程	高效节能LED吸顶灯，单相二、三孔安全型插座、LED疏散指示灯IP67	成套配电箱、插接箱、JDG电线配管、WDZN-YJV电缆、户内干包式铜芯电力电缆头、T8型双管灯盘、墙上座灯、LED安全出口标志灯IP67	
	弱电工程	环形线圈车辆检测器、读卡机、车牌识别摄像机、摄像机监控6个车位，红绿2色，TCP/IP数字信号传输，130万高清	86型底盒、与RJ45单模块插座、无线AP点、UT-Pcat6双绞线缆、不间断电源40kVA，后备时间60min，含电池	
	电梯工程			
	变配电工程		自动报警系统、高低压电气系统、七氟丙烷气体灭火系统	
	燃气工程			
	外墙灯具/外墙照明工程			
	LED大屏工程			
	机电抗震支架工程	电缆桥架纵向支撑（T）各型槽钢、螺栓式安卡锚栓、导轨支座、槽钢端盖、连接件、螺栓螺母、垫片、槽钢加强键		
	其他			

科目名称	项目特征值	心血管病大楼地下室建筑工程	心血管病大楼地上建筑工程	备注
室外工程	地基处理			
	道路工程		车行路面200mm厚C25混凝土面层、仿芝麻黑烧面花岗石立道牙、烧面灰麻石（工字型密缝贴）人行道、植草砖停车位	
	燃气工程			
	给水工程			
	室外雨污水系统		侧排雨水斗、UPVC雨水管	
	电气工程		室外配电箱1APCDZ1～3、树脂复合型检查井盖座ϕ700（重型）	
	弱电工程		弱电电缆保护管钢管SC100、室外弱电井1.2m×1.2m×1.2m	
	园建工程			
	绿化工程		樟树：胸径28～32cm，冠幅2.8～3.2m，自然高7.0～8.0m；大叶紫薇：胸径12～13cm，冠幅3.0～3.5m，自然高3.5～4.0m；小叶榄仁：胸径9～10cm，冠幅2.0～2.3m，自然高4.0～4.5m；翠芦莉、朱槿、黄金叶	
	园林灯具及喷灌系统		3.5m高庭院灯、成套型造型单臂悬挑灯安装，单臂灯杆H=8m、250W、LED	
	围墙工程			
	大门工程			
	室外游乐设施			
	其他			
辅助工程	配套用房建筑工程		蒸压加气混凝土砌块A5.0、MU10灰砂砖墙体，C30混凝土柱、有梁板，C25窗台板、C30雨篷	
	外电工程			

科目名称	项目特征值	心血管病大楼地下室建筑工程	心血管病大楼地上建筑工程	备注
辅助工程	柴油发电机			
	冷源工程			
	污水处理站			
	生活水泵房			
	消防水泵房			
	充电桩		直流充电桩60kW	
	运动场地			
	其他工程			
专项工程	擦窗机工程			
	厨房设备			
	舞台设备及视听设备工程			
	溶洞工程			
	医疗专项		脱脂铜管＼氧气终端＼二氧化碳终端＼医疗设备带、IG541气体消防系统	
措施项目费	土建工程措施项目费			
	其中：模板			
	脚手架		综合脚手架、单排脚手架、墙面及天棚脚手架	
	机电工程措施项目费			
	其他			

序号	科目名称	功能用房或单项工程计算基数	心血管病大楼建筑工程±0.00以下			功能用房或单项工程计算基数	心血管病大楼建筑工程±0.00以上			合计			备注
			造价（元）	单位造价（元/单位）	造价占比（%）		造价（元）	单位造价（元/单位）	造价占比（%）	造价（元）	单位造价（元/单位）	造价占比（%）	
1	土石方、护坡、地下连续墙及地基处理	13213.97	56935569.86	4308.74	37.78	59220.54				56935569.86	786.03	11.62	
1.1	土石方工程	85082.61	5116950.31	60.14	3.35	85082.61				5116950.31	60.14	1.04	可研阶段实方量＝地下室面积×挖深×系数（预估）
1.2	基坑支护、边坡	6820.83	51818619.54	7597.11	33.95	6820.83				518186119.54	7597.11	10.51	基坑支护周长根据地下室边线预估，垂直投影面积＝基坑支护周长×地下室深度
1.3	地下连续墙	垂直投影面积				垂直投影面积							
1.4	地基处理	地基处理面积				地基处理面积							此处仅指各单项工程基底面积范围内的地基处理，室外地基处理计入8.1，大型溶洞地基处理计入10
1.5	其他												
2	基础	13213.97	15784423.57	1194.53	10.34	59220.54				15784423.57	1194.53	3.20	
2.1	筏形基础	建筑面积				建筑面积							
2.2	其他基础												
2.3	桩基础	13213.97	15784423.57	1194.53		13213.97							

序号	科目名称	功能用房或单项工程计算基数	心血管病大楼建筑工程±0.00以下			功能用房或单项工程计算基数	心血管病大楼建筑工程±0.00以上			合计			备注
			造价（元）	单位造价（元/单位）	造价占比（%）		造价（元）	单位造价（元/单位）	造价占比（%）	造价（元）	单位造价（元/单位）	造价占比（%）	
2.4	其他												
3	主体结构	13213.97	31337473.72	2371.54	20.53	59220.54	69312302.50	1170.41	20.36	100649776.20	3541.95	20.41	
3.1	钢筋混凝土工程	13213.97	26104021.69	1975.49		13213.97							
3.2	钢板	建筑面积				建筑面积							
3.3	钢结构	建筑面积				建筑面积							
3.4	砌筑工程	13213.97	691444.55	52.33	0.45	59220.54	7377539.75	124.58	2.17	8068984.30	111.40	1.64	
3.5	防火门窗	建筑面积				59220.54	8309118.70	140.31	2.44	8309118.71	140.31	1.69	
3.6	防火卷帘	建筑面积				建筑面积							
3.7	防水工程	13213.97	1591476.37	120.44	1.04	59220.54	1222405.99	20.64	0.36	2813882.36	38.85	0.57	
3.8	保温工程	13213.97	352401.56	26.67	0.23	59220.54	232231.14	3.92	0.07	584632.70	8.07	0.12	
3.9	屋面工程	2035.88	771295.78	378.85	0.52	2035.88	914016.60	448.95	0.27	1685312.38	44.02	0.65	
3.10	其他金属结构工程	13213.97	41488.18	3.14	0.03	59220.54	3146831.90	53.14	0.92	3188320.08	44.02	0.65	
3.11	人防门	13213.97	1785345.59	135.11	1.17					1785345.59	135.11	0.36	
4	外立面工程					59220.54	28055201.86	473.74	8.24	28055201.86	473.74	5.69	
4.1	门窗工程	门窗面积				门窗面积							外窗面积根据窗墙比经验值预估，外门面积根据平面图预估
4.2	幕墙	垂直投影面积				18763.146	19594645.11	1044.32	5.76	19594645.11	1044.32	3.97	垂直投影面积根据平面图、立面图、效果图结合外门窗面积匡算
4.3	外墙涂料	垂直投影面积				垂直投影面积							
4.4	外墙块料	垂直投影面积				18763.146	8460556.75	450.91	2.49	8460556.75	450.91	1.72	

序号	科目名称	功能用房或单项工程计算基数	心血管病大楼建筑工程±0.00以下			功能用房或单项工程计算基数	心血管病大楼建筑工程±0.00以上			合计			备注
			造价（元）	单位造价（元/单位）	造价占比（%）		造价（元）	单位造价（元/单位）	造价占比（%）	造价（元）	单位造价（元/单位）	造价占比（%）	
4.5	天窗/天幕	天窗/天幕面积				天窗/天幕面积							根据平面图预估面积
4.6	雨篷	雨篷面积				雨篷面积							
4.7	其他												
5	装修工程	13213.97	4481020.81	339.11	2.97	59220.54	43708542.39	738.06	12.89	48189563.20	665.28	9.77	装修标准相近的区域可合并
5.1	停车场装修	8119.21	2016459.37	248.36	1.32	停车场面积				2016459.37	248.36	0.41	
5.2	公共区域装修	3290.87	2464561.45	748.91	1.61	59220.54	43708542.39	738.06	12.84	46173103.84	738.63	9.36	含入户门
5.3	户内装修（病房）	装修面积				装修面积							含户内门
5.4	厨房、卫生间装修	装修面积				装修面积							含厨房、卫生间门
5.5	功能用房装修	装修面积				装修面积							
5.6	其他												
6	固定件及内置家具												可研估算阶段根据历史数据预估
6.1	标识	建筑面积				建筑面积							
6.2	金属构件	建筑面积				建筑面积							
6.3	家具	建筑面积				建筑面积							
6.4	布幕和窗帘	建筑面积				建筑面积							
6.5	其他												
7	机电工程	13213.97	13820149.57	1045.87	9.05	59220.54	88612430.61	1496.31	26.03	102432580.20	1414.14	20.77	

序号	科目名称	功能用房或单项工程计算基数	心血管病大楼建筑工程±0.00以下			功能用房或单项工程计算基数	心血管病大楼建筑工程±0.00以上			合计			备注
			造价（元）	单位造价（元/单位）	造价占比（%）		造价（元）	单位造价（元/单位）	造价占比（%）	造价（元）	单位造价（元/单位）	造价占比（%）	
7.1	通风工程	13213.97	751618.60	56.88	0.49					751618.60	56.88	0.15	
7.2	空调工程	13213.97	3878619.14	293.52	2.54	59220.54	17321613.93	292.49	5.09	21200233.07	292.68	4.30	
7.3	给排水工程	13213.97	1915111.21	144.93	1.25	59220.54	3715709.82	62.74	1.09	5630821.03	77.74	1.14	
7.4	消防水工程	13213.97	1285940.89	97.32	0.84	59221.54	3963687.28	66.93	1.16	5249628.17	72.47	1.06	
7.5	消防报警及联动工程	13213.97				59222.54	10698438.34	180.65	3.14	10698438.34	147.70	2.17	
7.6	电气工程	13213.97	4790395.90	362.53	3.14	59223.54	16582089.25	280.01	4.87	21372485.15	295.06	4.33	
7.7	弱电工程	13213.97	1198463.84	90.70	0.79	59224.54	16222876.41	273.94	4.77	17421340.25	240.51	3.53	
7.8	电梯工程	按数量				18.00	11388015.57	632667.53	3.35	11388015.57	632667.53	2.31	
7.9	变配电工程	变压器容量（kVA）				变压器容量（kVA）							
7.10	燃气工程	建筑面积/用气户数				建筑面积/用气户数							
7.11	外墙灯具/外墙照明工程	建筑面积				建筑面积							
7.12	LED大屏工程	建筑面积				建筑面积							
7.13	机电抗震支架工程	建筑面积				建筑面积							
7.14	其他：物流系统						8720000.00	147.25	2.56	8720000.00	147.25	1.77	
8	室外工程	总建筑面积				总建筑面积							

序号	科目名称	功能用房或单项工程计算基数	心血管病大楼建筑工程±0.00以下			功能用房或单项工程计算基数	心血管病大楼建筑工程±0.00以上			合计			备注
			造价（元）	单位造价（元/单位）	造价占比（%）		造价（元）	单位造价（元/单位）	造价占比（%）	造价（元）	单位造价（元/单位）	造价占比（%）	
8.1	地基处理												
8.2	道路工程	道路面积				道路面积							需根据填报指引区别于8.8中的园路
8.3	燃气工程	建筑面积/接入长度				建筑面积/接入长度							
8.4	给水工程	室外占地面积				室外占地面积							用地面积－建筑物基底面积
8.5	室外雨污水系统	室外占地面积				室外占地面积							用地面积－建筑物基底面积
8.6	电气工程	室外占地面积				室外占地面积							用地面积－建筑物基底面积
8.7	弱电工程	室外占地面积				室外占地面积							用地面积－建筑物基底面积
8.8	园建工程	园建面积				园建面积							园建总面积在可研阶段可根据总占地面积、道路面积、塔楼基底面积和绿化率推导求出，其他阶段按实计算
8.9	绿化工程	绿化面积				绿化面积							可研阶段可根据绿化率推导求出，其他阶段按实计算

序号	科目名称	功能用房或单项工程计算基数	心血管病大楼建筑工程±0.00 以下			功能用房或单项工程计算基数	心血管病大楼建筑工程±0.00 以上			合计			备注
			造价（元）	单位造价（元/单位）	造价占比（%）		造价（元）	单位造价（元/单位）	造价占比（%）	造价（元）	单位造价（元/单位）	造价占比（%）	
8.10	园林灯具及喷灌系统	园建绿化面积				园建绿化面积							
8.11	围墙工程	围墙长度（m）				围墙长度							
8.12	大门工程	项				项							
8.13	室外游乐设施	园建面积				园建面积							
8.14	其他												
9	辅助工程					59220.54	6582365.67	111.15	1.94	6582365.67	111.15	1.34	
9.1	配套用房建筑工程	建筑面积				2750.74	6582365.67	2392.94	1.93	6582365.67	2392.94	1.33	仅指独立的配套用房，非独立的含在各业态中
9.2	外电接入工程	接入线路的路径长度				接入线路的路径长度							接入长度为从红线外市政变电站接入红线内线路的路径长度
9.3	柴油发电机	kW				kW							发电机功率
9.4	冷源工程	冷吨				冷吨							
9.5	污水处理站	m³/d				m³/d							日处理污水量
9.6	生活水泵房	建筑面积				建筑面积							
9.7	消防水泵房	建筑面积				建筑面积							
9.8	充电桩	按数量				按数量							
9.9	运动场地	水平投影面积				水平投影面积							
9.10	其他工程												

| 序号 | 科目名称 | 功能用房或单项工程计算基数 | 心血管病大楼建筑工程±0.00以下 | | | 功能用房或单项工程计算基数 | 心血管病大楼建筑工程±0.00以上 | | | 合计 | | | 备注 |
			造价（元）	单位造价（元/单位）	造价占比（%）		造价（元）	单位造价（元/单位）	造价占比（%）	造价（元）	单位造价（元/单位）	造价占比（%）	
10	专项工程					59220.54	31464520.54	531.31	9.28	31464520.54	531.31	6.42	各类专项工程内容
10.1	擦窗机工程												
10.2	厨房设备												
10.3	舞台设备及视听设备工程												
10.4	溶洞工程												
10.5	医疗专项					59220.54	31464520.54	531.31	9.28	31464520.54	531.31	6.42	
11	措施项目费	13213.97	11972082.11	906.02	7.84	59220.54	35915509.56	606.47	10.59	47887591.67	661.12	9.71	
11.1	土建工程措施项目费	13213.97	10654807.20	806.33	6.98	59220.54	28665152.56	484.04	0.08	39319959.76	542.83	7.97	
	其中：模板	13213.97	2786087.69	210.84	1.83	59220.54	12933820.79	218.40	0.04	15719908.48	217.02	3.19	
	脚手架	13213.97	279917.00	21.18	0.18	59220.54	7024993.20	118.62	0.02	7304910.20	100.85	1.48	
11.2	机电工程措施项目费	13213.97	1317274.91	99.69	0.86	59220.54	7250357.00	122.43	2.13	8567631.91	118.28	1.74	
12	其他	13213.97	5700406.90	431.39	3.73	59220.54	8686936.63	146.69	2.55	14387343.53	198.63	2.92	
13	合计	13213.97	150687901.24		100.00	59220.54	339115790.11		100.00	489803691.30	6762.02	100.00	

序号	科目名称	工程量	单位	用量指标	单位	备注
A	结构材料用量指标					
1	筏形基础					
1.1	混凝土	4041.24	m³	0.60	m³/m²	混凝土工程量/筏形基础底板面积
1.2	模板	40.11	m²	0.01	m²/m²	模板工程量/筏形基础底板面积
1.3	钢筋		kg		kg/m³	钢筋工程量/筏形基础底板混凝土量
1.4	钢筋		kg		kg/m²	钢筋工程量/筏形基础底板面积
2	地下室（不含外墙、不含筏形基础）					
2.1	混凝土	4349.72	m³	0.33	m³/m²	混凝土工程量/地下室建筑面积
2.2	模板	23483.33	m²	1.78	m²/m²	模板工程量/地下室建筑面积
2.3	钢筋	1184726.00	kg	272.37	kg/m³	钢筋工程量/地下室混凝土量
2.4	钢筋	1184726.00	kg	89.66	kg/m²	钢筋工程量/地下室建筑面积
2.5	钢材		kg		kg/m²	钢结构工程量/地下室建筑面积
3	地下室（含外墙、不含筏形基础）					
3.1	混凝土	6679.69	m³	0.51	m³/m²	混凝土工程量/地下室建筑面积
3.2	模板	37789.21	m²	2.86	m²/m²	模板工程量/地下室建筑面积
3.3	钢筋	2369452.00	kg	354.72	kg/m³	钢筋工程量/地下室（含外墙）混凝土量
3.4	钢筋	2369452.00	kg	179.31	kg/m²	钢筋工程量/地下室建筑面积
3.5	钢材		kg		kg/m²	钢结构工程量/地下室建筑面积
4	裙楼					
4.1	混凝土	13515.64	m³	0.39	m³/m²	混凝土工程量/裙楼建筑面积
4.2	模板	97050.35	m²	2.79	m²/m²	模板工程量/裙楼建筑面积
4.3	钢筋	2419072.00	kg	178.98	kg/m³	钢筋工程量/裙楼混凝土量
4.4	钢筋	2419072.00	kg	69.43	kg/m²	钢筋工程量/裙楼建筑面积
4.5	钢材		kg		kg/m²	钢筋工程量/裙楼建筑面积
5	塔楼					

序号	科目名称	工程量	单位	用量指标	单位	备注
5.1	混凝土	9408.43	m³	0.39	m³/m²	混凝土工程量/塔楼建筑面积
5.2	模板	77258.37	m²	3.17	m²/m²	模板工程量/塔楼建筑面积
5.3	钢筋	1695376.00	kg	180.20	kg/m³	钢筋工程量/塔楼混凝土量
5.4	钢筋	1695376.00	kg	69.54	kg/m²	钢筋工程量/塔楼建筑面积
5.5	钢材		kg		kg/m²	钢筋工程量/塔楼建筑面积
B	外墙装饰材料用量指标					
1	裙楼					
1.1	玻璃幕墙面积	7049.42	m²	54.86	%	幕墙面积/裙楼外墙面积
1.2	石材幕墙面积		m²		%	石材面积/裙楼外墙面积
1.3	铝板幕墙面积	5087.82	m²	39.60	%	铝板面积/裙楼外墙面积
1.4	铝窗面积		m²		%	铝窗面积/裙楼外墙面积
1.5	百叶面积		m²		%	百叶面积/裙楼外墙面积
1.6	面砖面积	712.15	m²	5.54	%	面砖面积/裙楼外墙面积
1.7	涂料面积		m²		%	涂料面积/裙楼外墙面积
1.8	外墙面积（1.1＋1.2＋…＋1.7）	12849.39	m²	0.37	m²/m²	裙楼外墙面积/裙楼建筑面积
2	塔楼					
2.1	玻璃幕墙面积	7463.52	m²	42.07	%	幕墙面积/塔楼外墙面积
2.2	石材幕墙面积		m²		%	石材面积/塔楼外墙面积
2.3	铝板幕墙面积	6486.50	m²	36.56	%	铝板面积/塔楼外墙面积
2.4	铝窗面积		m²		%	铝窗面积/塔楼外墙面积
2.5	百叶面积		m²		%	百叶面积/塔楼外墙面积
2.6	面砖面积	3791.30	m²	21.37	%	面砖面积/塔楼外墙面积
2.7	涂料面积		m²		%	涂料面积/塔楼外墙面积
2.8	外墙面积（2.1＋2.2＋…＋2.7）	17741.32	m²	0.73	m²/m²	塔楼外墙面积/塔楼建筑面积
3	外墙总面积（1.8＋2.8）	30590.71	m²	0.52	m²/m²	外墙总面积/地上建筑面积

案例五　××大学附属第三医院××医院二期工程

（新誉时代工程咨询有限公司提供）

广东省房屋建筑工程投资估算指标总览表　　　　　　　　　表 3-5-1

<table>
<tr><td rowspan="8">项目信息</td><td>项目名称</td><td colspan="5">××大学附属第三医院××医院二期工程</td><td>项目阶段</td><td>招标</td></tr>
<tr><td>建设类型</td><td colspan="2">建设地点</td><td colspan="3">广州市××区</td><td>价格取定时间</td><td>2020 年 8 月</td></tr>
<tr><td>计价方式</td><td>清单计价</td><td>建设单位名称</td><td colspan="3">广州×××财政投资建设项目管理中心</td><td>开工时间</td><td></td></tr>
<tr><td>发承包方式</td><td>公开招标</td><td>设计单位名称</td><td colspan="3">广东省××建筑设计院有限公司</td><td>竣工时间</td><td></td></tr>
<tr><td>资金来源</td><td>财政资金</td><td>施工单位名称</td><td colspan="3"></td><td>总造价（万元）</td><td></td></tr>
<tr><td>地质情况</td><td></td><td>工程范围</td><td colspan="5">医院二期的整体建设</td></tr>
<tr><td>红线内面积（m²）</td><td>41437.90</td><td>总建筑面积（m²）</td><td colspan="2">207201.97</td><td>容积率（%）</td><td>3.25</td><td>绿化率（%）</td></tr>
</table>

<table>
<tr><td>科目名称　　　项目特征值</td><td>地下室</td><td>体检中心与脑病中心工程</td><td>外科综合大楼</td><td>行政楼</td><td>备注</td></tr>
<tr><td rowspan="11">概况简述</td><td>栋数</td><td></td><td></td><td></td><td></td><td></td></tr>
<tr><td>层数</td><td>3</td><td></td><td>17</td><td></td><td></td></tr>
<tr><td>层高（m）</td><td>负一层 6.15m，负二层、负三层均为 4.50m</td><td>首层 5.40m，2~5 层 4.50m</td><td>1 层 5.40m，2 层和 3 层 4.50m，4 层、6 层、7 层、16 层和 17 层 5.10m，5 层 5.40m，8~15 层 4.50m</td><td>1~3 层、6~13 层 6.00m，4、5 层均为 4.20m</td><td></td></tr>
<tr><td>建筑高度（m）</td><td>15.15</td><td>23.40</td><td>88.50</td><td></td><td></td></tr>
<tr><td>户数/床位数/……</td><td></td><td></td><td></td><td></td><td></td></tr>
<tr><td>人防面积（m²）</td><td>19033</td><td></td><td></td><td></td><td></td></tr>
<tr><td>塔楼基底面积（m²）</td><td></td><td></td><td></td><td></td><td></td></tr>
<tr><td>外立面面积（m²）</td><td></td><td></td><td></td><td></td><td></td></tr>
<tr><td>绿色建筑标准</td><td>二星 B 级</td><td>二星 B 级</td><td>二星 B 级</td><td>二星 B 级</td><td></td></tr>
<tr><td>建筑面积（m²）</td><td>72283.23</td><td>19681.32</td><td>79855.06</td><td>16442.85</td><td></td></tr>
</table>

科目名称	项目特征值	地下室	体检中心与脑病中心工程	外科综合大楼	行政楼	备注
结构简述	抗震烈度	7度	8度	8度	7度	
	结构形式	框架结构	框架—剪力墙结构	框架—剪力墙结构	框架—剪力墙结构	
	装配式建筑面积/装配率					
	基础形式及桩长	钻（冲）孔灌注桩、25m				
土石方、护坡、地下连续墙及地基处理	土石方工程	一、二类土				
	基坑支护、边坡					
	地下连续墙					
	地基处理					
	其他					
基础	筏形基础	混凝土强度等级 C35，筏板厚度 600mm				
	其他基础	承台混凝土强度等级 C35，高度 1000～1400mm				
	桩基础	灌注桩水下混凝土强度等级 C35，桩径 1000～1800mm				
	其他					
主体结构	钢筋混凝土工程	柱、梁、墙、板混凝土强度等级 C35	柱、墙混凝土强度等级 C35～C45；梁、板混凝土强度等级 C30～C35	柱、墙混凝土强度等级 C30～C55；梁、板混凝土强度等级 C30～C35	柱、墙混凝土强度等级 C30～C55；梁、板混凝土强度等级 C30～C35	
	钢板					
	钢结构					
	砌筑工程	混凝土实心砖，120mm、200mm 厚	蒸压加气混凝土砌块，100mm、200mm 厚	蒸压加气混凝土砌块，100mm、150mm、200mm 厚	蒸压加气混凝土砌块，100mm、200mm、300mm 厚；实心灰砂砖，200mm 厚	

科目名称	项目特征值	地下室	体检中心与脑病中心工程	外科综合大楼	行政楼	备注
主体结构	防火门窗	单扇甲、乙级钢质防火门，双扇甲、乙级钢质防火门	单扇甲、乙、丙级钢质防火门，双扇甲、钢质防火门	单扇甲、乙、丙级钢质防火门，双扇甲、乙级钢质防火门	单扇甲、乙、丙级钢质防火门，双扇甲、乙级钢质防火门	
	防火卷帘	钢质特级防火卷帘	钢质特级防火卷帘	钢质特级防火卷帘		
	防水工程	4mm厚SBS弹性体改性沥青防水卷材，1.5、1.6mm厚自粘热塑性聚烯烃防水卷材	1.6mm厚自粘热塑性聚烯烃防水卷材、2mm厚聚合物水泥基防水涂料			
	保温工程	50mm厚聚乙烯泡沫板，100、120mm厚聚氨酯保温板	40mm厚挤塑聚苯板，50mm厚保温岩棉	40mm厚挤塑聚苯板，50mm、100mm厚保温岩棉	40mm厚挤塑聚苯板	
	屋面工程		20、40、72mm厚C20普通型细石混凝土，30mm厚憎水性膨胀珍珠岩	20、40、75mm厚C20普通型细石混凝土，30mm厚憎水性膨胀珍珠岩	20、40mm厚C20普通型细石混凝土，30mm厚憎水性膨胀珍珠岩	
	其他					
外立面工程	门窗工程	浅灰色铝合金百叶窗、70系列深色氟碳喷涂铝合金组合窗、成品射线防护窗、成品电动射线防护门、平开钢质门、人防门	铝合金组合窗、双扇平开地弹不锈钢框玻璃门、甲级防火窗、铝合金百叶窗	铝合金组合窗、双扇平开地弹不锈钢框玻璃门、乙级防火窗、铝合金百叶窗	90系列铝合金推拉门、钢质自动门、铝合金固定窗、铝合金组合窗、铝合金百叶窗	
	幕墙		4mm厚A级复合铝板幕墙			
	外墙涂料					
	外墙块料		白色外墙砖	白色45mm×45mm外墙砖、45mm×45mm陶瓷面砖	白色45mm×45mm外墙砖	
	天窗/天幕					

科目名称	项目特征值	地下室	体检中心与脑病中心工程	外科综合大楼	行政楼	备注
外立面工程	雨篷		玻璃雨篷	玻璃雨篷	玻璃雨篷	
	其他					
装修工程	停车场装修	1、2mm 环氧地坪漆地面，防霉灰色无机涂料墙面，防霉灰色无机涂料天棚				
	公共区域装修	800mm×800mm×10mm 浅黄色防滑地面砖，25mm 厚干挂米黄色大理石墙面，0.6mm×600mm×600mm 白色喷漆镀锌钢板吊顶	天棚：400mm×600mm、600mm×1200mm 钢板天棚，18mm×102mm×1.0 铝挂片格栅天棚；墙面：25mm 厚米黄色大理石，15mm 厚白色人造石，1.2mm 厚深色哑光不锈钢踢脚线，3mm 厚橡木饰面防火板，4mm 厚抗菌洁净墙板；地面：800mm×800mm×10mm 浅灰色防滑砖，800mm×800mm×20mm 浅色防滑面石材，2mm 厚塑胶地板			
	户内装修		天棚：防霉无机涂料，600mm×600mm 钢板天棚；墙面：防霉无机涂料，抗菌白色无机釉面漆；地面：600mm×600mm×8mm 防滑砖，300mm×300mm×6mm 灰色防滑砖，2mm 厚塑胶地板，2mm 厚仿地毯纹塑胶地板，600mm×600mm×30mm 架空防静电活动地板	天棚：400mm×600mm、600mm×1200mm 钢板天棚，18mm×102mm×1.0 铝挂片格栅天棚；墙面：25mm 厚米黄色大理石，15mm 厚白色人造石，1.2mm 厚深色哑光不锈钢踢脚线，3mm 厚橡木饰面防火板，4mm 厚抗菌洁净墙板；地面：800mm×800mm×10mm 浅灰色防滑砖，800mm×800mm×20mm 浅色防滑面石材，2mm 厚塑胶地板	天棚：400mm×600mm、600mm×1200mm 钢板天棚；墙面：25mm 厚米黄色大理石，100mm 高浅灰色防滑面砖踢脚线；地面：800mm×800mm×10mm 浅灰色防滑面砖，2mm 厚塑胶地板	
	厨房、卫生间装修		天棚：300mm×1200mm×0.6mm 钢板天棚；墙面：300mm×600mm×8mm 浅黄色墙砖；地面：600mm×600mm×8mm 浅灰色防滑砖、300mm×300mm×6mm 灰色防滑砖			

科目名称	项目特征值	地下室	体检中心与脑病中心工程	外科综合大楼	行政楼	备注
装修工程	功能用房装修		天棚：白色防霉无机涂料、600mm×600mm 钢板天棚、墙面：600mm×600mm×8mm 防滑面砖、1220mm×2440mm×4mm 厚抗菌洁净墙板、2mm 厚塑胶地板、抗菌白色无机釉面漆；地面：600mm×600mm×8mm 浅色防滑砖、2mm 厚塑胶地板、600mm×600mm×30mm 架空防静电活动地板	天棚：白色防霉无机涂料、600mm×600mm 钢板天棚、墙面：600mm×600mm×8mm 浅色防滑面砖、600mm×600mm×8mm 浅黄色防滑砖、1220mm×2440mm×4mm 厚抗菌洁净墙板、2mm 厚浅蓝色塑胶地板、2mm 厚仿木纹塑胶地板、抗菌白色无机釉面漆；地面：600mm×600mm×8mm 浅色防滑砖、2mm 厚浅黄色塑胶地板、2mm 厚仿木纹塑胶地板、600mm×600mm×30mm 架空防静电活动地板		
	其他					
固定件及内置家具	标识					
	金属构件					
	家具		服务台、洗漱台柜、病房衣柜、茶水间地柜、茶水间吊柜、不锈钢毛巾杆（架）、收费窗口、采血窗口、餐室窗口	服务台、病房衣柜、茶水间地柜、茶水间吊柜、不锈钢毛巾杆（架）、淋浴座椅	服务台、茶水间地柜、茶水间吊柜	
	布幕和窗帘					
	其他					
机电工程	通风工程	风机、风口百叶、风阀、风管、保温、水泵、仪表、阀门、套管、供回水管、调试				
	空调工程	新风处理机组、多联机、分体空调、排风机、风口百叶、风阀、风管、保温、调试				
	给排水工程	水管、保温、套管、阀门、水表、洁具、水泵、给水设备	水管、保温、套管、阀门、水表、洁具			

科目名称	项目特征值	地下室	体检中心与脑病中心工程	外科综合大楼	行政楼	备注
机电工程	消防水工程	水管、套管、阀门、消火栓、灭火器、喷头、水泵、气体灭火、调试	水管、套管、阀门、消火栓、灭火器、喷头、气体灭火、调试	水管、套管、阀门、消火栓、灭火器、喷头、水泵、气体灭火、调试	水管、套管、阀门、消火栓、灭火器、喷头、调试	
	消防报警及联动工程	消防设施设备、主机、管网桥架、线缆、调试				
	电气工程	配电箱、管网桥架、母线、线缆、防雷接地、灯具开关插座、调试				
	弱电工程	主机、机柜、交换机等弱电设备及桥架、配管、配线、电缆、计算机软件及对应系统安装、调试				
	电梯工程	电梯、自动扶梯安装调试				
	变配电工程	高低压配电柜、管网桥架、线缆、防雷接地、灯具开关插座、调试	电力电缆、电缆头、电缆试验			
	燃气工程					
	外墙灯具/外墙照明工程					
	LED大屏工程					
	机电抗震支架工程	水管、风管、桥架、线槽的抗震支吊架				
	其他					
室外工程	地基处理					
	道路工程		挖路基土方、铺设沥青路面、安砌混凝土侧石及平石、路面交通标线和标记、余方弃置			
	燃气工程					
	给水工程		水管、水表、挖回填土			

科目名称	项目特征值	地下室	体检中心与脑病中心工程	外科综合大楼	行政楼	备注
室外工程	室外雨污水系统		雨水蓄水池：管线开挖土方、回填石屑、回填土方、挡土板支撑、钢板桩支撑、敷设双高筋增强聚乙烯（HDPE）缠绕管雨水管 DN200～DN1200、砌筑雨水检查井和沉泥井以及雨水口、敷设双高筋增强聚乙烯（HDPE）缠绕管污水管 DN300～DN500、砌筑污水检查井和污水水质监测井、破除及恢复现状沥青路面、余方弃置			
	电气工程		配管、线缆、手孔井、挖回填土			
	弱电工程		摄像机、监控箱、防雷器、光纤收发器、配管、线缆、配线架、手孔井、调试			
	园建工程					
	绿化工程		种植土回填、栽植乔木、灌木、竹类、花卉和铺设草皮			
	园林灯具及喷灌系统		配电箱、灯具、配管、线缆、手孔井、水管、阀门、水表、挖回填土			
	围墙工程					
	大门工程					
	室外游乐设施					

科目名称	项目特征值	地下室	体检中心与脑病中心工程	外科综合大楼	行政楼	备注
室外工程	其他		海绵城市内容（挖土方、绿色屋顶、雨水花园、余泥渣土弃置）和岭南医院一期管线改造及基坑范围管线拆除内容（基坑范围内的拆除恢复雨水管道、污水管道、给水管道、燃气管道、拆除构筑物；一期改造管线包含破除和恢复现状沥青路面、土方开挖、雨污水管道改造、挡土板支护、砌筑雨污水井）			
辅助工程	配套用房建筑工程					
	外电接入工程					
	柴油发电机	柴油发电机、配电柜、母线、线缆、调试				
	冷源工程					
	污水处理站	污水处理设备、配管、线缆、水管、阀门、套管				
	生活水泵房					
	消防水泵房					
	充电桩	充电桩、配电箱、线缆、管网桥架、调试				
	运动场地					
	其他工程					
专项工程	擦窗机工程					
	厨房设备					

科目名称	项目特征值	地下室	体检中心与脑病中心工程	外科综合大楼	行政楼	备注
专项工程	舞台设备及视听设备工程					
	溶洞工程					
	医疗专项	洁净区电气、给排水、暖通、智能化系统的设备、管网桥架、线缆、水管、洁具、风管、风机、风阀等				
措施项目费	土建工程措施项目费					
	其中：模板	钢模				
	脚手架	钢管脚手架				
	机电工程措施项目费					
	其他					

表 3-5-2

序号	科目名称	功能用房或单项工程计算基数	单项工程±0.00 以下			单项工程±0.00 以上			合计			备注
			造价（元）	单位造价（元/单位）	造价占比（%）	造价（元）	单位造价（元/单位）	造价占比（%）	造价（元）	单位造价（元/单位）	造价占比（%）	
1	土石方、护坡、地下连续墙及地基处理	建筑面积										
1.1	土石方工程	土石方体积	2313553.46	32.01	0.78				2313553.46	12.29	0.38	可研阶段实方量=地下室面积×挖深×系数（预估）
1.2	基坑支护、边坡	垂直投影面积										基坑支护周长根据地下室边线预估，垂直投影面积=基坑支护周长×地下室深度
1.3	地下连续墙	垂直投影面积										
1.4	地基处理	地基处理面积										此处仅指各单项工程基底面积范围内的地基处理，室外地基处理计入 8.1，大型溶洞地基处理计入 10
1.5	其他											
2	基础	建筑面积										
2.1	筏形基础	建筑面积	15289053.57	211.52	5.13				15289053.57	81.21	2.49	
2.2	其他基础											
2.3	桩基础	建筑面积	76737766.83	1061.63	25.76				76737766.83	407.61	12.47	
2.4	其他											
3	主体结构	建筑面积										
3.1	钢筋混凝土工程	建筑面积	80941532.06	1119.78	27.17	70887603.15	611.21	22.34	151829135.21	806.48	24.68	
3.2	钢板	建筑面积										

序号	科目名称	功能用房或单项工程计算基数	单项工程±0.00以下			单项工程±0.00以上			合计			备注
			造价（元）	单位造价（元/单位）	造价占比（%）	造价（元）	单位造价（元/单位）	造价占比（%）	造价（元）	单位造价（元/单位）	造价占比（%）	
3.3	钢结构	建筑面积										
3.4	砌筑工程	建筑面积	34873798.21	482.46	11.71	11651421.7	100.46	3.67	46525219.91	247.13	7.56	
3.5	防火门窗	建筑面积	621099.25	8.59	0.21	1552927.87	13.39	0.49	2174027.12	11.55	0.35	
3.6	防火卷帘	建筑面积	1012396.28	14.01	0.34	206292.35	1.78	0.07	1218688.63	6.47	0.20	
3.7	防水工程	建筑面积	12735288.36	176.19	4.28	3628771.79	31.29	1.14	16364060.15	86.92	2.66	
3.8	保温工程	建筑面积	2270962.17	31.42	0.76	1043392.75	9.00	0.33	3314354.92	17.60	0.54	
3.9	屋面工程	屋面面积				2365356.03	20.40	0.75	2365356.03	12.56	0.38	
3.10	其他											
4	外立面工程	建筑面积										
4.1	门窗工程	门窗面积	388493.04	554.81	0.13	16338306.86	140.87	5.15	16726799.90	88.85	2.72	外窗面积根据窗墙比经验值预估，外门面积根据平面图预估
4.2	幕墙	垂直投影面积				31930065.63	275.31	10.06	31930065.63	169.60	5.19	垂直投影面积根据平面图、立面图、效果图结合外门窗面积匡算
4.3	外墙涂料	垂直投影面积				42314.64	0.37	0.01	42314.64	0.23	0.01	
4.4	外墙块料	垂直投影面积				1103739.16	9.52	0.35	1103739.16	5.86	0.18	
4.5	天窗/天幕	天窗/天幕面积										根据平面图预估面积
4.6	雨篷	雨篷面积				1227181.30	10.58	0.39	1227181.30	6.52	0.20	
4.7	其他											
5	装修工程	建筑面积	27806541.00	384.69	9.34	64712333.59	557.97	20.39	92518874.59	491.44	10.52	装修标准相近的区域可合并
5.1	停车场装修	停车场面积	27806541.00	384.69	9.34				27806541	147.70	4.52	
5.2	公共区域装修	装修面积										含入户门
5.3	户内装修	装修面积										含户内门

序号	科目名称	功能用房或单项工程计算基数	单项工程±0.00以下 造价（元）	单位造价（元/单位）	造价占比（%）	单项工程±0.00以上 造价（元）	单位造价（元/单位）	造价占比（%）	合计 造价（元）	单位造价（元/单位）	造价占比（%）	备注
5.4	厨房、卫生间装修	装修面积										含厨房、卫生间门
5.5	功能用房装修	装修面积										
5.6	其他											
6	固定件及内置家具	建筑面积										可研估算阶段根据历史数据预估
6.1	标识	建筑面积										
6.2	金属构件	建筑面积										
6.3	家具	建筑面积				2620764.24	22.60	0.83	2620764.24	13.92	0.43	
6.4	布幕和窗帘	建筑面积				338202.90	2.92	0.11	338202.90	1.80	0.06	
6.5	其他											
7	机电工程	建筑面积										
7.1	通风工程	建筑面积	22016557.18	304.59		55921676.59	414.64					
7.2	空调工程	建筑面积										
7.3	给排水工程	建筑面积	9653356.07	133.55		15541763.33	155.24					
7.4	消防水工程	建筑面积	11903712.91	164.68		13127381.90	97.34					
7.5	消防报警及联动工程	建筑面积	3803202.20	52.62		4815897.47	35.71					
7.6	电气工程	建筑面积	9973623.22	137.98		25724917.16	190.74					
7.7	弱电工程	建筑面积	6451959.50	89.26		53977256.55	400.22					
7.8	电梯工程	按数量	24322407.56	117.39								
7.9	变配电工程	变压器容量（kVA）	44842962.25	620.38		5075348.62	37.63					
7.10	燃气工程	建筑面积/用气户数										
7.11	外墙灯具/外墙照明工程	建筑面积										

序号	科目名称	功能用房或单项工程计算基数	单项工程±0.00以下			单项工程±0.00以上			合计			备注
			造价（元）	单位造价（元/单位）	造价占比（%）	造价（元）	单位造价（元/单位）	造价占比（%）	造价（元）	单位造价（元/单位）	造价占比（%）	
7.12	LED大屏工程	建筑面积										
7.13	机电抗震支架工程	建筑面积	11901842.89	57.44								
7.14	其他											
8	室外工程	建筑面积										
8.1	地基处理											
8.2	道路工程	道路面积				3082996.11	404.26					需根据填报指引区别于8.8中的园路
8.3	燃气工程	建筑面积/接入长度										
8.4	给水工程	室外占地面积				832118.07	48.56					用地面积－建筑物基底面积
8.5	室外雨污水系统	室外占地面积				6830090.11	398.55					用地面积－建筑物基底面积
8.6	电气工程	室外占地面积				323192.27	18.86					用地面积－建筑物基底面积
8.7	弱电工程	室外占地面积				553085.89	32.28					用地面积－建筑物基底面积
8.8	园建工程	园建面积										园建总面积在可研阶段可根据总占地面积、道路面积、塔楼基底面积和绿化率推导求出，其他阶段按实计算
8.9	绿化工程	绿化面积				3221283.33	229.35					可研阶段可根据绿化率推导求出，其他阶段按实计算

序号	科目名称	功能用房或单项工程计算基数	单项工程±0.00以下			单项工程±0.00以上			合计			备注
			造价（元）	单位造价（元/单位）	造价占比（%）	造价（元）	单位造价（元/单位）	造价占比（%）	造价（元）	单位造价（元/单位）	造价占比（%）	
8.10	园林灯具及喷灌系统	园建绿化面积				1301378.99	75.94					
8.11	围墙工程	围墙长度（m）										
8.12	大门工程	项										
8.13	室外游乐设施	园建面积										
8.14	其他	室外占地面积				3010177.61	175.66					
9	辅助工程	建筑面积										
9.1	配套用房建筑工程	建筑面积										仅指独立的配套用房，非独立的含在各业态中
9.2	外电接入工程	接入线路的路径长度										接入长度为从红线外市政变电站接入红线内线路的路径长度
9.3	柴油发电机	kW	8966071.22	2490.58								发电机功率
9.4	冷源工程	冷吨										
9.5	污水处理站	m³/d				3081921.18	1503.38					日处理污水量
9.6	生活水泵房	建筑面积										
9.7	消防水泵房	建筑面积										
9.8	充电桩	按数量	3241555.84	7591.47								
9.9	运动场地	水平投影面积										
9.10	其他工程											
10	专项工程	建筑面积										各类专项工程内容
10.1	擦窗机工程											
10.2	厨房设备											

序号	科目名称	功能用房或单项工程计算基数	单项工程±0.00以下			单项工程±0.00以上			合计			备注
			造价(元)	单位造价(元/单位)	造价占比(%)	造价(元)	单位造价(元/单位)	造价占比(%)	造价(元)	单位造价(元/单位)	造价占比(%)	
10.3	舞台设备及视听设备工程											
10.4	溶洞工程											
10.5	医疗专项					106090399.21	512.01					
11	措施项目费	建筑面积										
11.1	土建工程措施项目费	建筑面积	16002814.65	221.39	5.37	35621622.59	307.14	11.23	51624437.24	274.22	8.39	
	其中：模板	建筑面积	12890009.52	178.33	4.33	23549042.11	203.05	7.42	36439051.63	193.56	5.92	
	脚手架	建筑面积	3112805.13	43.06	1.05	12072580.48	104.09	3.80	15185385.61	80.66	2.47	
11.2	机电工程措施项目费	建筑面积	7028971.48	97.24		16967408.98	125.81					
12	其他	建筑面积										
13	合计											

广东省房屋建筑工程投资估算用量指标表

表 3-5-3

序号	科目名称	工程量	单位	用量指标	单位	备注
A	结构材料用量指标					
1	筏形基础					
1.1	混凝土	17451.54	m³	0.67	m³/m²	混凝土工程量/筏形基础底板面积
1.2	模板	5461.21	m²	0.21	m²/m²	模板工程量/筏形基础底板面积
1.3	钢筋		kg		kg/m³	钢筋工程量/筏形基础底板混凝土量
1.4	钢筋		kg		kg/m²	钢筋工程量/筏形基础底板面积
2	地下室（不含外墙、不含筏形基础）					
2.1	混凝土		m³		m³/m²	混凝土工程量/地下室建筑面积
2.2	模板		m²		m²/m²	模板工程量/地下室建筑面积
2.3	钢筋		kg		kg/m³	钢筋工程量/地下室混凝土量
2.4	钢筋		kg		kg/m²	钢筋工程量/地下室建筑面积
2.5	钢材		kg		kg/m²	钢结构工程量/地下室建筑面积
3	地下室（含外墙、不含筏形基础）					
3.1	混凝土	39899.97	m³	0.55	m³/m²	混凝土工程量/地下室建筑面积
3.2	模板	149237.22	m²	2.06	m²/m²	模板工程量/地下室建筑面积
3.3	钢筋	8961472.00	kg	224.60	kg/m³	钢筋工程量/地下室（含外墙）混凝土量
3.4	钢筋	8961472.00	kg	123.98	kg/m²	钢筋工程量/地下室建筑面积
3.5	钢材		kg		kg/m²	钢结构工程量/地下室建筑面积
4	裙楼					
4.1	混凝土		m³		m³/m²	混凝土工程量/裙楼建筑面积
4.2	模板		m²		m²/m²	模板工程量/裙楼建筑面积
4.3	钢筋		kg		kg/m³	钢筋工程量/裙楼混凝土量
4.4	钢筋		kg		kg/m²	钢筋工程量/裙楼建筑面积
4.5	钢材		kg		kg/m²	钢筋工程量/裙楼建筑面积
5	塔楼					

序号	科目名称	工程量	单位	用量指标	单位	备注
5.1	混凝土	5551.59	m³	0.28	m³/m²	混凝土工程量/塔楼建筑面积
5.2	模板	46671.82	m²	2.37	m²/m²	模板工程量/塔楼建筑面积
5.3	钢筋	955460.00	kg	172.11	kg/m³	钢筋工程量/塔楼混凝土量
5.4	钢筋	955460.00	kg	48.55	kg/m²	钢筋工程量/塔楼建筑面积
5.5	钢材		kg		kg/m²	钢筋工程量/塔楼建筑面积
B	外墙装饰材料用量指标					
1	裙楼					
1.1	玻璃幕墙面积		m²		％	幕墙面积/裙楼外墙面积
1.2	石材幕墙面积		m²		％	石材面积/裙楼外墙面积
1.3	铝板幕墙面积		m²		％	铝板面积/裙楼外墙面积
1.4	铝窗面积		m²		％	铝窗面积/裙楼外墙面积
1.5	百叶面积		m²		％	百叶面积/裙楼外墙面积
1.6	面砖面积		m²		％	面砖面积/裙楼外墙面积
1.7	涂料面积		m²		％	涂料面积/裙楼外墙面积
1.8	外墙面积（1.1＋1.2＋…＋1.7）		m²		m²/m²	裙楼外墙面积/裙楼建筑面积
2	塔楼					
2.1	玻璃幕墙面积		m²		％	幕墙面积/塔楼外墙面积
2.2	石材幕墙面积		m²		％	石材面积/塔楼外墙面积
2.3	铝板幕墙面积	12442.97	m²	73.58	％	铝板面积/塔楼外墙面积
2.4	铝窗面积	3338.67	m²	19.74	％	铝窗面积/塔楼外墙面积
2.5	百叶面积	21.10	m²	0.13	％	百叶面积/塔楼外墙面积
2.6	面砖面积	1107.47	m²	6.55	％	面砖面积/塔楼外墙面积
2.7	涂料面积		m²		％	涂料面积/塔楼外墙面积
2.8	外墙面积（2.1＋2.2＋…＋2.7）	16910.21	m²	0.86	m²/m²	塔楼外墙面积/塔楼建筑面积
3	外墙总面积（1.8＋2.8）	16910.21	m²	0.86	m²/m²	外墙总面积/地上建筑面积

第四章 其他项目案例

案例一 汕头××××办公楼项目

(中国能源建设集团广东省电力设计研究院有限公司提供)

广东省房屋建筑工程投资估算指标总览表

项目信息	项目名称	汕头××××办公楼项目			项目阶段	初设概算
	建设类型	房屋建筑工程	建设地点	汕头	价格取定时间	2022年7月
	计价方式	清单计价	建设单位名称	广东××××局	开工时间	
	发承包方式	EPC项目	设计单位名称	中国××建设集团广东省×××设计研究院有限公司	竣工时间	
	资金来源	建设单位自筹	施工单位名称		总造价（万元）	9730.46
	地质情况	一、二类土	工程范围	本工程为框架结构建筑，地上主体13层，地下1层，建筑高度49.99m，含结构和安装、室外道路、园建景观、电气、给排水、标识等		
	红线内面积（m²）	22574.78	总建筑面积（m²）	18629.08	容积率（%）　0.69	绿化率（%）　44.65

科目名称	项目特征值	功能用房或单项工程	备注
概况简述	栋数	1	
	层数	14	
	层高（m）	5.2/4.5/4.4/3.6/3.55	
	建筑高度（m）	49.99	
	户数/床位数/……		
	人防面积（m²）	917.92	
	塔楼基底面积（m²）	1342.50	
	外立面面积（m²）	7011.00	
	绿色建筑标准	一星级	
	建筑面积（m²）	18629.08	

科目名称	项目特征值	功能用房或单项工程1	备注
结构简述	抗震烈度	7度	
	结构形式	框架－剪力墙结构	
	装配式建筑面积/装配率		
	基础形式及桩长	预制混凝土管桩/15m	
土石方、护坡、地下连续墙及地基处理	土石方工程	1. 土壤类别：一、二类土（淤泥质）； 2. 挖土深度：6m内； 3. 余方弃置运距：12km	
	基坑支护、边坡	1. 桩长：9m； 2. 打拔钢板桩——拉森Ⅳ型钢板桩； 3. 集水井规格 600mm×600mm×600mm，C20 混凝土； 4. 边坡喷射 80mm 厚 C20 混凝土	
	地下连续墙		
	地基处理	1. 水泥搅拌桩截面尺寸：φ550，长度为 4～7m； 2. 水泥强度等级、掺量：采用强度等级 42.5 的普通硅酸盐水泥，配浆水灰比为 0.5～0.6，建议掺入比约 18％	
	其他		
基础	筏形基础		
	其他基础		
	桩基础	1. C35、P6 桩承台基础； 2. 预制混凝土管桩外径、壁厚 600mm 以内； 3. 沉桩方法：静力压桩法； 4. 填充材料种类：水泥土桩料； 5. 深度 15m	
	其他		
主体结构	钢筋混凝土工程	1. 地下室为 1 层，层高 5.2m，墙、柱、梁、板采用 C35、P6 混凝土； 2. 地上结构为 13 层，高度 49.99m，墙、柱、梁、板采用 C35 混凝土，女儿墙为 C20 混凝土	

科目名称	项目特征值	功能用房或单项工程 1	备注
主体结构	钢板		
	钢结构		
	砌筑工程	蒸压加气混凝土砌块；墙体厚度：200mm；钢丝网加固	
	防火门窗	双扇防护密闭门和单扇防护密闭门	
	防火卷帘	1. 门材质：电动钢质卷帘门； 2. 启动装置品种、规格：电动启动装置 D-400	
	防水工程	1. 地下室底板防水：刚性混凝土底板，50mm 厚 C20 细石混凝土保护层； 2. 地下室侧壁墙面采用 2∶8 灰土分层夯实，100mm 厚非黏性土烧结砖保护层，1.5mm 厚高分子防水卷材； 3. 地下室顶板：种植顶板做法，≥200g/m² 的无纺布过滤层，10～20mm 厚网状交织排水板	
	保温工程		
	屋面工程	1. 上人平屋面：屋面 1，8～10mm 厚 300mm×300mm 户外地砖，缝宽 5～8mm，5mm 厚水泥胶浆（掺 801 胶 20％粘贴）； 2. 倒置式保温屋面：屋面 2，Ⅰ级防水 1.30mm 厚 300mm×300mm C20 预制混凝土板，下铺 30mm 厚粗砂垫层，60mm 厚挤塑聚苯板保温和防水卷材	
	其他		
外立面工程	门窗工程	1. 铝合金平开门，隔热铝合金； 2. 铝合金门连窗； 3. 铝合金百叶窗； 4. 铝合金窗：Low-E 中空玻璃厚度 6mm＋12mm＋6mm	
	幕墙	1. 镀锌钢方管龙骨穿孔铝板（具体构造详见专业公司设计）； 2. 1.2mm 厚聚合物水泥防水涂料； 3. 5mm 厚 WP M15 聚合物抗裂合成纤维水泥砂浆； 4. 满挂 ø0.9@12.7mm×12.7mm 网孔热镀锌钢丝网； 5. 15mm 厚 WP M15 聚合物抗裂合成纤维水泥砂浆，分两次抹灰、找平； 7. 刷专用界面剂一遍； 8. 墙体基层清理	

科目名称	项目特征值	功能用房或单项工程1	备注
外立面工程	外墙涂料	1. 刷专用界面剂一遍; 2. 15mm厚专用抹灰砂浆,分两次抹灰; 3. 5mm厚干粉类聚合物水泥防水砂浆,中间压入一层耐碱玻璃纤维网布或热镀锌电焊网; 4. 喷或滚刷底涂料一遍; 5. 喷或滚刷面层涂料两遍	
	外墙块料	1. 15mm厚专用抹灰砂浆,分两次抹灰; 2. 3mm厚抗裂纤维防水砂浆(执行标准《聚合物水泥防水砂浆》JC/T 984—2011 Ⅱ型),中间压入一层耐热镀锌钢丝加强网,网孔12.7mm×12.7mm,钢钉固定,钢钉间距400mm; 3. 5~7mm厚纸皮石面砖,白水泥浆擦缝	
	天窗/天幕		
	雨篷		
	其他		
装修工程	停车场装修	1. 地面采用30mm厚水泥砂浆地坪; 2. 墙面白色腻子打磨平整; 3. 顶棚采用两遍外墙腻子打磨平整,白色外墙涂料一底两面	
	公共区域装修	1. 墙面采用面砖墙面; 2. 地面采用抛光砖地面; 3. 轻钢龙骨纸面石膏板吊顶,地上部分采用A级环保材料	
	户内装修		
	厨房、卫生间装修	1. 墙面采用釉面砖墙; 2. 地面采用防滑地砖地面; 3. 含踢脚; 4. 顶棚采用防潮顶棚	

科目名称	项目特征值	功能用房或单项工程 1	备注
装修工程	功能用房装修	1. 墙面采用涂料墙面； 2. 地上部分功能房采用无机涂料墙面； 3. 含面砖踢脚； 4. 轻钢龙骨纸面石膏板吊顶，地上部分采用 A 级环保材料	
	其他		
固定件及内置家具	标识	Ⅳ标识	
	金属构件		
	家具		
	布幕和窗帘		
	其他		
机电工程	通风工程	含人防	
	空调工程	1. 立柜式分体空调机 10 台； 2. 恒温恒湿空调机（顶送风）13 台	
	给排水工程	1. 室内排水管和相应配套，包括 U-PVC 实壁螺旋静音排水管 $DN110 \sim DN160$； 2. 室内给水管和相应配套，包括钢塑复合管（内衬 PE）$DN100$，$PN = 1.25MPa$	
	消防水工程	1. 水喷雾消防； 2. 七氟丙烷气体灭火装置	
	消防报警及联动工程	包含火灾光警报器、消防端子箱、感烟探测器、感温探测器等	
	电气工程	包含子项： 1. 动力配电系统； 2. 照明系统； 3. 应急照明系统； 4. 防雷接地； 5. 人防照明	
	弱电工程	包含子项： 1. 综合布线系统； 2. 视频监控系统； 3. 门禁系统； 4. 会议投影和大会议室音频； 5. 广播系统	

科目名称	项目特征值	功能用房或单项工程1	备注
机电工程	电梯工程	1. 直流电梯3部，用途：综合楼，层数：13； 2. 直流电梯1部，用途：饭堂，层数：3	
	变配电工程		
	燃气工程		
	外墙灯具/外墙照明工程		
	LED大屏工程		
	机电抗震支架工程		
	其他		
室外工程	地基处理	1. 道路和围墙下地基处理； 2. 空桩长度、桩长：7m； 3. 桩截面尺寸：600mm	
	道路工程	1. 道路1面层为40mm细粒式沥青混凝土AC-13C改性乳化沥青粘层； 2. 道路2面层为花岗石面层，厚度50mm； 3. 人行道铺装广场采用240mm×120mm×60mm透水砖（粗砂填缝）； 4. 块料面层采用70mm厚井字形植草砖	
	燃气工程		
	给水工程	室外给排水系统、砌筑井、雨水口、化粪池、隔油池、HDPE双壁波纹管、混凝土管等	
	室外雨污水系统	红线内接入市政排水的室外雨污水部分及排水构筑物、雨水回收，包括过滤器、消毒设备、检查井等	
	电气工程	1. 包括红线内引电电缆（室外干线）、电缆沟、室外道路灯照明等； 2. 照明灯具为庭院灯，参数：3.5m高灯杆、30W、LED灯； 3. 电缆排管采用C20混凝土包封	
	弱电工程		
	园建工程		
	绿化工程	台湾草、樟树、凤凰木、鸡蛋花、桂花、大红花等	
	园林灯具及喷灌系统		

科目名称	项目特征值	功能用房或单项工程 1	备注
室外工程	围墙工程	1. 采用钢栏杆,钢材品种、规格:方管 80mm×60mm×3mm、方管 60mm×30mm×3mm; 2. 砖基础、围墙柱; 3. 围墙贴瓷砖; 4. 地下含挡土墙	
	大门工程		
	室外游乐设施		
	其他		
辅助工程	配套用房建筑工程		
	外电接入工程		
	柴油发电机		
	冷源工程	冷水机组、循环水泵、冷却塔、节能空调机组	
	污水处理站		
	生活水泵房	1. 给水泵,参数:25GDL4-11×3; 2. 潜污泵,参数:50QW-15-1.5; 3. 手摇潜污泵,参数:CS-40H 等相应配件	
	消防水泵房	1. 潜污泵; 2. 室内消火栓稳压罐; 3. 室内消火栓加压泵; 4. 自动喷淋加压给水设备及稳压设备; 5. 喷淋加压泵型; 6. 消防水箱等配件	
	充电桩		
	运动场地		
	其他工程		
专项工程	擦窗机工程		
	厨房设备		
	舞台设备及视听设备工程		
	溶洞工程		
	医疗专项		

科目名称	项目特征值	功能用房或单项工程 1	备注
措施项目费	土建工程措施项目费	包括安全文明施工与环境保护措施费、排水、降水、脚手架及支撑体系、模板、大型机械进退场及安拆、垂直运输、成品保护、超高降效、临时设施、卫生防疫等措施性费用	
	其中：模板	普通复合模板	
	脚手架	包括综合脚手架，满堂脚手架，里脚手架，脚手架使用费和搭拆费	
	机电工程措施项目费	包括安全文明施工与环境保护措施费、排水、降水、脚手架及支撑体系、模板、大型机械进退场及安拆、垂直运输、成品保护、超高降效、临时设施、卫生防疫等措施性费用	
	其他		

广东省房屋建筑工程投资估算指标表

表 4-1-2

序号	科目名称	功能用房或单项工程计算基数	单项工程±0.00以下			单项工程±0.00以上			合计			备注
			造价(元)	单位造价(元/单位)	造价占比(%)	造价(元)	单位造价(元/单位)	造价占比(%)	造价(元)	单位造价(元/单位)	造价占比(%)	
1	土石方、护坡、地下连续墙及地基处理	建筑面积	7920052.43	1591.82	20.84				7920052.43	425.49	8.14	
1.1	土石方工程	土石方体积	3534425.58	77.82	9.30				3534425.58	77.82	3.63	可研阶段实方量=地下室面积×挖深×系数(预估)
1.2	基坑支护、边坡	垂直投影面积	1945707.33	6977.36	5.13				1945707.33	6977.36	2.00	基坑支护周长根据地下室边线预估,垂直投影面积=基坑支护周长×地下室深度
1.3	地下连续墙	垂直投影面积										
1.4	地基处理	地基处理面积	2439919.52	308.70	6.42				2439919.52	308.70	2.51	此处仅指各单项工程基底面积范围内的地基处理,室外地基处理计入8.1,大型溶洞地基处理计入10
1.5	其他											
2	基础	建筑面积	8518785.83	1712.15	22.42				8518785.83	457.65	8.75	
2.1	筏形基础	建筑面积	1965714.60	395.08	5.17				1965714.60	105.60	2.02	
2.2	其他基础	建筑面积										
2.3	桩基础	建筑面积	6553071.23	1317.07	17.28				6553071.23	352.05	6.73	
2.4	其他											
3	主体结构	建筑面积	11264275.35	2263.96	29.64	11441741.81	838.92	19.29	22706017.16	1219.83	23.33	
3.1	钢筋混凝土工程	建筑面积	7173493.33	1441.77	18.88	8841653.53	648.28	14.91	16015146.86	860.38	16.46	
3.2	钢板	建筑面积										

序号	科目名称	功能用房或单项工程计算基数	单项工程±0.00以下			单项工程±0.00以上			合计			备注
			造价（元）	单位造价（元/单位）	造价占比（%）	造价（元）	单位造价（元/单位）	造价占比（%）	造价（元）	单位造价（元/单位）	造价占比（%）	
3.3	钢结构	建筑面积										
3.4	砌筑工程	建筑面积	156100.68	31.37	0.41	1851910.95	135.78	3.12	2008011.63	107.88	2.06	
3.5	防火门窗	建筑面积				244147.44	17.90	0.41	244147.44	13.12	0.25	
3.6	防火卷帘	建筑面积				46547.50	3.41	0.08	46547.50	2.50	0.05	
3.7	防水工程	建筑面积	1444923.13	290.41	3.80				1444923.13	77.63	1.48	
3.8	保温工程	建筑面积										
3.9	屋面工程	屋面面积	1558528.10	313.24	4.10	457482.39	361.50	0.77	2016010.49	323.03	2.07	
3.10	人防门	建筑面积	931230.11	187.16	2.45				931230.11	50.03	0.96	
3.11	其他											
4	外立面工程	建筑面积				5129743.72	376.12	8.65	5129743.72	376.12	5.27	
4.1	门窗工程	门窗面积				2018671.55	642.17	3.40	2018671.55	642.17	2.07	外窗面积根据窗墙比经验值预估，外门面积根据平面图预估
4.2	幕墙	垂直投影面积				1083933.94	154.60	1.83	1083933.94	154.60	1.11	垂直投影面积根据平面图、立面图、效果图结合外门窗面积匡算
4.3	外墙涂料	垂直投影面积				221257.43	31.56	0.37	221257.43	31.56	0.23	
4.4	外墙块料	垂直投影面积				1805880.80	257.58	3.04	1805880.80	257.58	1.86	
4.5	天窗/天幕	天窗/天幕面积										根据平面图预估面积
4.6	雨篷	雨篷面积										
4.7	其他											
5	装修工程	建筑面积	1707856.95	343.25	4.50	8460832.86	620.36	14.25	10168689.81	546.29	10.45	装修标准相近的区域可合并
5.1	停车场装修	停车场面积	511122.90	295.00	1.35				511122.90	295.00	0.53	
5.2	公共区域装修	装修面积	471776.50	235.30	1.24	1072720.48	302.80	1.81	1544496.98	278.40	1.59	含入户门
5.3	户内装修	装修面积										含户内门
5.4	厨房、卫生间装修	装修面积				1287508.81	1135.80	2.17	1287508.81	1135.80	1.32	含厨房、卫生间门

序号	科目名称	功能用房或单项工程计算基数	单项工程±0.00以下			单项工程±0.00以上			合计			备注
			造价（元）	单位造价（元/单位）	造价占比（%）	造价（元）	单位造价（元/单位）	造价占比（%）	造价（元）	单位造价（元/单位）	造价占比（%）	
5.5	功能用房装修	装修面积	724957.55	585.65	1.91	6100603.58	680.69	10.27	6825561.13	669.16	7.01	
5.6	其他											
6	固定件及内置家具	建筑面积	4925.73	0.99	0.01	395233.92	28.98	0.67	400159.64	21.50	0.41	可研估算阶段根据历史数据预估
6.1	标识	建筑面积				371639.14	27.25	0.63	371639.14	19.97	0.38	
6.2	金属构件	建筑面积	4925.73	0.99	0.01	23594.78	1.73	0.04	28520.50	1.53	0.03	
6.3	家具	建筑面积										
6.4	布幕和窗帘	建筑面积										
6.5	其他											
7	机电工程	建筑面积	4581219.01	920.76	12.06	12647795.73	927.35	21.33	17229014.75	925.59	17.71	
7.1	通风工程	建筑面积	730841.34	146.89	1.92	1064902.21	78.08	1.80	1795743.55	96.47	1.85	
7.2	空调工程	建筑面积	380272.68	76.43	1.00	1043535.71	76.51	1.76	1423808.38	76.49	1.46	
7.3	给排水工程	建筑面积	223217.78	44.86	0.59	576535.36	42.27	0.97	799753.14	42.96	0.82	
7.4	消防水工程	建筑面积	802755.38	161.34	2.11	2202903.22	161.52	3.71	3005658.60	161.47	3.09	
7.5	消防报警及联动工程	建筑面积	225680.01	45.36	0.59	619305.99	45.41	1.04	844986.00	45.39	0.87	
7.6	电气工程	建筑面积	1208446.96	242.88	3.18	3087570.92	226.38	5.21	4296017.88	230.79	4.42	
7.7	弱电工程	建筑面积	1010004.86	203.00	2.66	2771632.57	203.22	4.67	3781637.43	203.16	3.89	
7.8	电梯工程	按数量				1281409.76	320352.44	2.16	1281409.76	320352.44	1.32	
7.9	变配电工程	变压器容量（kVA）										
7.10	燃气工程	建筑面积/用气户数										
7.11	外墙灯具/外墙照明工程	建筑面积										
7.12	LED大屏工程	建筑面积										

序号	科目名称	功能用房或单项工程计算基数	单项工程±0.00以下			单项工程±0.00以上			合计			备注
			造价（元）	单位造价（元/单位）	造价占比（%）	造价（元）	单位造价（元/单位）	造价占比（%）	造价（元）	单位造价（元/单位）	造价占比（%）	
7.13	机电抗震支架工程	建筑面积										
7.14	其他（平移初设，设备抗震支架），新增零星土建和报审审核费用	建筑面积										
8	室外工程	建筑面积	435312.69	87.49	1.15	10057401.39	737.42	16.96	10492714.08	769.34	10.78	
8.1	地基处理											
8.2	道路工程	道路面积				5733080.79	561.70	9.67	5733080.79	561.70	5.89	需根据填报指引区别于8.8中的园路
8.3	燃气工程	建筑面积/接入长度										
8.4	给排水工程	室外占地面积				1385806.28	65.27	2.34	1385806.28	65.27	1.42	用地面积－建筑物基底面积
8.5	室外雨污水系统	室外占地面积				132692.59	6.25	0.22	132692.59	6.25	0.14	用地面积－建筑物基底面积
8.6	电气工程	室外占地面积				706360.25	33.27	1.19	706360.25	33.27	0.73	用地面积－筑物基底面积
8.7	弱电工程	室外占地面积				332884.12	15.68	0.56	332884.12	15.68	0.34	用地面积－建筑物基底面积
8.8	园建工程	园建面积										园建总面积在可研阶段可根据总占地面积、道路面积、塔楼基底面积和绿化率推导求出，其他阶段按实计算

序号	科目名称	功能用房或单项工程计算基数	单项工程±0.00以下			单项工程±0.00以上			合计			备注
			造价(元)	单位造价(元/单位)	造价占比(%)	造价(元)	单位造价(元/单位)	造价占比(%)	造价(元)	单位造价(元/单位)	造价占比(%)	
8.9	绿化工程	绿化面积				952585.60	94.50	1.61	952585.60	94.50	0.98	可研阶段可根据绿化率推导求出，其他阶段按实计算
8.10	园林灯具及喷灌系统	园建绿化面积										
8.11	围墙工程	围墙长度（m）				792597.06	1418.82	1.34	792597.06	1418.82	0.81	
8.12	大门工程	项				21394.70	21394.70	0.04	21394.70	21394.70	0.02	
8.13	室外游乐设施	园建面积										
8.14	其他	建筑面积	435312.69		1.15				435312.69	23.37	0.45	
9	辅助工程	建筑面积	1090176.90	219.11	2.87	4148002.49	304.14	6.99	5238179.39	281.41	5.38	
9.1	配套用房建筑工程	建筑面积				67362.00	4.94	0.11	67362.00	3.62	0.07	仅指独立的配套用房，非独立的含在各业态中
9.2	外电接入工程	接入线路的路径长度										接入长度为从红线外市政变电站接入红线内线路的路径长度
9.3	柴油发电机	kW										发电机功率
9.4	冷源工程	冷吨				3887678.44	20679.14	6.56	3887678.44	20679.14	4.00	
9.5	污水处理站	m³/d										日处理污水量
9.6	生活水泵房	建筑面积	754654.57	151.67	1.99				754654.57	40.54	0.78	
9.7	消防水泵房	建筑面积	335522.33	67.44	0.88				335522.33	18.03	0.34	
9.8	充电桩	按数量										
9.9	运动场地	水平投影面积										
9.10	其他工程（临时施工电源，红线外水电燃气）	建筑面积				192962.05	14.15	0.32	192962.05	10.37	0.20	

序号	科目名称	功能用房或单项工程计算基数	单项工程±0.00以下			单项工程±0.00以上			合计			备注
			造价（元）	单位造价（元/单位）	造价占比（%）	造价（元）	单位造价（元/单位）	造价占比（%）	造价（元）	单位造价（元/单位）	造价占比（%）	
10	专项工程	建筑面积										各类专项工程内容
10.1	擦窗机工程											
10.2	厨房设备											
10.3	舞台设备及视听设备工程											
10.4	溶洞工程											
10.5	医疗专项											
11	措施项目费	建筑面积	2407812.50	483.94	6.34	7093387.65	520.10	11.96	9501200.15	510.43	9.76	地上部分含室外的措施费
11.1	土建工程措施项目费	建筑面积	2159319.64	433.99	5.68	6239221.92	457.47	10.52	8398541.56	451.19	8.63	
11.1.1	模板	建筑面积	942426.49	189.41	2.48	2443396.98	179.15	4.12	3385823.47	181.90	3.48	
11.1.2	脚手架	建筑面积	250126.35	50.27	0.66	1601787.18	117.45	2.70	1851913.53	99.49	1.90	
11.2	机电工程措施项目费	建筑面积	248492.87	49.94	0.65	854165.72	62.63	1.44	1102658.59	59.24	1.13	
12	其他	建筑面积										
13	合计		37997779.40	7623.47	100.00	59306777.57	4353.39	100.00	97304556.97	5227.47	100.00	

序号	科目名称	工程量	单位	用量指标	单位	备注
A	结构材料用量指标					
1	筏形基础					
1.1	混凝土	1907.35	m³	0.41	m³/m²	混凝土工程量/筏式基础底板面积
1.2	模板	552.72	m²	0.12	m²/m²	模板工程量/筏式基础底板面积
1.3	钢筋	395031.07	kg	207.11	kg/m³	钢筋工程量/筏式基础底板混凝土量
1.4	钢筋	395031.07	kg	85.76	kg/m²	钢筋工程量/筏式基础底板面积
2	地下室（不含外墙、不含筏形基础）					
2.1	混凝土	1741.42	m³	0.35	m³/m²	混凝土工程量/地下室建筑面积
2.2	模板	14802.05	m²	2.98	m²/m²	模板工程量/地下室建筑面积
2.3	钢筋	292728.88	kg	168.10	kg/m³	钢筋工程量/地下室混凝土量
2.4	钢筋	292728.88	kg	58.83	kg/m²	钢筋工程量/地下室建筑面积
2.5	钢结构		kg		kg/m²	钢结构工程量/地下室建筑面积
3	地下室（含外墙、不含筏形基础）					
3.1	混凝土	1940.44	m³	0.39	m³/m²	混凝土工程量/地下室建筑面积
3.2	模板	16439.72	m²	3.32	m²/m²	模板工程量/地下室建筑面积
3.3	钢筋	316731.56	kg	163.23	kg/m³	钢筋工程量/地下室（含外墙）混凝土量
3.4	钢筋	316737.56	kg	63.66	kg/m²	钢筋工程量/地下室建筑面积
3.5	钢材		kg		kg/m²	钢结构工程量/地下室建筑面积
4	裙楼					
4.1	混凝土	1486.66	m³	0.31	m³/m²	混凝土工程量/裙楼建筑面积
4.2	模板	6450.62	m²	1.33	m²/m²	模板工程量/裙楼建筑面积
4.3	钢筋	248740.69	kg	167.32	kg/m³	钢筋工程量/裙楼混凝土量
4.4	钢筋	248740.69	kg	51.20	kg/m²	钢筋工程量/裙楼建筑面积
4.5	钢材		kg		kg/m²	钢筋工程量/裙楼建筑面积
5	塔楼					

序号	科目名称	工程量	单位	用量指标	单位	备注
5.1	混凝土	2684.12	m³	0.31	m³/m²	混凝土工程量/塔楼建筑面积
5.2	模板	12154.89	m²	1.38	m²/m²	模板工程量/塔楼建筑面积
5.3	钢筋	449095.00	kg	167.32	kg/m³	钢筋工程量/塔楼混凝土量
5.4	钢筋	449095.00	kg	51.15	kg/m²	钢筋工程量/塔楼建筑面积
5.5	钢材		kg		kg/m²	钢筋工程量/塔楼建筑面积
B	外墙装饰材料用量指标					
1	裙楼					
1.1	玻璃幕墙面积		m²		%	幕墙面积/裙楼外墙面积
1.2	石材幕墙面积		m²		%	石材面积/裙楼外墙面积
1.3	铝板幕墙面积		m²		%	铝板面积/裙楼外墙面积
1.4	铝窗面积	1038.70	m²	33.00	%	铝窗面积/裙楼外墙面积
1.5	百叶面积		m²		%	百叶面积/裙楼外墙面积
1.6	面砖面积	1791.30	m²	57.00	%	面砖面积/裙楼外墙面积
1.7	涂料面积	333.76	m²	11.00	%	涂料面积/裙楼外墙面积
1.8	外墙面积（1.1+1.2+…+1.7）	3163.76	m²	0.65	m²/m²	裙楼外墙面积/裙楼建筑面积
2	塔楼					
2.1	玻璃幕墙面积		m²		%	幕墙面积/塔楼外墙面积
2.2	石材幕墙面积		m²		%	石材面积/塔楼外墙面积
2.3	铝板幕墙面积	288.00	m²	0.06	%	铝板面积/塔楼外墙面积
2.4	铝窗面积	1172.14	m²	0.23	%	铝窗面积/塔楼外墙面积
2.5	百叶面积		m²		%	百叶面积/塔楼外墙面积
2.6	面砖面积	2944.70	m²	0.57	%	面砖面积/塔楼外墙面积
2.7	涂料面积	760.38	m²	0.15	%	涂料面积/塔楼外墙面积
2.8	外墙面积（2.1+2.2+…+2.7）	5165.22	m²	0.59	m²/m²	塔楼外墙面积/塔楼建筑面积
3	外墙总面积（1.8+2.8）	8328.98	m²	0.95	m²/m²	外墙总面积/地上建筑面积

案例二　广州××××商业项目

［立齐工程咨询（广东）有限公司提供］

广东省房屋建筑工程投资估算指标总览表 表 4-2-1

项目信息	项目名称	广州××××商业项目			项目阶段	已完工
	建设类型	住宅	建设地点	广州	价格取定时间	2018 年 6 月
	计价方式	综合体	建设单位名称		开工时间	2018 年 12 月
	发承包方式	综合清单	设计单位名称		竣工时间	2022 年
	资金来源	总价包干	施工单位名称		总造价（万元）	24870
	土质情况		工程范围	土建、综合机电		
	红线内面积（m²）	58456.00	总建筑面积（m²）	38500.00	容积率（%）	绿化率（%）

科目名称 ＼ 项目特征值		商业	备注
概况简述	栋数	1	
	层数	6	
	层高（m）		
	建筑高度（m）		
	户数/床位数/……		
	人防面积（m²）		
	塔楼基底面积（m²）		
	外立面面积（m²）	11038.00	
	绿色建筑标准		
	建筑面积（m²）	38500.00	
结构简述	抗震烈度	7 度	
	结构形式	框架—剪力墙结构＋钢结构	
	装配式建筑面积/装配率		
	基础形式及桩长	锚杆 4m	

科目名称	项目特征值	商业	备注
土石方、护坡、地下连续墙及地基处理	土石方工程	土石方开挖、外运及回填	
	基坑支护、边坡	旋喷桩＋锚杆	
	地下连续墙		
	地基处理		
	其他		
基础	筏形基础	独立基础＋筏板	
	其他基础		
	桩基础	锚杆	
	其他		
主体结构	钢筋混凝土工程	除基础外混凝土、模板及钢筋	
	钢板		
	钢结构	部分钢柱及梁	
	砌筑工程	砌体、砂浆、构造柱、圈梁	
	防火门窗	甲、乙级防火门	
	防火卷帘		
	防水工程	防水砂浆、防水材料	
	保温工程		
	屋面工程	找平砂浆、防水材料、保温板	
	其他		
外墙工程	门窗工程		
	幕墙	8mm＋8mm Low-E 玻璃、铝料	
	外墙涂料	涂料	
	外墙块料		
	天窗/天幕		
	雨篷	8mm＋8mm 夹胶玻璃雨篷	
	其他		

科目名称	项目特征值	商业	备注
装修工程	停车场装修	砂浆找平、地坪漆、乳胶漆	
	公共区域装修	砂浆、地面石材、墙面石材/瓷砖，天棚吊顶	
	户内装修	商铺毛坯	
	厨房、卫生间装修	地面石材，墙面瓷砖，天棚吊顶，卫生间隔板，洁具	
	功能用房装修	地面瓷砖，墙面及天棚乳胶漆	
	其他		
固定件及内置家具	标识		
	金属构件	不锈钢/玻璃栏杆	
	家具		
	布幕和窗帘		
	其他		
机电工程	通风工程		
	空调工程	VRV 空调	
	给排水工程	给水系统、雨污废水系统、中水系统	
	消防水工程	消火栓系统、喷淋系统、气体灭火系统	
	消防报警及联动工程	火灾报警系统、防火门监控、消防电源监控系统、电气火灾监控系统、防火卷帘	
	电气工程	照明工程、动力工程、防雷接地系统	
	弱电工程	综合布线系统（宽带、电话）、视频监控系统、无线 AP 及 POS 收银系统、电梯五方通话系统、客流分析系统、光纤入户系统	
	电梯工程	扶梯、电梯	
	变配电工程	配电站变配电工程、低压配电工程	
	燃气工程	庭院管道、室内管道	
	外墙灯具/外墙照明工程		
	LED 大屏工程		
	机电抗震支架工程		
	其他		

科目名称	项目特征值	商业	备注
室外工程	地基处理		
	道路工程	土石方、基层及面层	
	燃气工程	管道、阀门设备、各类井、调压设备	
	给水工程	管道、阀门设备、各类井、消火栓	
	室外雨污水系统	污水管、雨水管及管井	
	电气工程	电缆、电缆沟	
	弱电工程		
	园建工程	景墙、景观池、亭台、景观路、坐凳、台阶、花架	
	绿化工程	乔木、灌木及地被	
	园林灯具及喷灌系统	园林灯、灌溉系统	
	围墙工程		
	大门工程		
	室外游乐设施		
	其他		
辅助工程	配套用房建筑工程		
	外电工程		
	柴油发电机	发电机	
	冷源工程		
	污水处理站		
	生活水泵房		
	消防水泵房		
	充电桩		
	运动场地		
	其他工程		
专项工程	擦窗机工程		
	厨房设备		

科目名称 \ 项目特征值		商业	备注
专项工程	舞台设备及视听设备工程		
	溶洞工程		
	医疗专项		
措施项目费	土建工程措施项目费		
	其中：模板		
	脚手架		
	机电工程措施项目费		
	其他		

序号	科目名称	功能用房或单项工程计算基数	单项工程±0.00以下			单项工程±0.00以上			合计			备注
			造价（元）	单位造价（元/单位）	造价占比（%）	造价（元）	单位造价（元/单位）	造价占比（%）	造价（元）	单位造价（元/单位）	造价占比（%）	
1	土石方、护坡、地下连续墙及地基处理	建筑面积										
1.1	土石方工程	实方量	8028427.00	162.09	3.23				8028427.00	162.09	3.23	可研阶段实方量=地下室面积×挖深×系数（预估）
1.2	基坑支护、边坡	垂直投影面积	21227160.00	1500.05	8.54				21227160.00	1500.05	8.54	基坑支护周长根据地下室边线预估，垂直投影面积=基坑支护周长×地下室深度
1.3	地下连续墙	垂直投影面积										
1.4	地基处理	地基处理面积										此处仅指各单项工程基底面积范围内的地基处理，室外地基处理计入8.1，大型溶洞地基处理计入10
1.5	其他											
2	基础	建筑面积										
2.1	筏形基础	建筑面积	9712550.00	686.35	3.91				9712550.00	252.27	3.91	
2.2	其他基础											
2.3	桩基础	建筑面积	1282353.00	90.62	0.52				1282353.00	33.31	0.52	
2.4	其他											
3	主体结构	建筑面积										
3.1	钢筋混凝土工程	建筑面积	20772310.00	1467.90	8.35	32079808.00	1317.50	12.90	52852000.00	1372.78	21.25	
3.2	钢板	建筑面积										
3.3	钢结构	建筑面积				7304700.00	300.00	2.94	7304700.00	189.73	2.94	

序号	科目名称	功能用房或单项工程计算基数	单项工程±0.00以下			单项工程±0.00以上			合计			备注
			造价（元）	单位造价（元/单位）	造价占比（%）	造价（元）	单位造价（元/单位）	造价占比（%）	造价（元）	单位造价（元/单位）	造价占比（%）	
3.4	砌筑工程	建筑面积				3272500.00	134.40	1.32	3272500.00	85.00	1.32	
3.5	防火门窗	建筑面积				924000.00	37.95	0.37	924000.00	24.00	0.37	
3.6	防火卷帘	建筑面积				含于消防			含于消防			
3.7	防水工程	建筑面积	4380800.00	309.58	1.76	1221600.00	50.17	0.49	5602400.00	145.52	2.25	
3.8	保温工程	建筑面积										
3.9	屋面工程	屋面面积				1980000.00	400.00	0.80	1980000.00	400.00	0.80	
3.10	人防门	建筑面积										
3.11	其他					1925000.00	79.06	0.77	1925000.00	50.00	0.77	
4	外立面工程	建筑面积										
4.1	门窗工程	门窗面积										外窗面积根据窗墙比经验值预估，外门面积根据平面图预估
4.2	幕墙	垂直投影面积				14100000.00	2000.00	5.67	14100000.00	2000.00	5.67	垂直投影面积根据平面图、立面图、效果图结合外门窗面积匡算
4.3	外墙涂料	垂直投影面积										
4.4	外墙块料	垂直投影面积										
4.5	天窗/天幕	天窗/天幕面积										根据平面图预估面积
4.6	雨篷	雨篷面积				450000.00	1800.00	0.18	450000.00	1800.00	0.18	
4.7	其他					1305000.00	1000.00	0.52	1305000.00	1000.00	0.52	
5	装修工程	建筑面积										装修标准相近的区域可合并
5.1	停车场装修	停车场面积	4655000.00	350.00	1.87				4655000.00	350.00	1.87	
5.2	公共区域装修	装修面积				14437500.00	394.66	5.81	14437500.00	2500.00	5.81	含入户门
5.3	户内装修	装修面积										含户内门
5.4	厨房、卫生间装修	装修面积				8085000.00	7000.00	3.25	8085000.00	7000.00	3.25	含厨房、卫生间门

序号	科目名称	功能用房或单项工程计算基数	单项工程±0.00以下			单项工程±0.00以上			合计			备注
			造价(元)	单位造价(元/单位)	造价占比(%)	造价(元)	单位造价(元/单位)	造价占比(%)	造价(元)	单位造价(元/单位)	造价占比(%)	
5.5	功能用房装修	装修面积	340400.00	400.00	0.14	429600.00	400.00	0.17	770000.00	400.00	0.31	
5.6	后勤区装修	装修面积				1540000.00	800.00	0.62	1540000.00	800.00	0.62	
5.7	其他											
6	固定件及内置家具	建筑面积										可研估算阶段根据历史数据预估
6.1	标识	建筑面积	283020.00	20.00	0.11	486980.00	20.00	0.20	770000.00	20.00	0.31	
6.2	金属构件	建筑面积	141510.00	10.00	0.06	948978.00	38.97	0.38	1090488.00	28.32	0.44	
6.3	家具	建筑面积										
6.4	布幕和窗帘	建筑面积										
6.5	其他											
7	机电工程	建筑面积										
7.1	通风工程	建筑面积	1344345.00	95.00	0.54	2197655.00	90.26	0.88	3542000.00	92.00	1.42	
7.2	空调工程	建筑面积				9352289.00	384.09	3.76	9352289.00	242.92	3.76	
7.3	给排水工程	建筑面积	1627365.00	115.00	0.65	2877135.00	118.16	1.16	4504500.00	117.00	1.81	
7.4	消防水工程	建筑面积	含于7.5项						含于7.5项			
7.5	消防报警及联动工程	建筑面积	3537750.00	250.00	1.42	5894750.00	242.09	2.37	9432500.00	245.00	3.79	
7.6	电气工程	建筑面积	3537750.00	250.00	1.42	11669750.00	479.27	4.69	15207500.00	395.00	6.11	
7.7	弱电工程	建筑面积	566040.00	40.00	0.23	6733960.00	276.56	2.71	7300000.00	189.61	2.94	
7.8	电梯工程	按数量	1750000.00	350000.00	0.70	6300000.00	350000.00	2.53	8050000.00	350000.00	3.24	
7.9	变配电工程	变压器容量(kVA)										
7.10	燃气工程	建筑面积/用气户数				1600000.00		0.64	1600000.00	41.56	0.64	
7.11	外墙灯具/外墙照明工程	建筑面积				973942.00	25.30	0.39	973942.00	25.30	0.39	

序号	科目名称	功能用房或单项工程计算基数	单项工程±0.00以下			单项工程±0.00以上			合计			备注
			造价（元）	单位造价（元/单位）	造价占比（%）	造价（元）·	单位造价（元/单位）	造价占比（%）	造价（元）	单位造价（元/单位）	造价占比（%）	
7.12	LED大屏工程	建筑面积				1600000.00	41.56	0.64	1600000.00	41.56	0.64	
7.13	机电抗震支架工程	建筑面积										
7.14	其他											
8	室外工程	总建筑面积										
8.1	地基处理											
8.2	道路工程	道路面积							含于8.8项			需根据填报指引区别于8.8中的园路
8.3	燃气工程	建筑面积/接入长度							含于7.10项			
8.4	给水工程	室外占地面积				500000.00	54.43	0.20	500000.00	54.43	0.20	用地面积－建筑物基底面积
8.5	室外雨污水系统	室外占地面积				1240110.00	135.00	0.50	1240110.00	135.00	0.50	用地面积－建筑物基底面积
8.6	电气工程	室外占地面积				7922000.00	862.40	3.19	7922000.00	862.40	3.19	用地面积－建筑物基底面积
8.7	弱电工程	室外占地面积							含于7.7项			用地面积－建筑物基底面积
8.8	园建工程	园建面积				5186000.00	1000.00	2.09	5186000.00	1000.00	2.09	园建总面积在可研阶段可根据总占地面积、道路面积、塔楼基底面积和绿化率推导求出，其他阶段按实计算
8.9	绿化工程	绿化面积				含于8.8项			含于8.8项			可研阶段可根据绿化率推导求出，其他阶段按实计算

序号	科目名称	功能用房或单项工程计算基数	单项工程±0.00以下			单项工程±0.00以上			合计			备注
			造价（元）	单位造价（元/单位）	造价占比（%）	造价（元）	单位造价（元/单位）	造价占比（%）	造价（元）	单位造价（元/单位）	造价占比（%）	
8.10	园林灯具及喷灌系统	园建绿化面积				含于8.8项			含于8.8项			
8.11	围墙工程	围墙长度（m）										
8.12	大门工程	项										
8.13	室外游乐设施	园建面积										
8.14	其他											
9	辅助工程	建筑面积										
9.1	配套用房建筑工程	建筑面积										仅指独立的配套用房，非独立的含在各业态中
9.2	外电接入工程	接入线路的路径长度										接入长度为从红线外市政变电站接入红线内线路的路径长度
9.3	柴油发电机	kW										发电机功率
9.4	冷源工程	冷吨										
9.5	污水处理站	m³/d										日处理污水量
9.6	生活水泵房	建筑面积										
9.7	消防水泵房	建筑面积										
9.8	充电桩	按数量										
9.9	运动场地	水平投影面积										
9.10	其他工程											
10	专项工程	建筑面积										各类专项工程内容
10.1	擦窗机工程											
10.2	厨房设备	建筑面积										
10.3	舞台设备及视听设备工程	建筑面积										

序号	科目名称	功能用房或单项工程计算基数	单项工程±0.00 以下			单项工程±0.00 以上			合计			备注
			造价（元）	单位造价（元/单位）	造价占比（%）	造价（元）	单位造价（元/单位）	造价占比（%）	造价（元）	单位造价（元/单位）	造价占比（%）	
10.4	溶洞工程	建筑面积										
10.5	医疗专项	建筑面积										
11	措施项目费	建筑面积	4033035.00	285.00	1.62	6939465.00	285.00	2.79	10972500.00	285.00		
11.1	土建工程措施项目费	建筑面积										
	其中：模板	建筑面积										
	脚手架	建筑面积										
11.2	机电工程措施项目费	建筑面积										
12	其他	建筑面积										
13	合计		87219815.00	6163.51	35.07	161477604.00	6631.80	64.93	248697419.00	6459.67		

序号	科目名称	工程量	单位	用量指标	单位	备注
A	结构材料用量指标					
1	筏形基础					
1.1	混凝土	4230	m³	0.90	m³/m²	混凝土工程量/筏形基础底板面积
1.2	模板	3760	m²	0.80	m²/m²	模板工程量/筏形基础底板面积
1.3	钢筋	775500	kg	183.33	kg/m³	钢筋工程量/筏形基础底板混凝土量
1.4	钢筋	775500	kg	165.00	kg/m²	钢筋工程量/筏形基础底板面积
2	地下室（不含外墙、不含筏形基础）					
2.1	混凝土	7783	m³	0.55	m³/m²	混凝土工程量/地下室建筑面积
2.2	模板	33255	m²	2.35	m²/m²	模板工程量/地下室建筑面积
2.3	钢筋	1075476	kg	138.18	kg/m³	钢筋工程量/地下室混凝土量
2.4	钢筋	1075476	kg	76.00	kg/m²	钢筋工程量/地下室建筑面积
2.5	钢材		kg		kg/m²	钢结构工程量/地下室建筑面积
3	地下室（含外墙、不含筏形基础）					
3.1	混凝土	9419	m³	0.67	m³/m²	混凝土工程量/地下室建筑面积
3.2	模板	36527	m²	2.58	m²/m²	模板工程量/地下室建筑面积
3.3	钢筋	1288182	kg	136.76	kg/m³	钢筋工程量/地下室（含外墙）混凝土量
3.4	钢筋	1288182	kg	91.03	kg/m²	钢筋工程量/地下室建筑面积
3.5	钢材		kg		kg/m²	钢结构工程量/地下室建筑面积
4	裙楼					
4.1	混凝土		m³		m³/m²	混凝土工程量/裙楼建筑面积
4.2	模板		m²		m²/m²	模板工程量/裙楼建筑面积
4.3	钢筋		kg		kg/m³	钢筋工程量/裙楼混凝土量
4.4	钢筋		kg		kg/m²	钢筋工程量/裙楼建筑面积
4.5	钢材		kg		kg/m²	钢筋工程量/裙楼建筑面积
5	塔楼	10957	m³	0.45		

序号	科目名称	工程量	单位	用量指标	单位	备注
5.1	混凝土	85222	m²	3.50	m³/m²	混凝土工程量/塔楼建筑面积
5.2	模板	1312788	kg	119.81	m²/m²	模板工程量/塔楼建筑面积
5.3	钢筋	2069665	kg	85.00	kg/m³	钢筋工程量/塔楼混凝土量
5.4	钢筋	608725	kg	25.00	kg/m²	钢筋工程量/塔楼建筑面积
5.5	钢材				kg/m²	钢筋工程量/塔楼建筑面积
B	外墙装饰材料用量指标					
1	裙楼	7050	m²	63.87		
1.1	玻璃幕墙面积		m²		%	幕墙面积/裙楼外墙面积
1.2	石材幕墙面积	1305	m²	11.82	%	石材面积/裙楼外墙面积
1.3	铝板幕墙面积		m²		%	铝板面积/裙楼外墙面积
1.4	铝窗面积		m²		%	铝窗面积/裙楼外墙面积
1.5	百叶面积		m²		%	百叶面积/裙楼外墙面积
1.6	面砖面积	2683	m²	24.31	%	面砖面积/裙楼外墙面积
1.7	涂料面积	11038	m²	0.45	%	涂料面积/裙楼外墙面积
1.8	外墙面积（1.1+1.2+…+1.7）				m²/m²	裙楼外墙面积/裙楼建筑面积
2	塔楼		m²			
2.1	玻璃幕墙面积		m²		%	幕墙面积/塔楼外墙面积
2.2	石材幕墙面积		m²		%	石材面积/塔楼外墙面积
2.3	铝板幕墙面积		m²		%	铝板面积/塔楼外墙面积
2.4	铝窗面积		m²		%	铝窗面积/塔楼外墙面积
2.5	百叶面积		m²		%	百叶面积/塔楼外墙面积
2.6	面砖面积		m²		%	面砖面积/塔楼外墙面积
2.7	涂料面积		m²		%	涂料面积/塔楼外墙面积
2.8	外墙面积（2.1+2.2+…+2.7）	11038	m²	0.45	m²/m²	塔楼外墙面积/塔楼建筑面积
3	外墙总面积（1.8+2.8）	4230	m³	0.90	m²/m²	外墙总面积/地上建筑面积

案例三　广州××××××大厦

［艾奕康造价咨询（深圳）有限公司提供］

广东省房屋建筑工程投资估算指标总览表

表 4-3-1

项目信息	项目名称			广州××××××大厦			项目阶段	
	建设类型	超高层办公楼	建设地点	广州市			价格取定时间	2019 年
	计价方式	清单计价	建设单位名称	广州××××××有限公司			开工时间	2019 年
	发承包方式	总价包干	设计单位名称	××××××设计研究院			竣工时间	2023 年
	资金来源	自有资金	施工单位名称	中国建筑××××××有限公司			总造价（万元）	93870
	土质情况	一、二类土	工程范围	基坑支护、土石方、地下和地上主体结构、公共区域精装修、室外园林工程等				
	红线内面积（m²）	10000	总建筑面积（m²）	145010	容积率（%）	≤11	绿化率（%）	

科目名称	项目特征值	超高层办公楼	备注
概况简述	栋数	1	
	层数	43	
	层高（m）	4.40	
	建筑高度（m）	220.00	
	户数/床位数/……		
	人防面积（m²）	7940	
	塔楼基底面积（m²）	6860	
	外立面面积（m²）		
	绿色建筑标准		
	建筑面积（m²）	145010	
结构简述	抗震烈度	7 度	
	结构形式	钢筋混凝土框架—核心筒结构	
	装配式建筑面积/装配率		
	基础形式及桩长	天然岩基上的变截面筏形基础和扩展基础	

科目名称	项目特征值	超高层办公楼	备注
土石方、护坡、地下连续墙及地基处理	土石方工程	土方大开挖＋外运	
	基坑支护、边坡	C30 钢筋混凝土支撑梁、腰梁、压顶梁、栈桥板	
	地下连续墙	800mm、1000mm 宽，C30、P6 水下商品混凝土，工字形钢板接头	
	地基处理		
	其他	ϕ1200mm 钻孔灌注桩，C30 水下商品混凝土，桩长 5m	
基础	筏形基础	C40、抗渗等级 P10 混凝土	
	其他基础	200mm 抗拔锚杆，Ⅲ级钢，螺纹钢，4ϕ32 钢筋	
	桩基础	ϕ1.8m 人工挖孔灌注桩，C30 混凝土	
	其他		
主体结构	钢筋混凝土工程	C30～C70 混凝土	
	钢板	1.0mm 厚镀锌钢板桁架楼承板	
	钢结构	混凝土柱内埋设型钢（钢骨柱）、钢柱、楼承板外围钢桁架、钢梁	
	砌筑工程	蒸压加气混凝土砌块强度 A5.0	
	人防门	钢筋混凝土防护密闭门、防爆波悬板活门	
	防火门窗	钢质防火门窗	
	防火卷帘		
	防水工程	地下室底板＋侧壁外防水、有水房间防水、屋面防水	
	保温工程	50mm 厚 B_2 级挤塑聚苯乙烯泡沫塑料板	
	屋面工程	细石混凝土屋面、防滑砖屋面	
	其他		
外立面工程	门窗工程		
	幕墙	单元式/框架式玻璃幕墙-6TP（超白）＋1.52pvb＋6TP（超白）＋12A＋10TP（超白）钢化夹胶中空玻璃＋铝板幕墙＋拉丝/镜面不锈钢幕墙	
	外墙涂料	外墙涂料＋防水腻子两遍	
	外墙块料		

科目名称	项目特征值	超高层办公楼	备注
外立面工程	天窗/天幕		
	雨篷		
	其他		
装修工程	停车场装修		
	公共区域装修	粗装修＋精装修	
	户内装修	粗装修	
	厨房、卫生间装修		
	功能用房装修		
	其他		
固定件及内置家具	标识		
	金属构件		
	家具		
	布幕和窗帘		
	其他		
机电工程	通风工程	仅为防排烟	
	空调工程		
	给排水工程	含中水	
	消防水工程	含气体灭火	
	消防报警及联动工程		
	电气工程		
	弱电工程		
	电梯工程	8台扶梯＋28台直梯	
	变配电工程	6台2000kVA＋2台1250kVA	
	燃气工程		
	外墙灯具/外墙照明工程		

科目名称	项目特征值	超高层办公楼	备注
机电工程	LED 大屏工程		
	机电抗震支架工程		
	其他		
室外工程	地基处理		
	道路工程		
	燃气工程		
	给水工程		
	室外雨污水系统		
	电气工程	包括：开闭所设备安装费用，配电房设备安装费用，发电机组设备及安装工程费	
	弱电工程		
	园建工程		
	绿化工程		
	园林灯具及喷灌系统		
	围墙工程		
	大门工程		
	室外游乐设施		
	其他		
辅助工程	配套用房建筑工程		
	外电接入工程	接入电缆长度 220m	
	柴油发电机	含机房降噪，机房排风	
	冷源工程		
	污水处理站		
	生活水泵房		
	消防水泵房		
	充电桩		
	运动场地		
	其他工程		

续表

科目名称 \ 项目特征值		超高层办公楼	备注
专项工程	擦窗机工程		
	厨房设备		
	舞台设备及视听设备工程		
	溶洞工程		
	医疗专项		
措施项目费	土建工程措施项目费		
	其中：模板		
	脚手架		
	机电工程措施项目费		
其他			

序号	科目名称	超高层办公楼	单项工程±0.00 以下			单项工程±0.00 以上			合计			备注
			造价(元)	单位造价(元/单位)	造价占比(%)	造价(元)	单位造价(元/单位)	造价占比(%)	造价(元)	单位造价(元/单位)	造价占比(%)	
1	土石方、护坡、地下连续墙及地基处理	建筑面积	47933000	1427					47933000	331		
1.1	土石方工程	土石方体积	15109000	450	32				15109000	104	31	可研阶段实方量=地下室面积×挖深×系数(预估)
1.2	基坑支护、边坡	垂直投影面积	11456000	341	24				11456000	79	24	基坑支护周长根据地下室边线预估，垂直投影面积=基坑支护周长×地下室深度
1.3	地下连续墙	垂直投影面积	17581000	524	37				17581000	121	37	
1.4	地基处理	地基处理面积										此处仅指各单项工程基底面积范围内的地基处理，室外地基处理计入8.1，大型溶洞地基处理计入10
1.5	其他	建筑面积	3787000	113	8				3787000	26	8	围墙、临水接驳、开办费
2	基础	建筑面积	22697000	676					22697000	157		
2.1	筏形基础	建筑面积	19792000	589	87				19792000	136	87	
2.2	其他基础	建筑面积	1443000	43	6				1443000	10	6	抗拔锚杆
2.3	桩基础	建筑面积	402000	12	2				402000	3	2	人工挖孔桩
2.4	其他	建筑面积	1060000	32	5				1060000	7	4	
3	主体结构	建筑面积	38749000	1154		130795000	1174		169544000	1169		
3.1	钢筋混凝土工程	建筑面积	29896000	890	77	93572000	840	72	123468000	851	73	

序号	科目名称	超高层办公楼	单项工程±0.00以下			单项工程±0.00以上			合计			备注
			造价(元)	单位造价(元/单位)	造价占比(%)	造价(元)	单位造价(元/单位)	造价占比(%)	造价(元)	单位造价(元/单位)	造价占比(%)	
3.2	钢板	建筑面积				366000	3		366000	3		
3.3	钢结构	建筑面积	878000	26	2	23960000	215	18	24838000	171	15	
3.4	砌筑工程	建筑面积	1644000	49	4	7933000	71	6	9577000	66	6	
3.5	人防门	建筑面积	5036000	150	13				5036000	35	3	
3.6	防火门窗	建筑面积										
3.7	防火卷帘	建筑面积										包含在人防门
3.8	防水工程	建筑面积	520000	15	1	3273000	29	2	3793000	26	2	
3.9	保温工程	屋面积	106000	3		209000	2		315000	2		
3.10	屋面工程	建筑面积	393000	12	1	1012000	9	1	1405000	10	1	
3.11	其他	建筑面积	276000	8	1	470000	4		746000	5		
4	外立面工程	建筑面积							113019000	779		
4.1	门窗工程	门窗面积							6511000	45	6	外窗面积根据窗墙比经验值预估，外门面积根据平面图预估
4.2	幕墙	垂直投影面积							106211000	732	94	垂直投影面积根据平面图、立面图、效果图结合外门窗面积匡算
4.3	外墙涂料	垂直投影面积							297000	2		
4.4	外墙块料	垂直投影面积										
4.5	天窗/天幕	天窗/天幕面积										
4.6	雨篷	雨篷面积										根据平面图预估面积
4.7	其他											
5	装修工程	建筑面积	4237000	126		133507000	1198	102	137744000	950		装修标准相近的区域可合并
5.1	停车场装修	停车场面积										
5.2	公共区域装修	装修面积				46434000	417	35	46434000	320	34	
5.3	户内粗装修	装修面积	4237000	126	100	8832000	79	6.6	13069000	90	9	

序号	科目名称	超高层办公楼	单项工程±0.00以下			单项工程±0.00以上			合计			备注
			造价（元）	单位造价（元/单位）	造价占比（%）	造价（元）	单位造价（元/单位）	造价占比（%）	造价（元）	单位造价（元/单位）	造价占比（%）	
5.4	厨房、卫生间装修	装修面积										
5.5	功能用房装修	装修面积				1023000	9	1	1023000	7	1	露台屋面
5.6	户内精装修	装修面积				72534000	651	54	72534000	500	53	
5.7	其他	建筑面积				4684000	42	4	4684000	32	3	墙面砖、地面砖等甲供材
6	固定件及内置家具	建筑面积							5120000	35		可研估算阶段根据历史数据预估
6.1	标识	建筑面积							5120000	35	100	车库画线、标识
6.2	金属构件	建筑面积										
6.3	家具	建筑面积										
6.4	布幕和窗帘	建筑面积										
6.5	其他	建筑面积										
7	机电工程	建筑面积	64077000	1908		189605000	1702		253682000	1749		
7.1	通风工程	建筑面积	1438000	43	2	4315000	39	2	5753000	40	2	
7.2	空调工程	建筑面积	19107000	569	30	57310000	514	30	76417000	527	30	
7.3	给排水工程	建筑面积	4395000	131	7	11764000	106	6	16159000	111	6	
7.4	消防水工程	建筑面积	5539000	165	9	15477000	139	8	21016000	145	8	
7.5	消防报警及联动工程	建筑面积	2211000	66	3	7863000	71	4	10074000	69	4	
7.6	电气工程	建筑面积	12260000	365	19	24570000	220	13	36830000	254	15	
7.7	弱电工程	建筑面积	4226000	126	7	12678000	114	7	16904000	117	7	
7.8	电梯工程	按数量	11100000	331	17	33301000	299	18	44401000	306	18	

序号	科目名称	超高层办公楼	单项工程±0.00以下			单项工程±0.00以上			合计			备注
			造价（元）	单位造价（元/单位）	造价占比（%）	造价（元）	单位造价（元/单位）	造价占比（%）	造价（元）	单位造价（元/单位）	造价占比（%）	
7.9	变配电工程	变压器容量（kVA）	3228000	96	5	9864000	89	5	13092000	90	5	
7.10	燃气工程	建筑面积/用气户数				780000	7		780000	5		
7.11	外墙灯具/外墙照明工程	建筑面积				9965000	89	5	9965000	69	4	
7.12	LED大屏工程	建筑面积										
7.13	机电抗震支架工程	建筑面积	573000	17	1	1718000	15	1	2291000	16	1	
7.14	其他											
8	室外工程	总建筑面积							67054000	462		
8.1	地基处理											
8.2	道路工程	建筑面积										需根据填报指引区别于8.8中的园路
8.3	燃气工程	建筑面积/接入长度							520000	4	1	
8.4	给水工程	室外占地面积							763000	5	1	用地面积－建筑物基底面积
8.5	室外雨污水系统	室外占地面积							1635000	11	2	用地面积－建筑物基底面积
8.6	电气工程	室外占地面积							43524000	300	65	用地面积－建筑物基底面积
8.7	弱电工程	室外占地面积							2140000	15	3	用地面积－建筑物基底面积
8.8	园建工程	园建面积							14613000	101	22	园建总面积在可研阶段可根据总占地面积、道路面积、塔楼基底面积和绿化率推导求出，其他阶段按实计算

续表

序号	科目名称	超高层办公楼	单项工程±0.00以下			单项工程±0.00以上			合计			备注
			造价（元）	单位造价（元/单位）	造价占比（%）	造价（元）	单位造价（元/单位）	造价占比（%）	造价（元）	单位造价（元/单位）	造价占比（%）	
8.9	绿化工程	绿化面积							2082000	14	3	可研阶段可根据绿化率推导求出，其他阶段按实计算
8.10	园林灯具及喷灌系统	园建绿化面积							769000	5	1	
8.11	围墙工程	围墙长度（m）										
8.12	大门工程	项										
8.13	室外游乐设施	园建面积							362000	2		
8.14	其他											
9	辅助工程	建筑面积				33494000	301		33494000	231		
9.1	配套用房建筑工程	建筑面积				31174000	280		31174000	215	93	仅指独立的配套用房，非独立的含在各业态中
9.2	外电接入工程	接入线路的路径长度				400000	4		400000	3	1	接入长度为从红线外市政变电站接入红线内线路的路径长度
9.3	柴油发电机	kW				1920000	17		1920000	13	6	发电机功率（1200kW）
9.4	冷源工程	冷吨										
9.5	污水处理站	m³/d										日处理污水量
9.6	生活水泵房	建筑面积										
9.7	消防水泵房	建筑面积										
9.8	充电桩	按数量										
9.9	运动场地	水平投影面积										
9.10	其他工程											
10	专项工程	建筑面积							13339000	92		各类专项工程内容
10.1	擦窗机工程								1635000	11	12	
10.2	厨房设备											

序号	科目名称	超高层办公楼	单项工程±0.00以下			单项工程±0.00以上			合计			备注
			造价(元)	单位造价(元/单位)	造价占比(%)	造价(元)	单位造价(元/单位)	造价占比(%)	造价(元)	单位造价(元/单位)	造价占比(%)	
10.3	舞台设备及视听设备工程											
10.4	溶洞工程											
10.5	医疗专项											
10.6	天桥								5462000	38	41	
10.7	地铁及地下空间接驳费								6242000	43	47	
11	措施项目费	建筑面积	17339000	516		52402000	470		69741000	481		
11.1	土建工程措施项目费	建筑面积	14388000	428	83	43549000	391	83	57937000	400	83	
	其中：模板	建筑面积	6484000	193		23607000	212		30091000	208		
	脚手架	建筑面积										
11.2	机电工程措施项目费	建筑面积	2951000	88	17	8853000	79	17	11804000	81	17	
12	其他	建筑面积				5289000	47	100	5289000	36	100	总包照管费
13	合计		195032000	5808		545092000	4892		938656000	6473		

序号	科目名称	工程量	单位	用量指标	单位	备注
A	结构材料用量指标					
1	筏形基础	7735				
1.1	混凝土	9976	m³	1.29	m³/m²	混凝土工程量/筏形基础底板面积
1.2	模板	1061	m²	0.14	m²/m²	模板工程量/筏形基础底板面积
1.3	钢筋	1227887	kg	123.08	kg/m³	钢筋工程量/筏形基础底板混凝土量
1.4	钢筋	1227887	kg	158.74	kg/m²	钢筋工程量/筏形基础底板面积
2	地下室（不含外墙、不含筏形基础）	33581				
2.1	混凝土	15872	m³	0.47	m³/m²	混凝土工程量/地下室建筑面积
2.2	模板	69367	m²	2.07	m²/m²	模板工程量/地下室建筑面积
2.3	钢筋	2447144	kg	154.18	kg/m³	钢筋工程量/地下室混凝土量
2.4	钢筋	2447144	kg	72.87	kg/m²	钢筋工程量/地下室建筑面积
2.5	钢材	117390	kg	3.50	kg/m²	钢结构工程量/地下室建筑面积
3	地下室（含外墙、不含筏形基础）	33581				
3.1	混凝土	18981	m³	0.57	m³/m²	混凝土工程量/地下室建筑面积
3.2	模板	81733	m²	2.43	m²/m²	模板工程量/地下室建筑面积
3.3	钢筋	2808472	kg	147.96	kg/m³	钢筋工程量/地下室（含外墙）混凝土量
3.4	钢筋	2808472	kg	83.63	kg/m²	钢筋工程量/地下室建筑面积
3.5	钢材	117390	kg	3.50	kg/m²	钢结构工程量/地下室建筑面积
4	裙楼	34832				
4.1	混凝土	12904	m³	0.37	m³/m²	混凝土工程量/裙楼建筑面积
4.2	模板	92230	m²	2.65	m²/m²	模板工程量/裙楼建筑面积
4.3	钢筋	2732057	kg	211.72	kg/m³	钢筋工程量/裙楼混凝土量
4.4	钢筋	2732057	kg	78.44	kg/m²	钢筋工程量/裙楼建筑面积
4.5	钢材	1745330	kg	50.11	kg/m²	钢筋工程量/裙楼建筑面积
5	塔楼	76597				

序号	科目名称	工程量	单位	用量指标	单位	备注
5.1	混凝土	31227	m³	0.41	m³/m²	混凝土工程量/塔楼建筑面积
5.2	模板	187514	m²	2.45	m²/m²	模板工程量/塔楼建筑面积
5.3	钢筋	7280100	kg	233.13	kg/m³	钢筋工程量/塔楼混凝土量
5.4	钢筋	7280100	kg	95.04	kg/m²	钢筋工程量/塔楼建筑面积
5.5	钢材	784610	kg	10.24	kg/m²	钢筋工程量/塔楼建筑面积
B	外墙装饰材料用量指标	111429				
1	裙楼	34832				
1.1	玻璃幕墙面积	9472	m²	0.81	%	幕墙面积/裙楼外墙面积
1.2	石材幕墙面积		m²		%	石材面积/裙楼外墙面积
1.3	铝板幕墙面积		m²		%	铝板面积/裙楼外墙面积
1.4	铝窗面积		m²		%	铝窗面积/裙楼外墙面积
1.5	百叶面积		m²		%	百叶面积/裙楼外墙面积
1.6	面砖面积		m²		%	面砖面积/裙楼外墙面积
1.7	涂料面积	2255	m²	0.19	%	涂料面积/裙楼外墙面积
1.8	外墙面积（1.1+1.2+…+1.7）	11727	m²	0.34	m²/m²	裙楼外墙面积/裙楼建筑面积
2	塔楼	76597				
2.1	玻璃幕墙面积	37344	m²	0.91	%	幕墙面积/塔楼外墙面积
2.2	石材幕墙面积		m²		%	石材面积/塔楼外墙面积
2.3	铝板幕墙面积		m²		%	铝板面积/塔楼外墙面积
2.4	铝窗面积		m²		%	铝窗面积/塔楼外墙面积
2.5	百叶面积		m²		%	百叶面积/塔楼外墙面积
2.6	面砖面积		m²		%	面砖面积/塔楼外墙面积
2.7	涂料面积	3917	m²	0.09	%	涂料面积/塔楼外墙面积
2.8	外墙面积（2.1+2.2+…+2.7）	41261	m²	0.54	m²/m²	塔楼外墙面积/塔楼建筑面积
3	外墙总面积（1.8+2.8）	52988	m²	0.48	m²/m²	外墙总面积/地上建筑面积